水资源评价决策与风险分析理论方法及其应用

钱龙霞　王红瑞　等著

中国水利水电出版社
www.waterpub.com.cn
·北京·

内 容 提 要

本书系统论述了评价决策与风险分析的基本理论、方法及其在水资源管理中的应用研究成果。首先阐述了评价的基本理论，论述了基于投影寻踪技术、数据包络分析、迭代修正、循环修正的评价模型及其在水资源脆弱性评价、水资源利用效率评价及水资源短缺评价中的应用；其次提出了水资源产业结构与优化模型和土地利用多目标规划模型；最后阐述了风险分析的基本理论，论述了基于模糊概率、非线性模糊综合评价、投入产出思想、M-Copula函数及新型聚类算法的水资源风险评价、预测与区划模型的建模思想和技术流程。

本书是国内首部集评价、决策、规划与风险于一体的著作，可供水文、水资源、环境科学等学科的本科生、研究生学习使用，也可供从事相关研究的科研工作者参考使用。

图书在版编目（CIP）数据

水资源评价决策与风险分析理论方法及其应用 / 钱龙霞等著. -- 北京 ： 中国水利水电出版社，2021.11
ISBN 978-7-5170-9672-6

Ⅰ．①水… Ⅱ．①钱… Ⅲ．①水资源－资源评价 Ⅳ．①TV211.1

中国版本图书馆CIP数据核字（2021）第122877号

书　　名	水资源评价决策与风险分析理论方法及其应用 SHUIZIYUAN PINGJIA JUECE YU FENGXIAN FENXI LILUN FANGFA JI QI YINGYONG
作　　者	钱龙霞　王红瑞　等 著
出版发行	中国水利水电出版社 （北京市海淀区玉渊潭南路 1 号 D 座　100038） 网址：www.waterpub.com.cn E-mail：sales@waterpub.com.cn 电话：（010）68367658（营销中心）
经　　售	北京科水图书销售中心（零售） 电话：（010）88383994、63202643、68545874 全国各地新华书店和相关出版物销售网点
排　　版	中国水利水电出版社微机排版中心
印　　刷	天津嘉恒印务有限公司
规　　格	184mm×260mm　16 开本　14.75 印张　359 千字
版　　次	2021 年 11 月第 1 版　2021 年 11 月第 1 次印刷
印　　数	0001—1000 册
定　　价	**88.00 元**

序

水资源是人类生存的基础性自然资源，也是一个国家的战略性资源。随着人口的增长和社会经济的飞速发展，水资源短缺、水生态持续恶化、水环境污染严重、洪水干旱灾害频发，这些水资源问题严重制约了国民经济的发展与社会和谐，开展水资源评价建模研究能够为我国水资源风险防范和优化利用提供决策依据和技术支持。

水资源评价因子涉及自然系统、社会系统及经济系统的多维变量，而这些因子之间又有着极为复杂的非线性关联，如果建立评价决策模型时将这些因子全部引进，可能会带来维数灾难，如何构建多维指标则需要在非线性评价决策模型中深入研究。目前，水资源评价决策中的主流方法（如加权综合法、模糊综合评价、神经网络和支持向量机等）仍存在主观认知强、评价结果难以验证和评估模型泛化效果不佳等问题和不足，水资源评价决策方法技术亟待改进、发展、创新。因此，基于学科交叉、优势互补的研究思想和技术途径，探索水资源评价决策建模技术具有重要的科学意义和广阔的应用前景。

本书作者多年来从事水文与水资源方面的研究，在水资源评价决策和风险分析的理论和方法研究中取得了系统性的创新成果，特别是在水资源评价决策建模、水资源风险理论模型、脆弱性和风险损失研究等方面，改进和发展了一系列新的研究思想和评估算法，提出了一些有积极意义的研究思想和途径。

本书是国内首部集水资源评价、决策与风险分析于一体的研究专著，部分内容取自作者近年来所承担的相关课题的研究成果，如基于特征信息提取的评价模型、水资源脆弱性非线性评估模型、新型聚类算法的水资源风险区划模型、基于迭代修正思想的水资源利用效率评价模型、基于模糊概率的水资源短缺风险评价模型和水资源风险损失评价模型等。

《水资源评价决策与风险分析理论方法及其应用》的出版，将有助于推动我国水资源管理领域的定量研究工作，能够为相关研究者提供宝贵借鉴。本书出版将为广大读者喜闻乐见。

中国科学院院士

2021 年 11 月

前　　言

随着我国社会经济的发展与科学技术的进步，水资源管理工作已从定性分析转变为定量分析，而评价决策与风险分析理论是实现这一转变的有效方法。水资源评价决策与风险分析已成为水资源管理与科学决策的重要组成部分，开展水资源风险评价决策与风险分析研究具有重要的理论意义和实际应用价值。

评价决策与风险分析方法是一个多学科边缘交叉、相互渗透、多点支撑的新兴研究领域，由于研究出发点与基础不同，研究观点、偏好也不尽相同，使得水资源评价决策与风险分析技术仍然处于一种分散、零乱的状态，理论体系不完善，缺少系统化的梳理总结、综合研究和集成研究。实际上，评价决策与风险分析之间既有联系也有区别，如在进行风险评价决策时，除了应用评价决策理论外，同时还要用到风险分析理论，目前集评价、决策与风险分析于一体的研究尚不多见，特别是专门讨论评价决策与风险分析在水资源管理中的应用方面的书籍就更少见。因此，结合多年来从事评价决策与风险分析科研工作的实践，在查阅大量国内外文献资料的基础上，本书首次从全新视角系统地阐述了评价、决策、规划及风险的基本理论、方法及其在水资源管理中的应用。

本书系统总结了评价的基本理论与常规方法及其在水资源管理中的应用，介绍了改进投影寻踪模型、数据包络分析、迭代修正、循环修正组合评价的建模思想和技术流程及其在水资源脆弱性评估、水资源利用效率评价、水资源短缺程度评价以及洪水灾害损失中的应用；介绍了决策的基本理论和方法，提出了水资源产业结构与优化的多目标规划模型和土地利用合理配置的区间数多目标不确定规划模型；系统阐述了风险分析的基本理论，风险与不确定性之间的关系及各种不确定性风险的定义；介绍了风险要素及形成机制，风险分析的流程与方法；论述了基于模糊概率、非线性模糊综合评价及数据包络分析的水资源风险评价模型的建模思想和技术流程，以及基于最大熵原理和 M - Copula 函数的水资源风险损失评价模型与基于新型聚类算法的风险区划模型的建模思想和技术流程。

感谢中国水利水电出版社为本书出版提供了一个良好的平台。感谢南京邮电大学理学院领导、同事的关心和支持，感谢中国科学院刘昌明院士在百忙之中为本书作序，感谢汪杨骏为本书提供了宝贵的资料。

书中参考了大量国内外相关论著的研究方法和成果，在此一并表示感谢。

本书第1章由钱龙霞撰写；第2章由钱龙霞、高媛媛撰写；第3章由钱龙霞、王红瑞、高雄、高媛媛、白颖、梁媛、杨理智撰写；第4章由钱龙霞、王红瑞、张文新撰写；第5、6章由钱龙霞撰写。全书由钱龙霞统稿校核。

限于时间和作者水平，书中难免存在不当或谬误，敬请读者批评指正。

作者

2021年3月

目　　录

第1章 评价的基本理论

水资源是人类赖以生存和发展的基础，各种水问题频发促使人类思考更合理的水资源可持续利用策略。作为研究热点之一，安全评价与风险管理是实现水资源系统可持续发展的重要途径。客观评价当前我国各地区水资源利用效率及区域差异，探讨影响水资源利用效率的因素可为水量分配及节水型社会建设等提供科学决策依据；开展水资源短缺程度评价对保障地区水安全、将节水型社会落到实处、促进水资源管理从供水管理转为需水管理具有重要意义；水资源安全评价可以为水资源可持续利用和高效管理提供科学基础和支撑。

1.1 评价的基本概念

1.1.1 评价的定义

评价是现代管理科学中的重要概念。许茂祖等（1997）认为评估是一个价值判断的过程，其中"评"是指评定、评价、评判的意思，即搞清对象的价值的高低；"估"是指估量、估计、估价、推测的意思，即估计对象的价值。Nevo（2001）认为评估是一种连续的过程，而不是一次性的活动，而且这个过程是指评估要与相关的人员做比较。侯定丕和王战军（2001）认为，评估一般是指明确目标测定对象的属性，并把它变成主观效用（满足主题要求的程度）的行为，即明确价值的过程。何逢标（2010）指出：对每一个评价对象，通常涉及多个因素，评价是在多因素相互作用下的综合判断。

在一些国内文献或专著中，评价、评估、评定、评鉴、估价等概念的使用比较混乱，国外的学术界对这些术语的用法也并不规范，在英文中有 evaluate、assess、appraise 和 measure 等词。本书统一使用评价（evaluate）进行表述，认为评价是根据某个特定目标，依据信息或经验确定影响该目标的属性或因素，借助一些数学方法，对影响目标的属性进行综合集成，计算特定对象的目标评定结果。

1.1.2 评价的功能

评价的功能大致可以归纳为以下几点（侯定丕和王战军，2001）。

1. 鉴定功能

鉴定是指对工作和结果的鉴别与评定。用评价标准判断被评对象达到目标的程度，就是用标准与对象比较，以标准鉴别对象的过程。鉴定功能是评价的基本功能，其他功能是在科学鉴定的基础上实现的，只有认识对象才能改变对象，"鉴定"首先是"鉴"，即仔细审查评估的对象，然后才是"定"结论。科学的鉴定应该在事实判断以后才作价值判断。

2. 导向功能

通过评价，可以引导管理决策按正确的方向进行。一般来说，导向功能表现在以下方面：

（1）对评价对象在今后发展中应注意的方面加以引导，如调整产业结构以减少污水排放对生态环境造成的污染和破坏。

（2）为管理评价对象的机构以及其中的工作人员今后如何努力指明方向，如各项工作在评价之后要注意检查落实等。

（3）对于社会的需求及舆论进行引导。如通过评价发现某些地区水资源严重紧缺，就应该向社会加大节水宣传力度，以提高公众参与水资源管理的力度和积极性。

（4）对研究者的下一步研究方向加以引导。例如，我国西南边境地区拥有众多国际河流，地理位置纵横交错，流域人文环境特别复杂，在上下游地区水资源分配、水利设施建设和水环境污染等方面存在分歧，影响了边境稳定和国家安全，如通过评价发现某些国家在我国西南边境地区发生水资源争端的风险较小，则可以引导研究者思考解决此类水资源争端的主要模式。

3. 调控功能

在事物运行过程中，根据评价结果可以不断调整其行为，以期实现预定的目标。如通过评价发现某地区未来发生水资源短缺风险的几率非常高，决策者可以根据风险评价的结果研究降低风险的措施，如加大雨水资源和再生水的利用等。

4. 探讨功能

随着云计算、大数据、物联网、人工智能等为代表的新一代信息技术的发展，评价模型也在不断发展，通过大量实践可以探讨新兴数学模型运用于评价的可行性。

5. 激励和教育功能

这个功能主要体现在评优评先实践中，能够激发暂时落后的评价对象将优秀者当成自己的榜样，奋起直追，争取在下一次评优中取得好成绩。评优过程对受评者相当于进行了一次思想教育。

1.1.3 评价的程序

从系统科学的角度看，评价是一项系统工程，是定性分析与定量评价的结合，一个完整的评价过程，一般需要经历以下几个步骤：

（1）明确系统目标，熟悉系统方案。为了进行科学的评价，必须把要评价的对象当成系统看待，反复调查了解建立这个系统的目标以及为完成系统目标所考虑的具体事项，熟悉系统方案，进一步分析和讨论已经考虑到的各个因素。

（2）建立评价指标体系。所谓指标是指根据研究的对象和目的，能够确定地反映研究对象在某一方面情况的特征依据；所谓指标体系是指一系列相互联系的指标所构成的整体。对每一个评价对象，通常涉及多个因素，评价是多因素相互作用下的综合判断。例如，自然系统水循环与社会经济系统水循环中均存在引起供水短缺的因子，自然系统水循环主要包括水文来水过程和当地河川径流过程，社会经济系统水循环主要包括取水、给水、用水、排水、污水处理、再生水利用等环节，因此水资源短缺风险评价指标的构建必

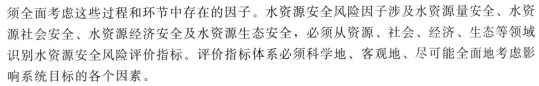

须全面考虑这些过程和环节中存在的因子。水资源安全风险因子涉及水资源量安全、水资源社会安全、水资源经济安全及水资源生态安全，必须从资源、社会、经济、生态等领域识别水资源安全风险评价指标。评价指标体系必须科学地、客观地、尽可能全面地考虑影响系统目标的各个因素。

（3）指标预处理。指标预处理是指对指标进行标准化处理，主要包括定量化处理、无量纲化处理和一致化处理。评价指标的定量化和无量纲化本质上是将非量化指标或不同量纲的指标化为可以综合的无量纲化指标，在评价过程中，如果只是给出一个定性的评价结果，而没有定量的分析和判断，就难以作出科学的评价。因此，要对指标体系中定性描述的指标进行定量化处理。由于各指标所代表的物理涵义不同，所以要对指标进行无量纲化处理，指标的无量纲化，也称为数据的标准化、规格化，是一种通过数学变换来消除原始变量量纲影响的方法。其次，某些综合评价方法需要保持指标的同趋势化，以保证指标间的可比性，因此需要对指标进行一致化处理。有关指标的标准化处理方法和一致性处理方法将在1.3节进行详细介绍。

（4）评价方法的选择。评价的常规方法非常多，有定性评价方法、定量评价方法及定性与定量相结合的评价方法，其中定性评价方法包括专家调查打分法、层次分析法及历史比较法等，定量评价方法有加权综合法、统计分析法、模糊数学法及灰色关联度法等。对于具体的评价问题，首先要分析问题的性质，然后选择一种合适的评价方法，当然也可以构建一个评价模型。

（5）综合评价。根据选用或构建的评价模型，代入相关数据，得到综合评价结果，结合评价对象进行结果的分析和评判，进一步做出决策。

1.2　评价指标体系的建立

1.2.1　指标选取的原则

（1）科学性原则。科学性又称客观性，是指选取的评价指标能反映评价事物的性质和要求。

（2）完备性原则。完备性是指评价指标要尽可能完整、全面地反映和度量被评价的对象，当体系中全部指标取定了值以后，评价结果不会随其他变量改变。在设计指标体系时，必须系统、全面地考虑各种影响因素，尽可能使评价的结果准确可靠。

（3）系统性原则。评价是一项复杂的系统工程，研究对象通常是一个多属性的复杂巨系统，涉及多方面的因素，而这些因素又有着极其复杂的联系，因此，所选取的指标应能够对研究系统的多属性特征和演变过程进行全面描述。

（4）独立性原则。在设计评价指标时，有些指标之间往往具有一定程度的相关性，因而要采用一些数学方法处理指标体系中彼此相关程度较大的因素，使得选取的指标之间的相关程度达到最低且能科学、准确地反映评价对象的实际情况。

（5）可测性原则。指标的可测性原则是指所设置的末级指标必须直接可测，否则必须把它分解为下一级指标，直至直接可测为止。这是由末级指标具有可测性的特征所决定的。

（6）可比性原则。指标体系中所设置的指标，应保证在这一项指标下，各个客体之间可以互相比较，即要求评价指标反映的必须是各评价客体都具有的共同属性，因为只有共同属性才有可能互相比较。

（7）简练性原则。指标体系要力求简练，次要的指标可以略去，即指标层次结构不能太复杂，末级指标数目不宜过多。如果指标层次结构过于复杂，或末级指标数目过多，在实际评价中可行性将降低，评价工作就难以坚持下去。

1.2.2 指标体系建立的方法

建立指标体系的方法有好多种，Delphi 法是常用且有效的方法（侯定丕和王战军，2001）。下面主要介绍用 Delphi 法建立指标体系的过程。

1.2.2.1 Delphi 法的基本定义（侯定丕和王战军，2001）

定义 1.1 对于实数列 $\{a_j\}_{j=1}^n$，如果存在实数 M，满足数列中有一半数项不小于 M，一半数项不大于 M，则称 M 为数列 $\{a_j\}_{j=1}^n$ 的中位数。

定义 1.2 若 M 为实数列 $\{a_j\}_{j=1}^n$ 的中位数，则小于等于 M 的一半数项的中位数为数列 $\{a_j\}_{j=1}^n$ 的下四分位数，记为 Q^-；大于等于 M 的一半数项的中位数为数列 $\{a_j\}_{j=1}^n$ 的上四分位数，记为 Q^+。

定义 1.3 对于递增实数列 $\{a_j\}_{j=1}^n$，若存在 $e>0$，满足 $Q^+-Q^-=e(a_n-a_1)$；则称 e 为数列 $\{a_j\}_{j=1}^n$ 的集中系数。集中系数越小，说明数列越集中；反之，则数列越分散。

1.2.2.2 Delphi 法的基本思想（侯定丕和王战军，2001）

Delphi 法是专家咨询法的一种，它是使一群专家意见集中起来的方法，目前已被广泛用于规划、计划、评价、预测和建议等方面。Delphi 法有以下几个特征：

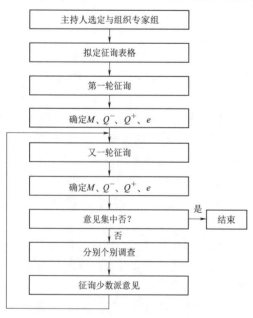

（1）由主持人采取保密的方式与其他选定的若干名专家（通常有十多名）沟通。

（2）主持人精密设计沟通的内容，以询问的方式传送，在收到专家们的回答后，主持人进行关于意见集中程度的统计，纳入下一次沟通的内容。

（3）沟通-统计-再沟通-再统计，反复多次，直到集中系数满足要求为止。

（4）对选定的专家需要保密，也不能让专家之间彼此知晓。对每次沟通的结果只以统计的形式进行，不透露其他人的意见。这样做的目的是防止少数权威人士影响其他专家的意见。

Delphi 法的流程如图 1.1 所示。

征询往往采用问卷调查的形式，征询表格要精心设计，问题要浅显易懂，易于回

图 1.1 Delphi 法的流程

答。一般来说，征询的次数不宜过多，一般 3 轮就够了。

例如，用 Delphi 法选取影响海上活动的水文气象因子时，表格可设计成类似表 1.1 的形式，要求在同意的一栏中画"○"，其他栏空白。

表 1.1 水文气象因子调查表

指　标	1分 很不重要	2分 不重要	3分 一般	4分 重要	5分 很重要
低云					
风速					
浪高					
降水					
能见度					

1.2.2.3　Delphi 法的计算过程

下面以影响海上活动的水文气象因子的重要性顺序的筛选过程为例说明 Delphi 法的计算过程。此例中每一项指标重要性的最大值为 5，最小值为 1，集中系数 e 一般取 0.3 即可。因此，根据定义 1.3，若 $Q^+ - Q^- < 1.2$，则认为意见已经集中。三轮征询的统计结果分别列于表 1.2～表 1.4 中。

表 1.2 水文气象因子调查第一次统计结果

指标	M	Q^-	Q^+	$Q^+ - Q^-$
低云	2	2	3	1
风速	3	2	4	2
浪高	3	2	4	2
降水	2	1	3	2
能见度	3	3	4	1

表 1.3 水文气象因子调查第二次统计结果

指标	M	Q^-	Q^+	$Q^+ - Q^-$
低云	2	2	2	0
风速	4	4	5	1
浪高	3	2	4	2
降水	1	1	2	1
能见度	3	3	4	1

表 1.4 水文气象因子调查第三次统计结果

指标	M	Q^-	Q^+	$Q^+ - Q^-$
低云	2	2	2	0
风速	5	4	5	1
浪高	3	3	4	1
降水	1	1	2	1
能见度	3	3	4	1

由表 1.4 可知，第三轮征询专家意见集中。根据第三轮专家的打分情况，按"很重要"到"最不重要"的顺序（按中位数 M 的大小）排列，这 5 项指标依次为风（评分为5）、波浪（评分为 3）、能见度（评分为 3）、低云（评分为 2）和降水（评分为 1）。因此，如果以重要性分数 1 为下限，则影响海上活动的水文气象因子分别为风速、浪高、能见度和低云。

1.2.3 指标体系的简化

利用 Delphi 法建好指标体系后，还需要对指标体系进行简化，才能最后得出一个优化的、切实可行的指标体系。为什么要非常强调指标体系的简化呢？这是由于一个好的评价指标体系既可以比较全面地反映出目标中重要的、本质的特征与属性，也可以使指标个数尽量少，符合简练性原则。指标体系的简化主要包括指标的相关分析和重要性指标筛选。

指标的独立性原则要求任意两个末级指标之间不应有较大面的交叉或覆盖，更不允许一个末级指标包含另一个末级指标。两个指标之间有交叉、覆盖或包容，表明它们之间是相关的。相关程度较大，表明指标间交叉、覆盖的面较大甚至出现包容，这是不允许的，可以采用统计学中的相关分析法对指标进行分析，去掉被包容的指标，简化末级指标。相关分析就是研究两个或两个以上变量之间相互关系密切程度的统计分析方法，本书不再详述，下面重点介绍重要性指标筛选方法。

1.2.3.1 基本方法（侯定丕和王战军，2001）

假设一个问题有 n 个指标 I_1，I_2，$\cdots$，I_n，从这 n 个指标中筛选出重要的指标，剔除不重要的指标，称为重要性指标筛选。指标重要性的定义为：假设有 m 位专家，分别对 n 个指标打分，x_{ij} 为第 i 个专家对第 j 项指标的打分，则第 j 项指标的重要大小为 $x_j = \sum_{i=1}^{m} x_{ij}$。重要性指标筛选方法如下：设 n 个指标的重要性大小分别为 x_1，x_2，$\cdots$，x_n，并记 $x = \sum_{i=1}^{n} x_i$，求最小的 p，使得 $\dfrac{\sum_{i=1}^{p} x_i}{x} \geqslant a (0 < a < 1)$，$x_1$，$x_2$，$\cdots$，$x_p$ 对应的指标 I_1，I_2，$\cdots$，I_p 即为重要性指标。其中 a 的选取并无定量规定，应视实际情况而定，一般取 $a \geqslant 0.7$。经验表明，取 $a = 0.7$ 是合适的，能较好地满足下面两个要求：①所选的指标是重要的；②重要的指标已被选上。

1.2.3.2 因子分析

1. 算法原理

因子分析（卢纹岱，2006）用来探讨存在相关关系的变量之间，是否存在不能直接观察到但对可观测变量的变化起支配作用的潜在因子的分析方法。因子分析就是寻找潜在的起支配作用的因子模型的方法。其基本原理如下：

设有原始变量 x_1，x_2，$\cdots$，x_m，它们与潜在因子之间的关系可以表示为

$$\begin{cases} x_1 = b_{11}z_1 + b_{12}z_2 + \cdots + b_{1m}z_m + e_1 \\ x_2 = b_{21}z_1 + b_{22}z_2 + \cdots + b_{2m}z_m + e_2 \\ \vdots \\ x_m = b_{m1}z_1 + b_{m2}z_2 + \cdots + b_{mm}z_m + e_m \end{cases} \tag{1.1}$$

其中 $z_1, z_2, \cdots, z_m$ 为 m 个潜在因子，是各原始变量都包含的因子，称共性因子；$e_1 \sim e_m$ 为 m 个只包含在某个原始变量之中的，只对一个原始变量起作用的个性因子，是各变量特有的特殊因子。共性因子与特殊因子相互独立，进行因子分析的方法有很多，常用是主成分分析法，具体算法详见专著（卢纹岱，2006）。

2. 案例应用

要对我国 31 个省级行政区水资源利用效率评价指标进行降维处理，评价指标包括单方水 GDP 产出量（X_1）、工业用水比例（X_2）、万元工业增加值用水量（X_3）、人均生活用水量（X_4）、水资源可持续利用指标（X_5）、人均 COD 排放量（X_6）和去变异化农业用水效率（X_7），见表 1.5。各指标含义如下：单方水 GDP 产出量为 GDP 与用水量的比值，单位为元/m³，它受产业结构、自然地理、社会经济等影响，能从一定程度上反映水资源综合利用效率的高低；工业用水比例是一定时期内工业用水量占用水总量百分比，单位为％；万元工业增加值用水量为工业用水量与工业增加值的比值，单位为 m³/万元，工业用水在地区用水中占相当大的比例，工业用水效率的高低是决定水资源综合利用效率的重要因素；人均生活用水量是指一个地区内在统计时期内人们正常生活所用的平均水量，人均生活用水量的高低可从一定程度上反映一个地区的居民日常生活中节水意识的强弱；水资源可持续利用指标为水资源可利用量－用水量差与总人口的比值，单位为 m³/人，反映一个地区水资源可持续利用性的高低；人均 COD 排放量是指一个地区在统计时期内生产、居民生活所排放的 COD 总量与总人口数的比值，能从一定程度上反映水资源利用所产生的负面生态效应；去变异化农业用水效率为参考作物蒸散量与灌溉用水量和有效降水量之和的比值，反映去除地区气候变异的农业用水效率。

表 1.5　　　　我国 31 个省级行政区水资源利用效率评价指标值

省级行政区	单方水 GDP 产出量/(元/m³)	工业用水比例/%	万元工业增加值用水量/(m³/万元)	人均生活用水量/[m³/(人·年)]	水资源可持续利用指标/(m³/人)	人均 COD 排放量/(kg/人)	去变异化农业用水效率
北京	184	20	219	87	−80	8	1.20
天津	160	20	125	30	−106	14	1.06
河北	51	13	423	24	−98	10	1.17
山西	71	26	294	19	90	11	1.37
内蒙古	22	8	1257	23	1137	12	1.10
辽宁	59	16	393	43	414	14	0.67
吉林	36	18	737	31	1162	15	0.74
黑龙江	21	20	956	31	1141	13	0.67

续表

省级行政区	单方水 GDP 产出量 /(元/m³)	工业用水比例 /%	万元工业增加值用水量 /(m³/万元)	人均生活用水量 /[m³/(人·年)]	水资源可持续利用指标 /(m³/人)	人均 COD 排放量 /(kg/人)	去变异化农业用水效率
上海	80	69	278	47	1560	17	0.64
江苏	35	39	569	42	−229	13	0.63
浙江	68	28	320	46	1389	12	0.62
安徽	25	32	1154	30	581	7	0.80
福建	36	34	651	63	3013	11	0.47
江西	20	25	1467	36	2748	11	0.46
山东	86	11	249	23	113	8	0.95
河南	51	21	433	30	226	7	0.95
湖北	27	33	1201	46	966	10	0.56
湖南	21	24	1215	47	2031	13	0.42
广东	47	29	485	72	1387	11	0.43
广西	13	15	2412	52	2898	22	0.35
海南	20	7	3406	51	2314	12	0.49
重庆	43	46	672	40	1478	9	0.57
四川	35	26	832	25	2539	10	0.62
贵州	20	28	1392	30	1996	6	0.39
云南	24	12	1312	30	3917	7	0.54
西藏	8	2	17812	35	171258	6	0.69
陕西	46	16	539	25	745	9	1.13
甘肃	16	12	1757	24	457	7	1.00
青海	18	20	1540	30	12024	11	0.65
宁夏	7	4	3355	29	52	19	0.69
新疆	5	2	5435	28	2078	14	1.03

注 数据来源于各省份统计年鉴、水资源公报等。

由于所选指标量纲不同,为避免方差大的指标被优先考虑而产生不合理的结果,首先对数据进行标准化处理,在此基础上进行因子分析。采用方差最大的正交旋转方法,使各因子载荷的平方按列向 0 和 1 两级极化,从而使公因子实际意义更明显,得出三个主要因子,见表 1.6。

根据表 1.6,因子 1 指标载荷较大的

表 1.6 三个主要因子及指标载荷值

因子	载荷较大的指标及对应载荷
因子 1	$X_3 = 0.891$,$X_1 = 0.752$,$X_7 = 0.743$
因子 2	$X_4 = 0.793$,$X_6 = 0.845$
因子 3	$X_5 = 0.957$

为单方水 GDP 产出量、万元工业增加值用水量、去变异化农业用水效率，这三个指标反映了一个地区的水资源利用的经济产出。因子 2 指标载荷较大的为人均生活用水量、人均 COD 排放量，该因子所表示的实际物理意义较模糊。因子 3 载荷较大的为水资源可持续利用指标，反映的是各地区的水资源条件。

结合各指标对所选因子的贡献率，得出 31 个省级行政区上述三个因子的得分，见表 1.7。

表 1.7 我国 31 个省级行政区用水效率因子得分表

省级行政区	用水效率因子			省级行政区	用水效率因子		
	因子 1	因子 2	因子 3		因子 1	因子 2	因子 3
北京	5.16	−4.38	2.25	湖北	−1.58	−0.26	−0.08
天津	7.51	−2.02	6.31	湖南	−1.54	0.01	0.32
河北	0.96	−0.23	−0.85	广东	1.09	−1.37	2.00
山西	2.26	−0.60	−0.76	广西	−1.41	0.82	1.58
内蒙古	−1.04	1.46	−0.60	海南	−1.36	−0.81	0.15
辽宁	0.17	−0.95	0.39	重庆	−0.69	−2.54	−0.54
吉林	−0.68	0.02	−0.05	四川	−1.19	−0.77	−1.00
黑龙江	−1.85	1.21	−0.32	贵州	3.56	−1.27	−1.71
上海	−1.78	−0.52	1.74	云南	−0.39	−0.13	−1.17
江苏	0.63	0.43	0.21	西藏	−3.24	1.51	−1.46
浙江	1.44	−1.71	−0.89	陕西	0.17	−0.06	−0.88
安徽	−1.67	−0.22	−1.25	甘肃	−1.75	1.70	−1.45
福建	−0.99	−1.41	0.66	青海	−0.32	1.13	−0.35
江西	−1.89	0.18	−0.44	宁夏	−2.13	6.13	0.22
山东	3.85	−1.57	−0.62	新疆	−1.54	7.66	−0.73
河南	0.25	−1.45	−0.68				

1.2.3.3 投影寻踪

1. 算法原理

投影寻踪模型（金菊良，2002）是用来分析和处理非正态高维数据的一类新兴探索性统计方法。其基本思想是把高维数据投影到低维子空间上，对于投影到的构形，采用投影指标函数来衡量投影暴露某种结构的可能性大小，寻找出使投影指标函数达到最优的投影值，然后根据该投影值来分析高维数据的结构特征。需要强调的是，在用投影寻踪进行指标降维之前，需要对数据进行标准化处理，其建模步骤如下：

第一步：构造投影指标函数。设指标序列为 $\{b(i,j)|i=1\sim m, j=1\sim n\}$，其中，$m$、$n$ 分别为样本个数和指标个数。投影寻踪方法就是把 n 维数据 $\{b(i,j)|i=1\sim m, j=1\sim$

n}综合成以 $a=\{a(1),a(2),a(n)\}$ 为投影方向的一维投影值 $(x(1),x(2),\cdots,x(m))$。

$$x(i)=\sum_{j=1}^{n}a(j)x(i,j) \tag{1.2}$$

在综合投影值时，要求投影值 $x(i)$ 应尽可能大地提取 $\{x(i,j)|i=1\sim m,j=1\sim n\}$ 中的变异信息，即 $x(i)$ 的标准差 S_x 达到尽可能大。

第二步：优化投影指标函数。当给定指标序列的样本数据时，投影指标函数 $Q(a)$ 只随投影方向的变化而变化。可通过求解投影指标函数最大化问题来估计最佳投影方向：

$$\left.\begin{aligned}\max \quad & Q(a)=S_x \\ \text{s. t.} \quad & \sum_{j=1}^{n}a^2(j)=1 \\ & a(j)>0\end{aligned}\right\} \tag{1.3}$$

显然，这是一个以 $\{a(j)|j=1\sim n\}$ 为变量的非线性优化问题，采用实码加速遗传算法（RAGA）（金菊良，2002）来处理该问题十分简便有效。

第三步：确定投影向量。把第二步中求解的最佳投影方向 a^* 代入式（1.2），即得到投影向量 $(x(1),x(2),\cdots,x(m))$。

2. 案例应用

现要对泉州市 2000—2012 年的水资源脆弱性进行评价。首先建立水资源脆弱性评价指标并进行标准化处理。指标主要包括降雨量 P、人均水资源量 W_p、水资源开发利用率 U_r、地下水超采比例 G_r 和水资源满足程度 S_r。其中水资源开发利用率和水资源满足程度的计算公式分别为

$$U_r=\frac{\text{地表供水量}+\text{地下供水量}}{\text{水资源总量}} \tag{1.4}$$

$$S_r=\frac{W_{as}}{W_{td}} \tag{1.5}$$

式中：W_{as} 为总供水量；W_{td} 为总需水量。

根据投影寻踪的算法原理，可以计算泉州市 2000—2012 年的水资源脆弱性多维指标的投影值，如图 1.2 所示。

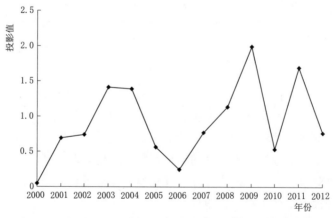

图 1.2　泉州市 2000—2012 年的水资源脆弱性多维指标投影值

综上所述，一个完整的指标体系建立的流程如下：

（1）根据指标的选取原则罗列被选指标，设计咨询表格。这一步由主持人完成，罗列指标要全面周到，做到集思广益，咨询表格要设计得科学、严密，且易于操作。

（2）用 Delphi 法征询指标的重要性，初步建立指标。邀请的专家要有丰富的实践经验和理论知识，要努力调动专家们的积极性，使他们准确地、独立地发表意见。

（3）利用相关分析法和重要性指标筛选法简化指标体系，得到一个优化合理的

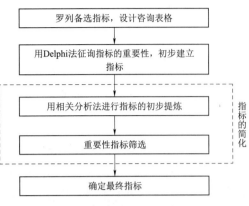

图 1.3 指标体系的建立流程

指标体系。首先利用相关分析法进行指标的初步提炼，然后利用重要性指标筛选法剔除不重要的指标，最后筛选出最终的指标。

指标体系建立的流程如图 1.3 所示。

1.3 指 标 预 处 理

在进行综合评价前，首先往往要对指标体系进行一些数据预处理，主要包括定量化处理、一致化处理及无量纲化处理等。具体来说，在建立的指标体系中，有些指标是定性的，而定性指标的信息不能直接加以利用，通常需要进行量化处理。对于不同类型的指标，处理方法是不同的，后面结合实际情况再进行详细讨论。其次，在多指标评价的数据标准化过程中，由于某些定量指标的单位、量纲及数量级的不同，造成了各指标间的不可共度性，甚至会影响评价结果。为了排除由于各项指标的单位不同以及数值数量级间的悬殊差别所带来的影响，避免不合理现象的发生，需要对各项指标进行无量纲化处理，将其转化为无量纲、无数量级差别的标准分，然后进行评价（焦立新，1999）。再次，某些综合评价方法需要保持指标的同趋势化，以保证指标间的可比性，因此需要对指标进行一致化处理或标准化处理。而指标往往分成成本型、效益型、适度型和区间型。所谓成本型指标是指指标数值越小越好的指标，效益型指标是指数值越大越好的指标，适度型指标是指数值越接近某个常数越好的指标，区间型指标是指数值越接近某个区间（包括落在该区间）越好的指标。

1.3.1 定量化处理

由于定性指标是反映人们主观认识差异和变化的指标，这些差异和变化的内涵和外延不是很明确，其概念具有模糊性，因此需要进行定量化处理。定量化处理方法常借鉴灰色关联分析中的评语集方法（刘思峰等，2004），即先给定性化指标拟定合适的评语集并赋予相应的等级值，然后借鉴 Delphi 法进行专家评价，专家首先各自给出评语，接着展开讨论，经过陈述理由、质询和答辩，尽量剔除偏离实际的判断，最后专家评价团形成一致

的评价结果，确定出各指标的量值。例如，在评价主权争端危险性时，需要考虑争端国政治态度的强硬程度，这是定性指标，通过灰色关联分析法将其量化：首先设立相应的评语集和等级值，见表 1.8。然后请专家（或根据专家知识库）进行评分，等级值越高，表示政治态度越强硬，发生主权冲突的可能性越大。

表 1.8 争端国政治态度强硬程度等级划分

评语	十分强硬	较强硬	一般	较缓和	十分缓和
等级值	5	4	3	2	1

另外，为了计算方便，还可以采用分级赋值法对指标进行量化处理，如张继权和李宁（2007）在进行城市干旱缺水风险评价时，用分级赋值法对人均水资源占有量等指标进行了量化，见表 1.9。

表 1.9 人均水资源占有量量化基准及量化值

量化基准/m³	≤500	501~1000	1001~1700	1701~3000	≥3001
量化值	5	4	3	2	1

1.3.2 无量纲化处理

常用的无量纲化方法包括极差正规化、极大化、极小化、平均化、标准差化、比重法、秩次法及功效系数法等（樊红艳和刘学录，2010）。设原始的指标矩阵为 $X = (x_{ij})_{m \times n}$（$i = 1, 2, \cdots, m; j = 1, 2, \cdots, n$），其中 x_{ij} 表示第 i 个对象的第 j 个指标的实际值，设 y_{ij} 为处理后的指标值。

1. 极差正规化

极差正规化计算公式为

$$y_{ij} = \frac{x_{ij} - \min_i(x_{ij})}{\max_i(x_{ij}) - \min_i(x_{ij})} \tag{1.6}$$

y_{ij} 的范围为 0~1，数据的分布保持不变，适用于呈正态分布或非正态分布指标值的无量纲化（李炳军等，2002）。

2. 极大化与极小化

极大化计算公式为

$$y_{ij} = \frac{x_{ij}}{\min_i(x_{ij})} \tag{1.7}$$

极小化计算公式为

$$y_{ij} = \frac{x_{ij}}{\max_i(x_{ij})} \tag{1.8}$$

极大化和极小化处理后 y_{ij} 的范围为 0~1，数据的分布保持不变，适用于呈正态分布或非正态分布指标值的无量纲化（樊红艳和刘学录，2010）。

3. 平均化

平均化计算公式为

$$y_{ij} = \frac{x_{ij}}{\overline{x}} \qquad (1.9)$$

其中
$$\overline{x} = \frac{1}{m}\sum_{i=1}^{m} x_{ij}$$

y_{ij} 的范围为 0~1，数据的分布保持不变，适用于呈正态分布或非正态分布指标值的无量纲化（樊红艳和刘学录，2010）。

4. 标准差化

标准差化计算公式为

$$y_{ij} = \frac{x_{ij} - \overline{x}_j}{s_j} \qquad (1.10)$$

其中
$$s_j = \sqrt{\frac{1}{n-1}\sum_{i=1}^{m} (x_{ij} - \overline{x})^2}$$

y_{ij} 的范围为 0~1，数据的分布保持不变，适用于呈正态分布指标值的无量纲化（樊红艳和刘学录，2010）。

5. 比重法

比重法计算公式为

$$y_{ij} = \frac{x_{ij}}{\sqrt{\sum_{i=1}^{m} x_{ij}^{2}}} \qquad (1.11)$$

其中，y_{ij} 的范围为 0~1，数据的分布保持不变，适用于呈正态分布或非正态分布指标值的无量纲化（樊红艳和刘学录，2010）。

6. 秩次法

将各指标值从小到大（正向指标）或从大到小（逆向指标）编秩次 x 而达到无量纲化，x 的范围为 1~m（m 为样本含量），$y_{ij} = x$。

7. 功效系数法

功效系数法的基本思路是先确定每个评价指标的满意值 M_j 和不容许值 m_j，计算公式为

$$y_{ij} = 60 + \frac{x_{ij} - m_j}{M_j - m_j} \times 40 \qquad (1.12)$$

这种转化能够反映出各评价指标的数值大小，可充分地体现各评价单位之间的差距，且单项评价指标值一般为 60~100。但须事先确定两个对比标准作为评价的参照——满意值和不容许值，因此操作难度较大。许多综合评价问题中理论上没有明确的满意值和不容许值。实际操作时一般有如下的变通处理：①以历史上的最优值、最差值来代替；②分别取最优、最差的若干项数据的平均数来代替。

1.3.3 标准化处理

对评价指标进行定量化和无量纲处理后，还要进行标准化处理。下面以将所有指标处理成越大越好为例说明指标一致化处理过程。

对于成本型指标 X，令 $X^* = \dfrac{M-X}{M-m}$，其中 M 和 m 分别为指标 X 的一个允许上界和下界。

对于效益型指标 X，令 $X^* = \dfrac{X-m}{M-m}$，其中 M 和 m 分别为指标 X 的一个允许上界和下界。

对于适中型指标 X，令

$$X^* = \begin{cases} \dfrac{2(X-m)}{M-m}, & m \leqslant X \leqslant \dfrac{M+m}{2} \\ \dfrac{2(M-X)}{M-m}, & \dfrac{M+m}{2} \leqslant X \leqslant M \end{cases} \tag{1.13}$$

式中：M 和 m 分别为指标 X 的一个允许上界和下界。

对于区间型指标 X，令

$$X^* = \begin{cases} 1 - \dfrac{q_1 - x}{\max(q_1 - m, M - q_2)}, & X < q_1 \\ 1, & q_1 \leqslant X \leqslant q_2 \\ 1 - \dfrac{x - q_2}{\max(q_1 - m, M - q_2)}, & X > q_2 \end{cases} \tag{1.14}$$

式中：$[q_1, q_2]$ 为指标 X 的最佳稳定区间；M 和 m 分别为指标 X 的一个允许上界和下界。

经过以上处理，所有指标就可以转化为越大越好的指标，同理可以将所有指标转化为越小越好的指标。

1.4　指标权重的确定

1.4.1　基本概念

1. 指标权重的含义

相对于某种评价目标来说，评价指标之间的相对重要性是不同的。评价指标之间的相对重要性的大小可用权重系数来刻画。指标的权重系数，简称权重，是指标对总目标的贡献程度（杜栋等，2008）。权重以某种数量形式对比、权衡被评价事物总体中诸因素相对重要程度的量值，权重越大，表示所对应的指标对目标的贡献程度越大；权重越小，表示所对应的指标对目标的贡献程度越小。

2. 指标权重差异的原因

指标的权重应是评价过程中其相对重要程度的一种主观客观度量的反映。一般而言，指标间的权重差异主要是由以下三方面的原因造成的（李柏年，2007）：

（1）评价者对各指标的重视程度不同，反映了评价者的主观差异。

（2）各指标在评价中所起的作用不同，反映了各指标间的客观差异。

（3）各指标的可靠程度不同，反映了各指标所提供的信息量和可靠性不同。

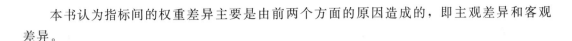

本书认为指标间的权重差异主要是由前两个方面的原因造成的，即主观差异和客观差异。

1.4.2 确定方法

既然指标间的权重差异主要是主观方面的差异和客观方面的差异，因此在确定指标的权重时就应该从这两个方面来考虑。目前，确定指标权重的方法主要有主观赋权法、客观赋权法及组合赋权法。

1.4.2.1 主观赋权法

主观赋权法是一种经验判断法，主要有两种模式：①基于专家咨询法确定权重，首先请若干名专家就各指标的重要性进行评分，然后就各专家的评分进行平均然后进行归一化就得到各指标的权重；②运用层次分析法求解指标权重，或者使用一些改进的层次分析法进行求解。

1. 专家咨询法

专家咨询一般采用调查问卷的形式或评委投票表决法。调查问卷中咨询表格的形式类似于表1.1；评委投票表决法方便易行，其主要过程如下：每个评委通过定性分析，给以定量的回答，领导小组对回答进行统计处理。在数据处理时，一般用算术平均值代表评委们的集中意见，其计算公式为

$$a_j = \frac{\sum_{i=1}^{n} a_{ji}}{n}, \quad j = 1, 2, \cdots, m \tag{1.15}$$

式中：n 为评委的数量；m 为评价指标总数；a_j 为第 j 个指标的权数平均值；a_{ji} 为第 i 个专家或评委给第 j 个指标权数的打分值。

然后进行归一化处理，归一化的公式为

$$w_j = \frac{a_j}{\sum_{j=1}^{m} a_j}, \quad j = 1, 2, \cdots, m \tag{1.16}$$

式中，$w_j (j = 1, 2, \cdots, m)$ 就是各指标的权重值。

2. 层次分析法及其改进模型

层次分析法（analytic hierarchy process，AHP）是美国著名的运筹学家 Satty 等在20世纪70年代提出的一种定性与定量相结合的多准则决策方法，其特点为：在对复杂决策问题的本质、影响因素以及内在关系等进行深入分析后，构建一个层次结构模型，然后利用较少的定量信息，把决策的思维过程数学化，从而为求解多目标、多准则或无结构特性的复杂决策问题，提供一种简便的决策方法。层次分析法的基本原理为：将复杂问题分解为目标、准则、方案等层次，在最低层通过两两对比得出各因素的权重，通过由低到高的层次分析计算，最后计算出各方案对总目标的权重。运用层次分析法进行建模，大致可按建立层次结构模型、构建比较判断矩阵、层次单排序及一致性检验、层次总排序四个步骤进行。

从 AHP 方法的数学原理可以看出，人的主观因素的作用占有很大的比重，对于一个

决策问题来说，如果只有一名专家进行决策，计算结果可能难以为众人接受。因此，为了克服决策时人的主观判断、选择、偏好对结果的影响，常常采用群组决策，以尽量使得决策结果得到众人的认可。当有若干个专家参加决策时，各个专家均可以给出一个比较判断矩阵，那么如何根据这众多的比较判断矩阵进行最终决策呢？一般有两种处理方法（李柏年，2007）：一类是将各个专家的比较判断矩阵综合成一个判断矩阵，然后求出这个矩阵的排序向量，称为比较判断矩阵综合法；另一类是先求出各个专家的排序向量，然后将它们综合成群组排序向量，称为权重向量综合综合法。

（1）比较判断矩阵综合法。

1）加权几何平均法：设由 s 个专家组成的评判矩阵 $A^{(k)}=(a_{ij}^{(k)})(k=1,\cdots,2s)$，构造比较判断矩阵 $A=(a_{ij})$，其中

$$a_{ij}=\prod_{k=1}^{s}(a_{ij}^{(k)})^{\lambda_k}, \quad i,j=1,2,\cdots,n$$
$$\lambda_1+\lambda_2+\cdots+\lambda_s=1 \tag{1.17}$$

式中：λ_k 为第 k 个专家的权重。

2）加权算术平均法：设由 s 个专家组成的评判矩阵 $A^{(k)}=(a_{ij}^{(k)})(k=1,\cdots,2s)$，构造比较判断矩阵 $A=(a_{ij})$，其中

$$a_{ij}=\sum_{k=1}^{s}\lambda_k a_{ij}^{(k)}, \quad i,j=1,2,\cdots,n$$
$$\lambda_1+\lambda_2+\cdots+\lambda_s=1$$

式中：λ_k 为第 k 个专家的权重。

（2）权重向量综合排序法。

1）加权几何平均法：设第 t 个专家给出的排序向量为 $W^{(t)}=(W_1^{(t)},W_2^{(t)},\cdots,W_n^{(t)})(t=1,2,\cdots,s)$，对 t 个向量进行几何平均，得到排序向量 $W=(W_1,W_2,\cdots,W_n)^{\mathrm{T}}$，其中

$$W_k=\frac{\overline{W}_k}{\sum_{i=1}^{n}\overline{W}_i}$$
$$\overline{W}_k=(W_k^{(1)})^{\lambda_1}(W_k^{(2)})^{\lambda_2}\cdots(W_k^{(s)})^{\lambda_s}$$
$$\lambda_1+\lambda_2+\cdots+\lambda_s=1$$

2）加权算术平均法：设第 t 个专家给出的排序向量为 $W^{(t)}=(W_1^{(t)},W_2^{(t)},\cdots,W_n^{(t)})(t=1,2,\cdots,s)$，对 t 个向量进行加权算术平均，得到排序向量 $W=(W_1,W_2,\cdots,W_n)^{\mathrm{T}}$，其中

$$W_k=\lambda_1 W_k^{(1)}+\lambda_2 W_k^{(2)}+\cdots\lambda_s W_k^{(s)}, \quad k=1,2,\cdots,n$$
$$\lambda_1+\lambda_2+\cdots+\lambda_s=1$$

式中：λ_k 为第 k 个专家的权重。

由于 AHP 方法在进行检验比较判断矩阵的一致性问题上的困难性，和修改比较判断矩阵的复杂性，以及如何更有效解决比较判断矩阵的一致性与人类思维的一致性有显著差异等问题，人们已经将模糊数学思想和方法引入了层次分析法，许多学者加入了 Fuzzy

AHP 方法的研究，常大勇等（1995）提出了利用模糊数比较大小进行排序的方法；徐泽水（2002）提出了一种基于可能度的三角模糊数互补判断矩阵排序方法；刘胜等（2002）提出了基于遗传算法的动态三角模糊数互反判断矩阵一致性检验、矩阵元素修正和权值排序的方法，克服了传统层次分析法中无法表现判断模糊性和系统时变性的缺点，等等。由于判断的不确定性及模糊性，在构造比较判断矩阵时，所给出的判断值往往不是确定的数值点，而是以区间数或模糊数形式给出。常见的不确定型矩阵有区间数互补判断矩阵、区间数互反判断矩阵、区间数混合判断矩阵、三角模糊数互补判断矩阵、三角模糊数互反判断矩阵、三角模糊数混合判断矩阵、模糊互补判断矩阵等。

3. 勾股模糊熵与散度

（1）勾股模糊集。

勾股模糊集（Pythagorean Fuzzy Sets，PFSs）放宽了直觉模糊集理论中隶属度与非隶属度之和小于等于 1 这一条件，约定隶属度与非隶属度之和可以超过 1，但其平方和不超过 1。勾股模糊集中的隶属度和非隶属度对应勾股定理中的两个勾股数，故 Yager（2013）形象地称其为勾股模糊集。对于水资源系统的抵抗性、恢复性和适应性水平，从隶属和非隶属两方面综合表达更符合人们的思维认知。

设论域 X 上的一个勾股模糊集 PFSs 指的是如下形式的一个集合：

$$P = \{ <x_i, u_P(x_i), v_P(x_i)> | x_i \in X \} \tag{1.18}$$

其中 $u_P: X \to [0, 1]$，$v_P: X \to [0, 1]$。若满足对于任意 $x_i \in X$，$[u_P(x_i)]^2 + [v_P(x_i)]^2 \leqslant 1$，则分别称 u_P、v_P 为 x_i 对 P 的隶属度和非隶属度，称 $\pi_P(x_i) = \sqrt{1 - [u_P(x_i)]^2 - [v_P(x_i)]^2}$ 为 x_i 对 P 的犹豫度或不确定度。

若将隶属度 $u_P(x_i)$ 和非隶属度 $v_P(x_i)$ 看作二维直角坐标系中横坐标轴和纵坐标轴上的向量，则 $r_P(x_i) = \sqrt{[u_P(x_i)]^2 + [v_P(x_i)]^2}$ 视为隶属度与非隶属度向量的模，称为勾股模糊集 P 的自信度；自信度的作用效果与 $r_P(x_i)$ 和 $u_P(x_i)$ 所在方向的夹角有关。

设 $r_P(x_i)$ 和 $u_P(x_i)$ 所在方向的夹角为 $\theta_P(x_i)$，Yager（2013）定义了一个刻画自信度 $r_P(x_i)$ 方向的量 $d_P(x_i)$，称为自信度的方向。其中，$d_P(x_i) \in [0, 1]$，且 $d_P(x_i) = 1 - \dfrac{2\theta_P(x_i)}{\pi}$，$u_P(x_i) = r_P(x_i)\cos[\theta_P(x_i)]$，$v_P(x_i) = r_P(x_i)\sin[\theta_P(x_i)]$。

Zhang 和 Xu（2014）记 $p = (u_p, v_p)$，称其为勾股模糊数（PFNs）。相应地称 $r_p = \sqrt{u_p^2 + v_p^2}$ 为 p 的自信度；$\pi_p = \sqrt{1 - u_p^2 - v_p^2}$ 为 p 的犹豫度。

（2）勾股模糊熵与散度。

水资源系统是一个多因子耦合系统。确定各因子的权重，对于评价与调控至关重要。熵和散度是勾股模糊集理论中的重要概念，也是权重确定的主要工具。Pratibha - Rani 等（2019）在直觉模糊熵的基础上定义了勾股模糊集的 PF 熵和 PF 散度。在 PF 熵和 PF 散度的基础上给出勾股模糊数（PFNs）的熵和散度。

设勾股模糊数 $p = (u_p, v_p)$，则其 PF 熵为

$$\zeta(p) = \frac{1}{\sqrt{e} - 1} \left[\left(\frac{u_P^2 + 1 - v_P^2}{2} \right) \exp\left(\frac{v_P^2 + 1 - u_P^2}{2} \right) + \left(\frac{v_P^2 + 1 - u_P^2}{2} \right) \exp\left(\frac{u_P^2 + 1 - v_P^2}{2} \right) - 1 \right]$$

$$\tag{1.19}$$

当 $u_p + v_p = 1$ 时，上式可简化为

$$\zeta(p) = \frac{u_p e^{v_p} + v_p e^{u_p} - 1}{\sqrt{e} - 1} \tag{1.20}$$

设有勾股模糊数 $p = (u_p, v_p)$，$t = (u_t, v_t)$，其 PF 散度可表示为

$$\xi(p,t) = \frac{1}{\sqrt{e}-1} \left\{ \begin{array}{l} \left[\dfrac{(u_p^2+u_t^2)+2-(v_p^2+v_t^2)}{4}\right] \exp\left[\dfrac{(v_p^2+v_t^2)+2-(u_p^2+u_t^2)}{4}\right] \\[2mm] + \left[\dfrac{(v_p^2+v_t^2)+2-(u_p^2+u_t^2)}{4}\right] \exp\left[\dfrac{(u_p^2+u_t^2)+2-(v_p^2+v_t^2)}{4}\right] \\[2mm] - \dfrac{1}{2}\left[\left(\dfrac{u_p^2+1-v_P^2}{2}\right)\exp\left(\dfrac{v_p^2+1-u_P^2}{2}\right) + \left(\dfrac{v_p^2+1-u_P^2}{2}\right)\exp\left(\dfrac{u_p^2+1-v_P^2}{2}\right)\right. \\[2mm] \left. + \left(\dfrac{u_t^2+1-v_t^2}{2}\right)\exp\left(\dfrac{v_t^2+1-u_t^2}{2}\right) + \left(\dfrac{v_t^2+1-u_t^2}{2}\right)\exp\left(\dfrac{u_t^2+1-v_t^2}{2}\right)\right] \end{array} \right\} \tag{1.21}$$

当 $u_p + v_p = 1$ 时，上式可简化为

$$\xi(p,t) = \frac{1}{\sqrt{e}-1}\left[\left(\frac{u_p+u_t}{2}\right)\exp\left(\frac{v_p+v_t}{2}\right) + \left(\frac{v_p+v_t}{2}\right)\exp\left(\frac{u_p+u_t}{2}\right)\right.$$
$$\left. - \frac{u_p e^{v_p} + v_p e^{u_p} + u_t e^{v_t} + v_t e^{u_t}}{2}\right] \tag{1.22}$$

设各指标的权重为 ω_1，ω_2，$\cdots$，ω_n，且满足条件 $0 \leqslant \omega_j \leqslant 1$，且 $\sum\limits_{j=1}^{n}\omega_j = 1$。基于 PF 熵式（1.19）和 PF 散度式（1.21）的指标权重计算公式（Rani 等，2019）如下：

$$\omega_j = \frac{\sum\limits_{i=1}^{m}\left[\dfrac{1}{m-1}\sum\limits_{t=1}^{m}\xi(p_{ij},p_{tj}) + 1 - \zeta(p_{ij})\right]}{\sum\limits_{j=1}^{n}\sum\limits_{i=1}^{m}\left[\dfrac{1}{m-1}\sum\limits_{t=1}^{m}\xi(p_{ij},p_{tj}) + 1 - \zeta(p_{ij})\right]}, \quad j = 1,2,\cdots,n \tag{1.23}$$

（3）水资源韧性评价指标权重计算。

以长江经济带为研究区域，长江经济带是指沿长江附近的经济圈，东起上海，西到云南，覆盖上海、江苏、浙江、安徽、江西、湖北、湖南、重庆、贵州、四川、云南等 11 个省（直辖市）；面积约 205.23 万 km^2，占全国的 21.4%，人口和国内生产总值均超过全国的 40%。近年来受人类活动和气候变化等影响，长江水环境恶化、水生态脆弱、水资源短缺与水旱灾害等四大水问题日趋严重。因此，开展该区域水资源系统的韧性研究，制定相应的调控策略对长江经济带水资源可持续利用、生态优先与绿色发展可持续战略的实施有重要的意义。

首先建立长江经济带水资源韧性评价指标体系，见表 1.10。本书所有数据均来源于上海等 11 个省级行政区的统计年鉴（2009—2018 年）、水资源公报（2009—2018 年）以及中国统计年鉴（2009—2018 年）。

表 1.10   长江经济带水资源系统韧性评价指标体系与等级标准

类别	序号	指标	单位	属性	非常强	强	中	弱	非常弱
抵抗性	c_1	人口	万人	负	≤2000	2000~4000	4000~6000	6000~8000	≥8000
	c_2	旱灾受灾面积	$10^3 hm^2$	负	≤100	100~300	300~500	500~700	≥700
	c_3	洪涝受灾面积	$10^3 hm^2$	负	≤100	100~300	300~500	500~700	≥700
	c_4	万元 GDP 用水	m^3	负	≤100	100~200	200~300	300~400	≥400
	c_5	供水总量	亿 m^3	正	≥300	300~240	240~170	170~100	≤100
	c_6	水资源总量	亿 m^3	正	≥2000	2000~1500	1500~1000	1000~500	≤500
恢复性	c_7	人均水资源量	m^3	正	≥2200	2200~1700	1700~1000	1000~500	≤500
	c_8	工业用水量	亿 m^3	负	≤30	30~50	50~70	70~90	≥90
	c_9	农业用水量	亿 m^3	负	≤40	40~80	80~120	120~160	≥160
	c_{10}	污水处理量	亿 m^3	正	≥200000	200000~150000	150000~100000	100000~50000	≤50000
	c_{11}	第三产业占比	%	正	≥50	50~45	45~40	40~35	≤35
	c_{12}	单位产值能耗	(kW·h)/万元	负	≤650	650~750	750~850	850~1000	≥1000
适应性	c_{13}	生态环境用水量	亿 m^3	正	≥5	5~3	3~2	2~1	≤1
	c_{14}	环保治理投资	亿元	正	≥300	300~225	225~150	150~75	≤75
	c_{15}	财政收入增长率	亿元	正	≥30	30~24	24~16	16~8	≤8
	c_{16}	科技研发投入	亿元	正	≥200	200~140	140~80	80~30	≤30
	c_{17}	城区绿化率	%	正	≥40	40~30	30~20	20~10	≤10
	c_{18}	森林覆盖率	%	正	≥50	50~40	40~30	20~10	≤10

注 属性为正表示该指标值越大越好；属性为负表示该指标值越小越好。

根据 11 个省级行政区各指标数据的平均值，利用可变集相对隶属度方法，结合 PF 五级评分表，计算勾股模糊数，见表 1.11。

表 1.11   长江经济带 2008—2017 年水资源韧性勾股模糊数

年份	2008	2009	2010	2011	2012	2013	2014	2015	2016	2017
c_1	(0.524, 0.476)	(0.521, 0.479)	(0.519, 0.481)	(0.516, 0.484)	(0.513, 0.487)	(0.512, 0.488)	(0.509, 0.491)	(0.507, 0.493)	(0.503, 0.497)	(0.501, 0.499)
c_2	(0.522, 0.478)	(0.541, 0.459)	(0.154, 0.846)	(0.608, 0.392)	(0.486, 0.514)	(0.582, 0.418)	(0.669, 0.331)	(0.597, 0.403)	(0.463, 0.537)	(0.677, 0.323)
c_3	(0.705, 0.295)	(0.426, 0.574)	(0.435, 0.565)	(0.233, 0.767)	(0.57, 0.43)	(0.806, 0.194)	(0.673, 0.327)	(0.778, 0.222)	(0.806, 0.194)	(0.767, 0.233)
c_4	(0.613, 0.387)	(0.646, 0.354)	(0.694, 0.306)	(0.733, 0.267)	(0.76, 0.24)	(0.788, 0.212)	(0.803, 0.197)	(0.806, 0.194)	(0.81, 0.19)	(0.813, 0.187)
c_5	(0.588, 0.412)	(0.641, 0.359)	(0.643, 0.357)	(0.645, 0.355)	(0.638, 0.362)	(0.631, 0.369)	(0.612, 0.388)	(0.64, 0.36)	(0.602, 0.398)	(0.62, 0.38)

年份	2008	2009	2010	2011	2012	2013	2014	2015	2016	2017
c_6	(0.504, 0.496)	(0.445, 0.555)	(0.564, 0.436)	(0.417, 0.583)	(0.543, 0.457)	(0.451, 0.549)	(0.517, 0.483)	(0.54, 0.46)	(0.61, 0.39)	(0.502, 0.498)
c_7	(0.787, 0.213)	(0.685, 0.315)	(0.821, 0.179)	(0.624, 0.376)	(0.808, 0.192)	(0.687, 0.313)	(0.792, 0.208)	(0.808, 0.192)	(0.835, 0.165)	(0.74, 0.26)
c_8	(0.45, 0.55)	(0.411, 0.589)	(0.387, 0.613)	(0.422, 0.578)	(0.416, 0.584)	(0.469, 0.531)	(0.544, 0.456)	(0.521, 0.479)	(0.532, 0.468)	(0.518, 0.482)
c_9	(0.467, 0.533)	(0.431, 0.569)	(0.443, 0.557)	(0.426, 0.574)	(0.443, 0.557)	(0.434, 0.566)	(0.433, 0.567)	(0.439, 0.561)	(0.452, 0.548)	(0.431, 0.569)
c_{10}	(0.46, 0.54)	(0.493, 0.507)	(0.539, 0.461)	(0.579, 0.421)	(0.607, 0.393)	(0.627, 0.373)	(0.658, 0.342)	(0.686, 0.314)	(0.71, 0.29)	(0.731, 0.269)
c_{11}	(0.493, 0.507)	(0.557, 0.443)	(0.526, 0.474)	(0.528, 0.472)	(0.551, 0.449)	(0.605, 0.395)	(0.638, 0.362)	(0.692, 0.308)	(0.741, 0.259)	(0.785, 0.215)
c_{12}	(0.18, 0.82)	(0.2, 0.8)	(0.253, 0.747)	(0.385, 0.615)	(0.433, 0.567)	(0.484, 0.516)	(0.581, 0.419)	(0.673, 0.327)	(0.712, 0.288)	(0.744, 0.256)
c_{13}	(0.681, 0.319)	(0.568, 0.432)	(0.738, 0.262)	(0.447, 0.553)	(0.45, 0.55)	(0.521, 0.479)	(0.529, 0.471)	(0.555, 0.445)	(0.604, 0.396)	(0.666, 0.334)
c_{14}	(0.351, 0.649)	(0.426, 0.574)	(0.439, 0.561)	(0.453, 0.547)	(0.465, 0.535)	(0.521, 0.479)	(0.566, 0.434)	(0.653, 0.347)	(0.676, 0.324)	(0.741, 0.259)
c_{15}	(0.624, 0.376)	(0.432, 0.568)	(0.78, 0.22)	(0.83, 0.17)	(0.519, 0.481)	(0.416, 0.584)	(0.373, 0.627)	(0.393, 0.607)	(0.213, 0.787)	(0.201, 0.799)
c_{16}	(0.309, 0.691)	(0.39, 0.61)	(0.384, 0.616)	(0.43, 0.57)	(0.482, 0.518)	(0.535, 0.465)	(0.594, 0.406)	(0.65, 0.35)	(0.691, 0.309)	(0.744, 0.256)
c_{17}	(0.738, 0.262)	(0.751, 0.249)	(0.768, 0.232)	(0.781, 0.219)	(0.791, 0.209)	(0.789, 0.211)	(0.79, 0.21)	(0.793, 0.207)	(0.801, 0.199)	(0.803, 0.197)
c_{18}	(0.55, 0.45)	(0.601, 0.399)	(0.607, 0.393)	(0.611, 0.389)	(0.614, 0.386)	(0.632, 0.368)	(0.633, 0.367)	(0.634, 0.366)	(0.642, 0.358)	(0.648, 0.352)

最后，基于11个省级行政区10年的总数据，利用式（1.33）计算各指标的权重，见表1.12。

表1.12 长江经济带2008—2017年水资源韧性指标权重

指标	抵抗性指标						恢复性指标						适应性指标					
	c_1	c_2	c_3	c_4	c_5	c_6	c_7	c_8	c_9	c_{10}	c_{11}	c_{12}	c_{13}	c_{14}	c_{15}	c_{16}	c_{17}	c_{18}
权重	0.030	0.055	0.077	0.051	0.061	0.054	0.075	0.063	0.064	0.051	0.040	0.059	0.076	0.045	0.047	0.052	0.055	0.045

1.4.2.2 客观赋权法

客观赋权法是根据各指标值之间的内在联系，基于各指标在评价中的实际数据，利用数学的方法计算出各指标的权重（李柏年，2007）。常用方法主要有变异系数法、相关系数法、特征向量法、熵值法、夹角余弦赋权法等。

1. 变异系数法

变异系数法的主要思想是：如果某项指标的数值能明显区分开各个评价对象，说明该指标在这项评价上的分辨信息丰富，应给该指标较大的权数；反之，若各个被评价对象在某项指标上的数值差异较小，那么该项指标区分各评价对象的能力较弱，应给该指标较小的权数。计算各指标的变异系数公式为

$$v_i = \frac{s_i}{\overline{x}_i} \tag{1.24}$$

其中

$$\overline{x}_i = \frac{1}{n}\sum_{j=1}^{n} a_{ij}$$

$$s_i^2 = \frac{1}{n-1}\sum_{j=1}^{n}(a_{ij} - \overline{x}_i)^2$$

式中：$\overline{x}_i$ 为第 i 项指标的平均值；s_i^2 为第 i 项指标的方差。然后对 v_i 进行归一化，即得到各指标的权数，计算公式为

$$w_i = \frac{v_i}{\sum\limits_{i=1}^{m} v_i} \tag{1.25}$$

2. 相关系数法

相关系数法的计算步骤如下：

（1）求出 m 个评价指标的相关系数矩阵 R。

$$R = \begin{bmatrix} 1 & r_{12} & \cdots & r_{1m} \\ r_{21} & 1 & \cdots & r_{2m} \\ \cdots & \cdots & \cdots & \cdots \\ r_{m1} & r_{m2} & \cdots & 1 \end{bmatrix} \tag{1.26}$$

（2）求出第 i 个指标与其他 $m-1$ 个评价指标之间的多元相关系数 $\rho_i = r_i^T R_{m-1}^{-1} r_i$，其中 R_{m-1}^{-1} 是除去第 i 个指标后的 $m-1$ 个评价指标的相关系数矩阵的逆矩阵，r_i 为 R 中第 i 列向量去掉元素 1 以后的 $m-1$ 维列向量。

（3）将 ρ_i 的倒数进行归一化，即可得到各评价指标的权数 ω_i。

$$w_i = \frac{\prod\limits_{j \neq i} \rho_i}{\sum\limits_{l=1}^{m} \prod\limits_{j \neq l} \rho_j} \tag{1.27}$$

3. 特征向量法

特征向量法的计算步骤如下：首先求出 m 个评价指标的相关系数矩阵 R，然后求出各指标标准差所组成的对角矩阵 S，最后求出矩阵 RS 的最大特征值所对应的特征向量并进行归一化即可得到各指标的权重。

4. 熵值法

熵值法的主要思想是：信息熵是系统无序程度的度量，信息是系统有序程度的度量，两者绝对值相等，符号相反，某项指标的指标值变异程度越大，信息熵越小，该指标提供的信息量越大，该指标的权重也越大；反之，某项指标的指标值变异程度越小，信息熵越大，该指标提供的信息量越小，该指标的权重也越小。信息熵的定义如下：

$$H(x) = -\int x \ln x \, \mathrm{d}x \tag{1.28}$$

熵值法求权重的步骤如下：

（1）将各指标同度量化，计算第 j 项指标下第 i 方案指标值的比重 p_{ij}：

$$p_{ij} = \frac{x_{ij}}{\sum_{i=1}^{m} x_{ij}} \tag{1.29}$$

（2）计算第 j 项指标的熵值 e_j。

$$e_j = -k \sum_{i=1}^{m} p_{ij} \ln p_{ij} \tag{1.30}$$

其中 $k > 0$，$e_j \geqslant 0$。

如果 x_{ij} 对于给定的 j 全部相等，那么 $p_{ij} = \dfrac{x_{ij}}{\sum_{i=1}^{m} x_{ij}} = \dfrac{1}{m}$，此时 e_j 取极大值，即

$$e_j = k \ln m \tag{1.31}$$

（3）计算第 j 项指标的差异性系数 g_j：

$$g_j = 1 - e_j \tag{1.32}$$

（4）对差异性系数 g_j 进行归一化处理计算权重：

$$w_j = \frac{g_j}{\sum_{j=1}^{n} g_j} \tag{1.33}$$

5. 夹角余弦赋权法

目前较多被采用的客观性定权法均是根据指标值分布的偏差程度进行定权的，如变异系数法、熵值法等，但因为指标的样本大多非均匀分布，故按偏差程度定权有明显缺点，李柏年（2007）提出利用向量的夹角余弦构造出各评价指标的权重，设第 i 方案关于第 j 项评价因素的指标值为 $a_{ij}(i=1,2,\cdots,m;j=1,2,\cdots,n)$，具体计算步骤如下：

（1）建立各方案指标上的理想最优方案 U^* $[U^* = (u_1^*, u_2^*, \cdots, u_n^*)]$ 和最劣方案 U_* $[U_* = (u_1, u_2, \cdots, u_n)]$，其中

$$u_t^* = \begin{cases} \max_{1 \leqslant j \leqslant m} \{a_{ij}\}, & i \in I_1 \\ \min_{1 \leqslant j \leqslant m} \{a_{ij}\}, & i \in I_2 \\ \max_{1 \leqslant j \leqslant m} |a_{ij} - a_q|, & i \in I_3 \end{cases}, \quad u_t = \begin{cases} \min_{1 \leqslant j \leqslant m} \{a_{ij}\}, & i \in I_1 \\ \max_{1 \leqslant j \leqslant m} \{a_{ij}\}, & i \in I_2 \\ \min_{1 \leqslant j \leqslant m} |a_{ij} - a_q|, & i \in I_3 \end{cases} \tag{1.34}$$

式中：I_1 为效益型指标；I_2 为成本型指标；I_3 为适度型指标；a_q 为第 i 项指标的适度值。

（2）构造各方案与理想最优方案 U^* 和最劣方案 U_* 的相对偏差矩阵 $R = (r_{ij})_{m \times n}$，$\Delta = (\delta_{ij})_{m \times n}$，其中

$$r_{ij} = \begin{cases} 1 - \dfrac{|u_t^* - a_q|}{|a_{ij} - a_q|}, & i \in I_3 \\ \dfrac{|a_{ij} - u_t^*|}{\max\limits_{1 \leqslant j \leqslant m} \{a_{ij}\} - \min\limits_{1 \leqslant j \leqslant m} \{a_{ij}\}}, & i \notin I_3 \end{cases}, \quad \delta_{ij} = \begin{cases} 1 - \dfrac{|u_t - a_q|}{|a_{ij} - a_q|}, & i \in I_3 \\ \dfrac{|a_{ij} - u_t|}{\max\limits_{1 \leqslant j \leqslant m} \{a_{ij}\} - \min\limits_{1 \leqslant j \leqslant m} \{a_{ij}\}}, & i \notin I_3 \end{cases}$$

$$\tag{1.35}$$

（3）建立各评价指标的权重，首先计算 R 的行向量 r_i 与 Δ 对应的行向量 δ_i 的夹角余

弦，$c_i = \dfrac{\sum\limits_{j=1}^{m} r_{ij}\delta_{ij}}{\sqrt{\sum\limits_{j=1}^{m} r_{ij}^2}\sqrt{\sum\limits_{j=1}^{m}\delta_{ij}^2}}$ $(i=1,2,\cdots,n)$，然后对 c_i 进行归一化处理得到权向量 $w=(w_1,$

$w_2,\cdots,w_n)$，其中 $w_i = \dfrac{c_i}{\sum\limits_{i=1}^{n} c_i}$。

6. 随机赋权法

在很多情况下，指标体系中各个指标之间具体的相互关系无法得到明确的结论，即指标的重要性是不确定的，此时若对指标赋予精确的权值，以确定的某一数值表示不确定的指标重要性，不仅会导致对指标重要性的判断失真，还会丢失风险的不确定性信息，进一步导致评价结果可参考性降低（Haimes，2009）。

约束随机赋权可将风险的知识不完备性和指标之间关系的模糊性通过对指标随机赋权的方式体现；以对指标随机赋权并重复多次，体现风险因子作用的随机性；根据评价者对风险已知和确定的知识，通过对指标体系分析以约束条件的形式对随机赋权进行约束。以在约束条件下的随机多次赋权模拟具有模糊性的各个风险因子的随机作用产生风险的过程，得到的风险序列则可包含评价对象的总体特征信息。约束随机赋权法主要包括两个步骤：指标分析和约束条件的确定，随机权重和风险序列的生成。

（1）指标分析和约束条件的确定。

考虑指标之间的部分可知性，在对指标体系具体分析的基础上，对已知部分作有弹性的约束，对指标和风险之间的相互作用不明晰、指标之间重要性程度无法明确对比的情况下，部分指标采用随机生成。在确定约束条件的过程中，约束条件个数没有硬性范围，但给出约束条件的前提是可以较为明确地判断指标之间重要性程度的关系，对于无法明确判断的，不必给出约束。

下面以一个具体的例子来说明如何利用约束随机赋权法进行风险的量化。

例 2.2 以水下 200m 深度为例，假设有 3 个待评价区域和相应的水文环境要素（表1.13）（庞云峰等，2009），求出各环境要素的权重。

表 1.13 待评价区水下环境要素场

评价区	温度水平梯度	盐度水平梯度	透明度/%	水色/级
1	0.02	0.01	10	10
2	0.1	0.03	1.5	17
3	0.05	0.2	0.5	21

可将指标体系中的指标分为"指标值越大风险度越大"和"指标值越大风险度越小"两类，采取如下方式进行指标标准化：

$$X_i = \frac{A_i - A_{\min}}{A_{\max} - A_{\min}} \tag{1.36}$$

$$X_i = \frac{A_{\max} - A_i}{A_{\max} - A_{\min}} \tag{1.37}$$

标准化后的指标量化矩阵见表 1.14。

表 1.14　　　　　　　　　量 化 指 标 标 准 化

指　标	指标类型	评　价　区		
		1	2	3
温度水平梯度	指标值越大风险越大	0	1	0.375
盐度水平梯度	指标值越大风险越大	0	0.105263158	1
透明度/%	指标值越大风险越大	1	0.105263158	0
水色/级	指标值越大风险越小	1	0.363636364	0

首先，根据指标权重的定义，所有指标权值在 0 和 1 之间，且对每一个上级指标，与其对应的所有次级指标权重之和为 1，由此产生约束条件 1。

约束 1　$\sum\limits_{i=1}^{4} W_i = 1$，$W_i \in [0, 1]$（$i=1, 2, \cdots, 22$）

假设已知温度水平切边对潜艇隐蔽作战效能的影响小于盐度水平切边，透明度对潜艇隐蔽作战效能的影响大于水色等级的影响，由此得到约束条件 2。

约束 2　$w_1 < w_2$，$w_3 > w_4$

（2）随机权重和风险序列的生成。

约束随机权重法不明确给出所有指标的具体权重，而是在约束条件下用 Matlab 随机生成符合评价标准的权重序列，并重复多次（本书选取重复次数 $m=100$）。每一次重复的实验都可得到每个评价对象相应的权重分配可能的风险度值；对每一个评价对象，多次的实验结果得到的风险度值可组成一个风险序列。

每一次实验是对一次权重分配的模拟，一组权值序列仅代表一种可能的权值分配。由于权值分配的不确定性是知识不完备和致险因子本身的不确定性造成的，而知识不完备同样也是风险的一部分，因此在约束条件下产生的各种权值序列在风险的产生机制上是等可能的。

需说明的是，这种方法得到的权重序列并不是先确定约束再随机生成指标值，而是用约束条件对已生成的随机数组调整进而给指标赋值。同时，在计算机上产生的随机数都是按照一定的计算方法产生的，不可能是真正的随机数（胡海朋，2007）。然而对指标值随机产生大量权重序列的意义在于在已知条件下最大限度模拟风险产生的不同可能，这样得到的伪随机数列可以很大程度上实现对风险的模拟，因此仍是可用的。本书在约束条件下随机生成权重得到风险序列的具体步骤如下：

1）用 Matlab 软件随机生成指标权重 $w_1 \sim w_4$。对所有指标，其相应的次级指标权重必须满足约束 1 和约束 2。

2）计算风险度 R，采用相加原则的计算公式，即 $RI = \sum\limits_{i=1}^{4} w_i B_i$，$B_i$ 是标准化后的

指标值。

3）重复步骤 1）～2），$m=100$ 次，即可得到每个评价对象的 100 个在约束条件下随机生成的风险度组成的风险序列。

每一次赋权得到的风险值代表一种可能的致险机制产生的风险值；不同的赋权导致的风险序列的波动既包括了自然条件致险因子本身的不确定性，也包括知识不完备产生的风险。也可以认为，风险序列本身就是现有知识水平下的评价对象量化以后的风险。

（3）风险序列分析。

对每一个评价对象而言，其风险序列的每一个风险度值代表了在一种可能的权重分配情况（即一种可能但不确定的指标相互作用关系情况）下的风险量化结果。未知的指标相互关系通过随机赋权的形式确定指标的重要性，而已知的指标相互作用关系通过约束条件的形式限制了随机的赋权过程，因此，风险序列中的每一个风险度值可视为在当前知识水平下等可能的风险。

随机赋权法结合了不确定性和不利结果两个风险要素，最终将现实世界的风险量化为评价对象所对应的数字序列。然而，单纯的数字序列无法直观表达风险的严重程度，无法使人们对系统状态有客观和主观对应结合的了解，也就没有达到风险评价的目的——为决策者提供风险的整体特征和合理的辅助决策建议。在得到风险序列后，仍然需要进一步的风险序列分析工作。权重计算结果见表 1.15。

表 1.15 约束 1 和约束 2 条件下的随机权重序列及风险序列

赋权次数	温度水平梯度	盐度水平梯度	透明度	水色	评价区		
					1	2	3
1	0.0979	0.3339	0.4113	0.1570	0.5682	0.2334	0.3706
2	0.2609	0.5867	0.1402	0.0122	0.1524	0.3419	0.6845
3	0.1589	0.2857	0.3857	0.1697	0.5554	0.2913	0.3453
4	0.2270	0.2931	0.2731	0.2068	0.4799	0.3618	0.3782
5	0.1048	0.2474	0.3271	0.3206	0.6478	0.2819	0.2867
6	0.0237	0.2642	0.3714	0.3407	0.7121	0.2145	0.2731
7	0.0117	0.3925	0.3967	0.1991	0.5958	0.1672	0.3969
8	0.2518	0.3060	0.3635	0.0787	0.4422	0.3509	0.4004
9	0.0834	0.4059	0.4541	0.0566	0.5107	0.1945	0.4372
10	0.0230	0.2517	0.5669	0.1584	0.7253	0.1668	0.2603
11	0.3541	0.3742	0.2295	0.0422	0.2716	0.4330	0.5070
12	0.1553	0.3956	0.2506	0.1984	0.4490	0.2955	0.4539
13	0.1337	0.4713	0.2235	0.1715	0.3950	0.2692	0.5214
14	0.1085	0.2524	0.4834	0.1557	0.6391	0.2425	0.2931
15	0.0099	0.1129	0.7542	0.1231	0.8772	0.1459	0.1166
16	0.0146	0.3788	0.5813	0.0253	0.6066	0.1249	0.3842
17	0.0614	0.1771	0.5276	0.2340	0.7615	0.2206	0.2001
18	0.2447	0.4279	0.2662	0.0613	0.3274	0.3400	0.5197

赋权次数	温度水平梯度	盐度水平梯度	透明度	水色	评 价 区		
					1	2	3
19	0.1517	0.4538	0.2829	0.1116	0.3945	0.2698	0.5107
20	0.2642	0.2945	0.4102	0.0312	0.4414	0.3497	0.3935
21	0.0742	0.4170	0.3844	0.1244	0.5088	0.2038	0.4449
22	0.1489	0.4707	0.2451	0.1354	0.3804	0.2734	0.5265
23	0.2576	0.3881	0.2988	0.0556	0.3544	0.3501	0.4846
24	0.1176	0.3754	0.2845	0.2224	0.5070	0.2680	0.4195
25	0.3924	0.4482	0.1472	0.0122	0.1594	0.4595	0.5954
26	0.0216	0.5157	0.2995	0.1632	0.4627	0.1668	0.5238
27	0.2831	0.4711	0.1670	0.0787	0.2458	0.3789	0.5773
28	0.1066	0.3530	0.3281	0.2123	0.5403	0.2555	0.3930
29	0.1914	0.2933	0.4025	0.1127	0.5153	0.3057	0.3651
30	0.0063	0.5055	0.2647	0.2235	0.4882	0.1687	0.5078
31	0.0378	0.4481	0.3198	0.1944	0.5142	0.1893	0.4622
32	0.0604	0.4110	0.4613	0.0674	0.5286	0.1767	0.4336
33	0.2460	0.5300	0.1524	0.0716	0.2240	0.3439	0.6223
34	0.1789	0.3424	0.4064	0.0722	0.4786	0.2840	0.4095
35	0.0994	0.5450	0.2915	0.0641	0.3556	0.2108	0.5823
36	0.0852	0.2322	0.4759	0.2067	0.6826	0.2349	0.2642
37	0.0426	0.1595	0.5044	0.2936	0.7979	0.2192	0.1755
38	0.0745	0.5700	0.3190	0.0366	0.3555	0.1814	0.5979
39	0.2324	0.5873	0.1038	0.0765	0.1803	0.3330	0.6744
40	0.1263	0.2264	0.4160	0.2312	0.6472	0.2780	0.2738
41	0.0825	0.1513	0.4539	0.3123	0.7662	0.2598	0.1822
42	0.0369	0.3414	0.4307	0.1910	0.6217	0.1876	0.3552
43	0.2307	0.6293	0.0814	0.0585	0.1399	0.3268	0.7159
44	0.1314	0.2658	0.3030	0.2998	0.6028	0.3003	0.3151
45	0.1944	0.2894	0.3747	0.1416	0.5163	0.3157	0.3623
46	0.0171	0.5495	0.2669	0.1665	0.4334	0.1635	0.5559
47	0.1718	0.4851	0.2896	0.0534	0.3430	0.2728	0.5496
48	0.1770	0.3869	0.3790	0.0570	0.4361	0.2784	0.4533
49	0.1460	0.2538	0.4914	0.1088	0.6002	0.2640	0.3086
50	0.1734	0.3892	0.3792	0.0582	0.4375	0.2754	0.4542
51	0.0550	0.6184	0.2002	0.1264	0.3266	0.1871	0.6390
52	0.3855	0.4022	0.1529	0.0594	0.2123	0.4655	0.5468
53	0.2021	0.3668	0.2891	0.1420	0.4311	0.3228	0.4426
54	0.0326	0.1145	0.5694	0.2835	0.8529	0.2077	0.1267

赋权次数	温度水平梯度	盐度水平梯度	透明度	水色	评 价 区		
					1	2	3
55	0.1166	0.3495	0.3999	0.1340	0.5339	0.2442	0.3932
56	0.1920	0.2059	0.4622	0.1399	0.6021	0.3132	0.2779
57	0.1088	0.1151	0.5263	0.2498	0.7761	0.2671	0.1559
58	0.2404	0.3406	0.4080	0.0111	0.4190	0.3232	0.4307
59	0.1491	0.2081	0.5909	0.0519	0.6428	0.2521	0.2640
60	0.2856	0.2955	0.3702	0.0486	0.4188	0.3734	0.4027
61	0.2430	0.7211	0.0244	0.0115	0.0360	0.3256	0.8122
62	0.1092	0.3873	0.2913	0.2122	0.5035	0.2578	0.4282
63	0.1182	0.4092	0.2842	0.1884	0.4726	0.2597	0.4535
64	0.0272	0.2529	0.5735	0.1464	0.7200	0.1674	0.2631
65	0.2371	0.2808	0.4131	0.0690	0.4821	0.3353	0.3697
66	0.0104	0.3509	0.4114	0.2274	0.6387	0.1733	0.3548
67	0.3257	0.3796	0.2126	0.0820	0.2947	0.4179	0.5018
68	0.1530	0.2327	0.3769	0.2375	0.6143	0.3035	0.2900
69	0.2317	0.3114	0.2288	0.2281	0.4569	0.3715	0.3983
70	0.0446	0.7568	0.1218	0.0768	0.1987	0.1650	0.7735
71	0.0370	0.5775	0.3168	0.0687	0.3855	0.1561	0.5914
72	0.0264	0.6279	0.1824	0.1632	0.3456	0.1711	0.6379
73	0.1892	0.2252	0.3960	0.1896	0.5856	0.3235	0.2961
74	0.0352	0.2461	0.6582	0.0605	0.7187	0.1524	0.2593
75	0.0872	0.1993	0.5471	0.1664	0.7135	0.2263	0.2320
76	0.3160	0.4437	0.2142	0.0261	0.2403	0.3947	0.5622
77	0.2836	0.2977	0.3514	0.0673	0.4188	0.3764	0.4040
78	0.2888	0.5326	0.1578	0.0207	0.1786	0.3690	0.6409
79	0.1869	0.2628	0.3167	0.2336	0.5503	0.3328	0.3329
80	0.2217	0.4402	0.2404	0.0977	0.3381	0.3289	0.5234
81	0.1943	0.5533	0.1795	0.0729	0.2525	0.2980	0.6261
82	0.2681	0.5819	0.0849	0.0651	0.1500	0.3619	0.6825
83	0.1353	0.2349	0.6095	0.0203	0.6298	0.2316	0.2856
84	0.0765	0.4760	0.3120	0.1355	0.4475	0.2087	0.5047
85	0.0278	0.6128	0.1987	0.1608	0.3595	0.1716	0.6232
86	0.1873	0.3645	0.2946	0.1535	0.4482	0.3125	0.4347
87	0.0860	0.3151	0.3291	0.2698	0.5989	0.2519	0.3473
88	0.1486	0.1826	0.4473	0.2214	0.6687	0.2955	0.2384
89	0.0878	0.3330	0.3919	0.1872	0.5791	0.2322	0.3660
90	0.1326	0.6115	0.1309	0.1250	0.2559	0.2562	0.6613

赋权次数	温度水平梯度	盐度水平梯度	透明度	水色	评价区		
					1	2	3
91	0.1949	0.2253	0.5343	0.0456	0.5799	0.2914	0.2983
92	0.0949	0.6656	0.1320	0.1075	0.2395	0.2180	0.7012
93	0.0383	0.5891	0.2678	0.1049	0.3726	0.1666	0.6034
94	0.1957	0.2145	0.3615	0.2284	0.5899	0.3393	0.2878
95	0.0381	0.5102	0.2901	0.1615	0.4517	0.1811	0.5245
96	0.1057	0.1395	0.5749	0.1799	0.7548	0.2463	0.1791
97	0.1192	0.2764	0.3295	0.2748	0.6044	0.2829	0.3211
98	0.1622	0.2514	0.3746	0.2119	0.5864	0.3051	0.3122
99	0.3291	0.4049	0.1370	0.1289	0.2659	0.4331	0.5284
100	0.1732	0.4314	0.2653	0.1301	0.3954	0.2939	0.4963

1.4.2.3 组合赋权法

主观赋权法的优点是专家可以根据实际问题,合理确定各指标权系数之间的排序,主要缺点是主观随意性较大;而客观赋权法的优点是不需要征求专家的意见,切断了权重主观性的来源,使权重具有绝对的客观性,但确定的权重有时与指标的实际重要程度偏差很大。因此,并不是只有客观赋权法才是科学的方法,人们对指标重要程度的估计往往来源于客观实际,主观看法的形成往往与评价者所处的客观环境有着直接的联系。为了弥补主观赋权和客观赋权的不足,可以将主观赋权法与客观赋权法相结合,从而使指标的赋权趋于合理化,此种方法称为组合赋权法。设指标的主观权向量为 $(\alpha_1, \alpha_2, \cdots, \alpha_n)$,客观权向量为 $(\beta_1, \beta_2, \cdots, \beta_n)$,则组合权数有以下两种表示方法:

$$w_i = \frac{\alpha_i \beta_i}{\sum_{i=1}^{n} \alpha_i \beta_i} \tag{1.38}$$

$$w_i = \lambda \alpha_i + (1-\lambda)\beta_i \tag{1.39}$$

式中:λ 为偏好系数,$0 < \lambda < 1$。

1.5 评价的主要方法

1.5.1 定性评价方法

1.5.1.1 相对评价法

相对评价法是在被评价对象集合中选取一个或若干个对象为基准,然后将其余评价对象与基准进行比较,或是用某种方法将所有评价对象排列成先后顺序的方法。相对评价法的特点是不制定统一的客观标准,判断评价对象价值高低的依据是评价对象所在集体、一次评价结果及评价对象的评价结果在集体中的相对位置,其优点是适应性强,不管评价对象所在集体多大，都可以排出各评价对象在集体中的相对位置，作出相对的价值判断，缺点是没有客观标准，会导致评价结果不能反映评价对象的实际水平。

1.5.1.2 绝对评价法

绝对评价法是在被评价对象集合之外确定一个标准，评价时将评价对象与这个客观标准进行比较，评价其达到标准的程度，从而作出价值判断的方法。绝对评价法的特点是先为评价对象制定出统一的客观标准，然后以客观标准为基准，以评价对象达到客观标准的程度作为判断评价对象价值高低的依据，其优点是制定了一个统一的客观标准，主要缺点是很难制定出对所有评价对象都客观、公平的统一标准。

1.5.1.3 个体内差异评价法

个体内差异评价法是将评价对象集中的各个元素的过去和现在相比较，或者把一个元素的若干侧面相互比较。个体内差异评价法不是以客观标准和评价对象所在集合中各评价对象的相对水平为基准，而是以评价对象自身为基准，其特点是通过评价对象自己和自己的评价结果相比，现在的评价结果和过去的评价结果相比，或者把几个侧面的评价结果相互比较，从而判定评价对象的情况，缺点是评价结果不具有可信度和比较性。

1.5.2 定量评价方法

1.5.2.1 加权平均法

加权平均法是最常用的一种方法，也是最基础的方法，其主要建模步骤为：①建立评价指标体系；②确立各个指标的权重；③建立线性评价公式。具体公式如下：

$$y = \sum_{k=1}^{n} w_i x_i \tag{1.40}$$

1.5.2.2 统计分析法

常用的统计分析法主要有主成分分析法、因子分析法、聚类分析法及判别分析法等。其中，主成分分析法就是考虑各指标间的相互关系，利用降维的思想把多个指标转化成较少的几个互不相关的综合指标，从而使得进一步研究变得简单的一种统计方法；因子分析法是探讨存在相关关系的变量之间是否存在不能直接观察到，但对可观测变量的变化起支配作用的潜在因子的一种分析方法；判别分析法是根据观察或测量到的若干变量值，判断研究对象属于哪一类的方法。

1.5.2.3 模糊数学法

常用的模糊数学法主要有模糊综合评价法和模糊聚类法。其中模糊综合评价法是以模糊数学为基础，应用模糊关系合成原理，将一些边界不清、不易定量的因素定量化，从多个因素对被评价事物等级状况进行综合性评价的一种方法；模糊聚类法的主要思想是通过建立模糊相似矩阵而后将客观事物予以分类的方法。

1.5.2.4 灰色关联度分析

灰色系统是介于信息完全知道的白色系统和一无所知的黑色系统之间的中介系统，是

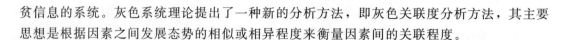

贫信息的系统。灰色系统理论提出了一种新的分析方法，即灰色关联度分析方法，其主要思想是根据因素之间发展态势的相似或相异程度来衡量因素间的关联程度。

1.5.2.5　新型综合评价方法

以上方法都是传统的评价方法，随着评价理论与技术的发展，涌现了一批新型综合评价方法，主要有数据包络分析法、投影寻踪方法、可拓综合评价法和人工神经网络评价法。

数据包络分析法是一种非参数估计方法，适于处理多指标数据，并且不需要数据本身满足一个明确的函数形式，只需评判者给出评判对象（称为决策单元）作为一个具有反馈性质的封闭系统的"投入"和"产出"向量，即可获得对应的相对效率评判值。此方法不受人为主观因素的影响，相对于一般方法存在一定的优越性，尤其适用于缺乏相关专业知识或不方便给指标赋予权重的评判者。

投影寻踪法是分析和处理非正态高维数据的一类新兴探索性统计方法，基本思想是把高维数据投影到低维子空间上，对于投影到的构形，采用投影指标函数来衡量投影暴露某种结构的可能性大小，寻找出使投影指标函数达到最优的投影值，然后根据该投影值来分析高维数据的结构特征或根据该投影值与研究系统的输出值之间的散点图构造数学模型以预测系统的输出。

可拓综合评价法是建立在可拓集合基础上的评价方法，不仅可以从数量上刻画被评价对象本身存在状态的所属程度，而且可以从数量上刻画何时为一种性态向另一种性态的分界，其通过具有相同特征的物元的表示、各特征量值范围的确定、待评价物元各项特征值的描述、关联度的估算，最终得出待评价物元所属的类别。

人工神经网络是模仿生物神经网络功能的一种经验模型，输入和输出之间的变换关系一般是非线性的，而实际综合评价往往是非常复杂的，各个因素间呈现出复杂的非线性关系，人工神经网络为处理这类非线性问题提供了强有力的工具。

第2章 常规评价方法及应用

第1章介绍了评价的主要方法与技术。从定量分析的角度来看，加权平均法实质上是一种最简单的线性评价方法，本章将对线性评价及其方法进行详细的讨论。

2.1 线 性 评 价

2.1.1 线性评价模型的定义

2.1.1.1 狭义的线性评价模型（侯定丕和王战军，2001）

狭义的线性评价模型指加权平均法中所用的评价模型，其公式为

$$y = \sum_{k=1}^{n} w_i x_i \qquad (2.1)$$

式中：$x_i (i=1,2,\cdots,n)$ 为评价指标值；$w_i (i=1,2,\cdots,n)$ 为相应的权系数，是常数即定量模型是评价指标的线性函数。

2.1.1.2 广义的线性评价模型（侯定丕和王战军，2001）

广义的线性评价模型指的是评价模型的输出与输入之间具有如下性质的关系。记 n 维向量 $x=(x_1,x_2,\cdots,x_n)$ 为评价对象的指标变量评判值所组成的有固定次序的数组，记 y 为评价结论，如果由 x 到 y 的关系

$$y = A(x) \qquad (2.2)$$

满足下面条件（1）和（2），则称此评价模型是线性的。

条件（1）：和的评价等于评价的和。设两个评价对象分别为 $x^1=(x_1^1,x_2^1,\cdots,x_n^1)$，$x^2=(x_1^2,x_2^2,\cdots,x_n^2)$，则有

$$A(x^1+x^2) = A(x^1)+A(x^2) \qquad (2.3)$$

在评价实践中，条件（1）表明两个评价对象合并之后的评价结论等于合并之前各自评价结论的和。

条件（2）：单个评价指标改变引起的评价改变量正比于该指标的改变量。具体来讲，给定评价对象 $x=(x_1,x_2,\cdots,x_k,\cdots,x_n)$，现在让第 k 个指标由 x_k 变到 x_k'，其他 $n-1$ 个指标保持不变，由此得到 $x'=(x_1,x_2,\cdots,x_k',\cdots,x_n)$，则有

$$A(x')-A(x) = \lambda_k(x_k'-x_k) \qquad (2.4)$$

其中 $\lambda_k \neq 0$，λ_k 为常数。

在评价实践中，条件（2）表明某个评价对象改变单个指标后，评价值的改变量只依

赖于这个指标的改变量。

事实上，可以证明上述两种定义之间存在着如下的关系：存在常系数 $a_i(i=1, 2, \cdots, n)$，使得

$$A(x) = \sum_{i=1}^{n} a_i x_i \tag{2.5}$$

但是 a_i 不一定是正数，其和也未必等于 1。

2.1.2 常用的线性评价模型

除了最简单的线性加权模型外，常用的线性评价模型还有相对偏差模糊矩阵评价模型和相对优属度模糊矩阵评价模型。

2.1.2.1 相对偏差模糊矩阵评价模型

相对偏差模糊矩阵评价模型的数学原理如下：评价因素集为 $U = \{x_1, x_2, \cdots, x_n\}$，方案集为 $V = \{v_1, v_2, \cdots, v_m\}$，设目标属性矩阵为

$$A = \begin{bmatrix} a_{11} & a_{12} & \cdots & a_{1n} \\ a_{21} & a_{22} & \cdots & a_{2n} \\ \vdots & \vdots & \vdots & \vdots \\ a_{m1} & a_{m2} & \cdots & a_{mn} \end{bmatrix} \tag{2.6}$$

式中：a_{ij} 为第 i 个方案关于第 j 项评价因素的指标值。

具体建模步骤如下：

第一步：建立理想方案。

$$u = \{u_1^0, u_2^0, \cdots, u_n^0\} \tag{2.7}$$

其中

$$u_j^0 = \begin{cases} \max_i \{a_{ij}\} \longrightarrow 效益型指标 \\ \min_i \{a_{ij}\} \longrightarrow 成本型指标 \end{cases} \tag{2.8}$$

第二步：建立相对偏差矩阵。

$$R = \begin{bmatrix} r_{11} & r_{12} & \cdots & r_{1n} \\ r_{21} & r_{22} & \cdots & r_{2n} \\ \vdots & \vdots & \vdots & \vdots \\ r_{m1} & r_{m2} & \cdots & r_{mn} \end{bmatrix} \tag{2.9}$$

其中

$$r_{ij} = \frac{|a_{ij} - u_i^0|}{\max_i \{a_{ij}\} - \min_i \{a_{ij}\}} \tag{2.10}$$

第三步：确定各指标的权重 $w_j(i = 1, 2, \cdots, n)$。 $\tag{2.11}$

第四步：建立综合评价模型。

$$F_i = \sum_{j=1}^{n} w_j r_{ij} (i = 1, 2, \cdots, m) \tag{2.12}$$

对偏差模糊矩阵评价法的评价标准为：F_i 越小，方案 v_i 越好，其中 $i=1,2,\cdots,m$。

2.1.2.2 相对优属度模糊矩阵评价模型

相对优属度模糊矩阵评价模型的数学原理如下：评价因素集为 $U=\{x_1,x_2,\cdots,x_n\}$，方案集为 $V=\{v_1,v_2,\cdots,v_m\}$，设目标属性矩阵为

$$A=\begin{bmatrix} a_{11} & a_{12} & \cdots & a_{1n} \\ a_{21} & a_{22} & \cdots & a_{2n} \\ \vdots & \vdots & \vdots & \vdots \\ a_{m1} & a_{m2} & \cdots & a_{mn} \end{bmatrix} \tag{2.13}$$

式中：a_{ij} 为第 i 个方案关于第 j 项评价因素的指标值。

具体建模步骤如下：

第一步：建立相对优属度模糊矩阵。

$$R=\begin{bmatrix} r_{11} & r_{12} & \cdots & r_{1n} \\ r_{21} & r_{22} & \cdots & r_{2n} \\ \vdots & \vdots & \vdots & \vdots \\ r_{m1} & r_{m2} & \cdots & r_{mn} \end{bmatrix} \tag{2.14}$$

其中

$$r_{ij}=\begin{cases} \dfrac{a_{ij}}{\max\limits_{j}\{a_{ij}\}} & \longrightarrow 效益型指标 \\[3mm] \dfrac{\min\limits_{j}\{a_{ij}\}}{a_{ij}} & \longrightarrow 成本型指标 \end{cases} \tag{2.15}$$

第二步：确定各指标的权重 $w_j(j=1,2,\cdots,n)$。 $\tag{2.16}$

第三步：建立综合评价模型。

$$F_i=\sum_{j=1}^{n}w_jr_{ij}, \quad i=1,2,\cdots,m; j=1,2,\cdots,n \tag{2.17}$$

相对优属度模糊矩阵评价法的评价标准为：F_i 越大，方案 v_i 越好。

比较这两种模型的算法原理，不难发现它们的模型结构非常相似，最大的不同就是相对偏差矩阵和相对优属度矩阵的元素 r_{ij} 的计算公式不同，即式（2.10）和式（2.15）不同，除了文中给出的表达式外，还可以构建其他表达式，读者可以自行思考。

2.1.2.3 模型应用与比较

例 2.1 某次防空模拟演习中，某网络化情报处理系统某时刻计算得到 4 批目标（巡航导弹、歼击机、轰炸机、武装直升机）信息（表 2.1），试对上述 4 批空袭目标的威胁程度进行评价。

表 2.1   目 标 信 息

属性	到达近界时间/s	航路捷径	目标类型	高度/m	速度/(m/s)
目标 1	60	2	6	100	300
目标 2	65	14	6	6000	500
目标 3	50	8	8	9000	400
目标 4	20	10	3	200	200

分别用相对偏差模糊矩阵评价法和相对优属度模糊矩阵评价法对上述案例进行评价，评价结果如图 2.1 所示。

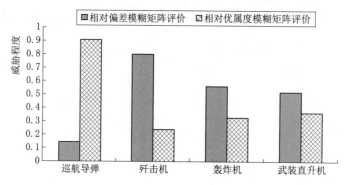

图 2.1 威胁程度评价结果（一）

由图 2.1 可知，相对偏差模糊矩阵评价模型和相对优属度模糊矩阵评价模型的评价结果相同，最终目标威胁程度大小依次为巡航导弹、武装直升机、轰炸机、歼击机。由于巡航导弹到达近界时间相对较短，航路捷径小，且超低空飞行，不易被制导雷达发现，对要地构成严重威胁；轰炸机虽然飞行高度较高，但到达近界时间短，航路捷径较小，且飞行速度快，载弹量大，对要地构成较严重威胁；歼击机与武装直升机相比，到达近界时间短，航路捷径小，飞行速度快，攻击能力强，因此歼击机比武装直升机威胁程度大，因此实际评价结果威胁程度大小依次应为巡航导弹、轰炸机、歼击机、武装直升机。由此可知，偏差模糊矩阵评价法和相对优属度模糊矩阵评价法的评价结果与实际情形出入比较大。进一步分析可以发现，这两种方法的算法原理过于简单，均为线性的，可见线性评价在使用时存在一定的不足。

2.2 非 线 性 评 价

2.1 节介绍了线性评价的定义，同时介绍了几种常用线性评价模型的原理及应用。但是，评价实质上是人的智能活动，而人脑的思维过程多是非线性的，因此评价的本质并不是线性的（许茂祖等，1997），那么什么叫非线性评价？导致评价非线性的原因有哪些？非线性评价模型有哪些？本节将进行详细阐述。

2.2.1 定义

记 n 维向量 $x=(x_1,x_2,\cdots,x_n)$ 为评价对象的指标变量评判值所组成的有固定次序的数组，记 y 为评价结论，如果由 x 到 y 的关系

$$y=A(x) \tag{2.18}$$

不满足 2.1.1.2 中条件（1）或条件（2），则称此评价模型是非线性的。

2.2.2 导致非线性的原因

前文已提到评价的本质是非线性的，在评价实践中应用采用非线性评价模型，为什么呢？换言之，导致评价非线性的原因有哪些呢？参考相关资料中的研究成果，结合气象水文保障实际，分析其主要原因存在以下几个方面。

1. 特殊评价指标

所谓特殊评价指标，是指在评价过程中不易与其他指标线性混合在一起的某些指标，具有重要性、不确定性和齐一性等特性。在评价实践中，需要给特殊评价指标设定容许水平 α。若该指标（记作 x_s）的值满足 $x_s<\alpha$，则不进行评价，即评价值 $A(x_1,\cdots,x_s,\cdots,x_n)=0$；若该指标的值 $x_s\geqslant\alpha$，则往下进行评价。侯定丕和王战军（2001）已证明这样表述的评价一定是非线性的，读者可以查看相关资料了解具体的证明思路。关于如何识别特殊评价指标，仅停留在定性判断上，目前还没有一套定量判断如何识别特殊指标的方法。

2. 突出影响指标

张晓慧等（2003）指出：评价工作中某些指标具有的突出影响就是非线性特征的一种表现，所谓指标的突出影响是指标对评价结果的影响仅靠增大权重无法完全体现，具体来说，当被评对象某个指标值很高而其他指标值相对较低时，实际情况下可以认为其是优秀的或不良的，但应用加权平均法后，由于权重影响的不足，这个指标的突出影响就无法体现，使得整体的评价结果与实际相悖。究竟什么是突出影响指标目前还没有统一的定论。

3. 规模效益指标

规模效益指标是指：当指标的值相当小与相当大时，对评价结论的贡献都小，当取值适中时，其贡献最大。侯定丕和王战军（2001）已证明：如果评价指标中含有规模效益指标，则一定是非线性评价。具体证明思路为：设评价对象为 $x=(x_1,\cdots,x_{s-1},x_s^*,x_{s+1},\cdots,x_n)$，其中 x_s 是有规模效益的评价指标，$x_s=x_s^*$ 是对评价结论贡献最大的值，让其他 $n-1$ 个指标保持不变，而让 x_s 由 x_s^* 改变到 αx_s^*（$\alpha>1$）与 βx_s^*（$\beta<1$），如果评价是线性的，相应的评价结论改变量为

$$\lambda_s(\alpha x_s^*-x_s^*)=\lambda_s(\alpha-1)x_s^*$$
$$\lambda_s(\alpha x_s^*-x_s^*)=\lambda_s(\beta-1)x_s^*$$

其中 λ_s 为非零的常数值，这两个改变量是异号的，但由于 x_s^* 是最大值点，评价结论的改变量都应是负数，这就引出了矛盾。

4. 数据处理

海洋环境影响评价可用的信息和知识来源主要是定性的保障原则、经验知识、决策规范等，在进行评价时，首先需要对这些定性的资料进行定量化处理。另外在大气海洋领域

中，数据资料处理已经成为科学研究工作的重要前提，即数据融合与资料同化，主要包括多项式插值、逐步订正法、最优插值法、三维及四维变分同化方法、Kalman 滤波等。除此以外，还要对数据进行标准化处理、无量纲化处理等。数据处理过程中所用方法大多是非线性的，因此使得评价过程是非线性的。

5. 评价对象求和

水资源评价实践中，往往要构建多层次的评价模型。以水资源韧性评价为例进行说明。水资源韧性评价准则包括很多方面，如抵抗性指标、恢复性指标和适应性指标等。在计算水资源韧性评价值时，由于指标间存在重要性差别，另外指标对这些准则的影响存在重合，往往不能简单地将这些准则评价值进行累加求和，这是评价实践中常见的非线性现象。

6. 定性评价

任何一个评价工作都是定性评价与定量评价相结合的过程，定性评价成分不会受线性条件（1）和（2）的约束，因而总是带来非线性。如专家打分法是常用的定性评价方法，在使用过程中经常需要用统计的方法或其他方法进行处理，从而带来非线性。

2.2.3　非线性评价模型

常用的非线性评价模型主要有模糊综合评价法、灰色综合评价法、理想解法等等。

2.2.3.1　聚类分析模型

1. 概述

聚类分析（卢纹岱，2006）是根据事物本身的特性研究个体分类的方法。聚类分析的原则是同一类中的个体有较大的相似性，不同类中的个体差异很大。快速样本聚类是常用的一种方法，需要事先确定类数，利用 k 均值分类方法对观测量进行聚类，根据设定的收敛判据和迭代次数结束聚类过程，计算观测量与各类中心的距离，依据距离最小的原则把各观测量分派到各类中心所在的类中去。事先选定初始类中心，根据组成每一类的观测量，计算各变量均值，每一类中的均值组成第二代迭代的类中心，按照这种方法迭代下去，直到达到迭代次数或达到中止迭代的数据要求时，迭代停止，聚类过程结束。

对于等间隔测度的变量一般用欧式距离（Euclidean distance）计算，对于计数变量一般用 χ^2 测度（Chi - square measure）来表征变量对之间的不相似性，它们的表达式如式（2.19）和式（2.20）所示：

$$EUCLID(x,y) = \sqrt{\sum_i (x_i - y_i)^2} \tag{2.19}$$

$$CHISQ(x,y) = \sqrt{\frac{\sum_i (x_i - E(x_i))^2}{E(x_i)} + \frac{\sum_i (y_i - E(y_i))^2}{E(y_i)}} \tag{2.20}$$

2. 水资源安全评价应用

（1）评价指标的筛选。

基于骆正清和杨善林（2009）中提出的改进层次分析法（改进 AHP）筛选评价指标

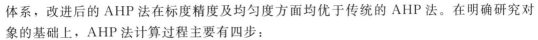

体系，改进后的 AHP 法在标度精度及均匀度方面均优于传统的 AHP 法。在明确研究对象的基础上，AHP 法计算过程主要有四步：

1）建立递阶层次结构，一般构建三个层次：一是最高层（目标层）；二是中间层（准则层），包括了为实现目标所涉及的中间环节，可以由若干个层次组成，包括所需要考虑的准则、子准则；三是最底层（方案层），包括为实现目标可供选择的各种措施、决策方案、各类指标等。

2）建立两两比较的判断矩阵，AHP 法利用决策者给出判断矩阵的方法导出权重。

3）一致性判断，只有通过一致性检验，才能进行后续计算。

4）层次分析的总排序。在上述步骤的基础上，便可以得到准则层中各准则及指标层中各指标的权重。

运用改进的 AHP 法对水资源安全评价相关的 16 个指标进行筛选，即年降雨量、人均水资源量、水资源开发利用率、非农人口比例、污染河长比例、单位面积生态环境用水量、工业万元 GDP 用水量、地下水超采比例、灌溉水综合利用系数、城镇人均生活用水量、农村人均生活用水量、废污水排放总量、工业废水排放达标率、水费承受能力、工业用水重复利用率、工业万元增加值水费。分析发现，前 9 个指标对水资源安全评价的累计贡献率达到 88%，即这 9 个指标能反映所有 16 个指标的绝大部分信息，因此，利用这 9个指标构建水资源安全评价体系，并根据这 9 个指标的特征，将其分为 4 个评价角度。筛选结果、各自权重以及所属的评价角度见表 2.2。

表 2.2 水资源安全评价所选取指标及其各自权重

评价角度	指 标	权重	累计贡献率
水资源自身条件	年降雨量（x_1）	0.27	0.27
	人均水资源量（x_2）	0.14	0.41
水资源社会安全	水资源开发利用率（x_3）	0.08	0.49
	非农人口比例（x_4）	0.08	0.57
水资源经济安全	工业万元 GDP 用水量（x_5）	0.07	0.64
	灌溉水综合利用系数（x_6）	0.05	0.68
水资源生态安全	地下水超采比例（x_7）	0.06	0.74
	污染河长比例（x_8）	0.07	0.81
	单位面积生态环境用水量（x_9）	0.07	0.88

（2）评价标准等级的确定。

表 2.2 中各指标值在变化的过程中存在着一些特殊临界值，临界值两侧经常代表了不同的发展方向、状态或属性。临界值的确定是水资源安全评价中的关键技术之一。本书根据孙才志和迟克续（2008），综合国内和国际上对相关指标临界值的研究以及泉州市实际情况，确定所选取各指标的三个临界值，并规定：临界值 1 为各指标处于较好的状态的值，组成的样本名称为样本 A；临界值 2 为各指标处于一般状态的值，组成的样本名称为样本 B；临界值 3 为各指标处于较差状态的值，组成的样本名称为样本 C。各指标的临界值见表 2.3。

表 2.3   水资源安全各指标的临界值

临界值	水资源自身条件		水资源社会安全		水资源经济安全		水资源生态安全		
	x_1	x_2	x_3	x_4	x_5	x_6	x_7	x_8	x_9
临界值 1	1200	1700	10	10	150	0.6	10	20	2000
临界值 2	800	1000	20	30	350	0.4	20	40	1000
临界值 3	600	500	40	50	450	0.15	40	60	500

其中，年降雨量临界值是根据我国降水量分布特点和泉州市实际地理位置确定的；人均水资源量和水资源开发利用程度这两个指标临界值是根据联合国教科文组织等的规定而确定的；其他的指标临界值则是根据孙才志和迟克续（2008）研究成果确定的。

由临界值组成的三个样本的模型计算结果能够将所有样本分为四个安全级别，依次可分别命名为水资源安全、水资源基本安全、水资源不安全、水资源严重不安全。若临界值组成的样本 A、B、C 的模型计算值分别为 I_A、I_B、I_C，而泉州市某个县（区、市）的模型计算结果为 I_i，本书对这四种水资源安全状态的定义如式（2.21）所示。

$$f(x) = \begin{cases} I_i \geqslant I_A, & \text{水资源安全} \\ I_B \leqslant I_i < I_A, & \text{水资源基本安全} \\ I_C \leqslant I_i < I_B, & \text{水资源不安全} \\ I_i < I_C, & \text{水资源严重不安全} \end{cases} \tag{2.21}$$

（3）基于因子分析的聚类分析模型。

本书提取初始因子的方法为主成分法；同时，采用方差最大旋转法使每个因子上具有最高载荷的变量数最小，从而简化对因子的解释。计算结果显示：两个公因子的累积贡献率为 83%，即这两个公因子能够解释全部因子所表达的 83% 的信息量。一般而言，当所选择的因子能够解释 80% 以上的信息量时，即可满足评价要求（郭安军和屠梅曾，2002）。第一个因子对人均水资源量、年降雨量有绝对值较大的相关系数，第二个因子对单位面积生态环境用水量、污染河长比例有绝对值较大的相关系数，因此可以将第一个因子理解为自然因子，将第二个因子理解为社会因子。因子得分系数矩阵计算结果见表 2.4，根据因子得分系数及原始变量的标准化值，可以计算每个观测量的各因子的得分。本书的聚类分析对象是因子分析得出的各因子的得分。

表 2.4   因 子 得 分 系 数 矩 阵

指　标	得 分 系 数		旋转后的因子载荷	
	因子 1	因子 2	因子 1	因子 2
年降雨量	0.150	0.184	−0.884	0.304
人均水资源量	0.176	0.125	−0.923	0.095
水资源开发利用率	0.184	−0.007	0.863	0.191
非农人口比例	0.159	−0.014	−0.718	0.220
灌溉水综合利用系数	0.038	−0.339	0.061	−0.939
工业万元增加值水费	−0.180	−0.040	0.756	0.163

续表

指　标	得 分 系 数		旋转后的因子载荷	
	因子1	因子2	因子1	因子2
污染河长比例	−0.180	0.218	0.318	−0.835
地下水超采比例	0.017	0.342	0.536	0.795
单位面积生态环境用水量	−0.193	0.170	0.434	−0.855

根据表 2.4，旋转后的因子表达式为

$$f_1 = 0.150x_1 + 0.176x_2 + 0.184x_3 + 0.159x_4 + 0.038x_5$$
$$- 0.18x_6 - 0.18x_7 + 0.017x_8 - 0.193x_9 \tag{2.22}$$

$$f_2 = 0.184x_1 + 0.1256x_2 - 0.007x_3 - 0.014x_4 - 0.339x_5$$
$$- 0.040x_6 + 0.218x_7 + 0.342x_8 + 0.170x_9 \tag{2.23}$$

根据式（2.26）和式（2.27）得出两个因子 1 和 2 的得分，采用分层聚类中的组间连接聚类方法对上述两个因子进行聚类分析，将评价对象聚为四类。根据聚类结果做出的散点图如图 2.2 所示。

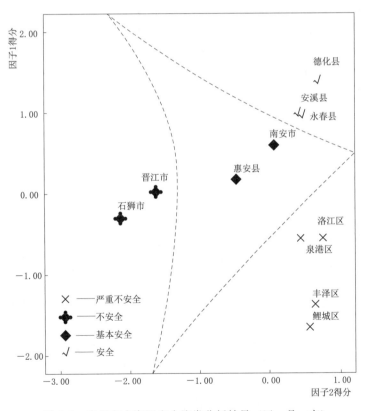

图 2.2　泉州市水资源安全聚类分析结果（区、县、市）

结合泉州市实际情况，判定聚类分析所得出的结果中第四类为水资源安全，包括德化县、永春县及安溪县；第三类为水资源基本安全，包括惠安县及南安市；第二类为水资源

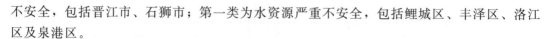

不安全，包括晋江市、石狮市；第一类为水资源严重不安全，包括鲤城区、丰泽区、洛江区及泉港区。

（4）泉州市 2000—2008 年水资源安全评价。

运用因子分析法分析泉州市 2000—2008 年水资源安全状况，得出各因子及其贡献率，前两个因子的累计贡献率达 85%，因此选择这两个因子便可以满足水资源安全评价的要求。根据所选因子的得分系数和贡献率，可得泉州市 2000—2008 年的水资源安全总体状况，见表 2.5。

表 2.5　　　　　　基于因子分析的泉州市 2000—2008 年水资源安全评价

年份	2000	2001	2002	2003	2004	2005	2006	2007	2008
水资源安全评价值	1.18	0.63	0.47	−0.3	−0.74	−0.26	−0.03	−0.39	−0.55

由表 2.5 可以得出，评价年份中 2000 年泉州市的水资源安全值最高，2004 年水资源安全值最低。2008 年泉州市各县（区、市）水资源安全评价结果见表 2.6。

表 2.6　　　　　　2008 年泉州市各县（区、市）水资源安全评价结果

水资源安全评语	安　全	基本安全	不　安　全	严重不安全
区、县、市	德化县、永春县、安溪县	南安市、洛江区及泉港	鲤城区、丰泽区、惠安县	晋江市、石狮市

由表 2.6 可知，2008 年泉州市各县（区、市）中，水资源安全的为德化县、永春县、安溪县；水资源基本安全的为南安市、洛江区及泉港区；水资源不安全的为鲤城区、丰泽区、惠安县；水资源严重不安全的地区为晋江市和石狮市。

（5）分析与讨论。

本书对泉州市各县（区、市）的评价旨在得出各地水资源安全状况的等级，而对泉州市历年的评价旨在分析水资源安全总体变化趋势。总体而言，泉州市 2000—2004 年水资源安全处于恶化趋势，造成这种现象的主要原因是降水量与人均水资源量逐渐减少，且 2003 年和 2004 年泉州市为枯水年份，水资源开发利用程度均超过 40%，降水量分别为 1292mm 和 1423mm，而 2000 年降水量高达 2119mm，2004 年水资源安全评价结果达到评价年份内的最低值。泉州市 2004—2006 年水资源安全状态处于上升趋势，主要原因是 2004 年后，降雨量较大，泉州市水资源开发程度有所下降，同时地下水超采程度及地表水受污染程度都有一定程度的降低，灌溉用水和工业用水效率均有所提高。自 2004 年后，水资源开发利用程度均在 35% 以下，亩均灌溉用水量也均在 700m^3 以下，万元工业增加值用水量由 2004 年的 180m^3 逐渐降低为 2008 年的 116m^3。泉州市 2006—2008 年水资源安全程度处于下降趋势，但下降速度低于 2000—2004 年的下降速度。主要原因是降雨量较少，泉州市水资源开发程度又有所提高，且城市化水平也在不断提高。2000—2008 年泉州市水资源安全形势的变化与评价年份内降水量的变化情况一致。泉州市西北部各县（区、市）由于水资源和降雨较为充沛，水资源开发利用程度低，水资源处于安全的状态；而东南沿海的各县（区、市）由于经济较为发达，水资源也相对短缺，水资源开发利用程度高，因此，水资源的可持续开发利用面临较大的压力。

（6）结论与建议。

本书构建了改进的层次分析和基于因子分析的聚类模型相结合的水资源安全综合评价模型，应用分析表明了模型的适用性。在空间分布上，水资源安全的为德化县、永春县、安溪县；水资源基本安全的为南安市、洛江区及泉港区；水资源不安全的为鲤城区、丰泽区、惠安县；水资源严重不安全的为晋江市和石狮市。在时程分布上，泉州市2000—2004年水资源安全评价结果处于下降趋势，2004—2006年水资源安全状况逐渐好转，2006—2008年水资源安全状况又开始恶化，但速度趋缓。在枯水年和特枯水年份，泉州市水资源安全程度很低，水资源安全面临严峻挑战。

泉州市为了提高水资源安全程度，应采取必要的工程以及非工程措施，包括对水资源进行分区管理、涵养地下水资源、调整产业结构、建立适水型及节水型社会、提高水资源危机意识等（高媛媛等，2010；王红瑞等，2006；郝泽嘉等，2010）。处于泉州市西北山区的地区应该提高通过技术革新、产业结构调整等方式促进和稳固水资源安全状态；而处于东南部的地区，水资源自然条件较差，除了要提高水资源利用效率外，还应该重视生态环境的保护，为水资源的可持续利用提供保障。

目前，水资源安全评价领域还有亟待完善的方面，如一些基础性理论还需要进一步加强和深入探讨，水资源安全评价方法需要进一步规范，如何确定不同地区的水资源安全阈值等，这些都是今后值得深入研究的方向。

2.2.3.2 判别分析模型

1. 概述

判别分析（卢纹岱，2006）是根据观测或测量到的若干变量值，判断研究对象所属的类别的方法。进行判别分析必须已知观测对象的分类和若干表明对象特征的变量值。判别分析就是要从中筛选出能提供较多信息的变量并建立判别函数，使得判别观测量所属类别的错判率最小。线性判别函数的一般形式如下：

$$y = a_1 x_1 + a_2 x_2 + \cdots + a_n x_n \tag{2.24}$$

式中：y 为判别分数值；$x_1, x_2, \cdots, x_n$ 为反映研究对象特征的变量；$a_1, a_2, \cdots, a_n$ 为各变量的系数，也称判别系数。

常用的判别分析方法是距离判别法（Mahalanobis 距离法），即每步都使得靠得最近的两类间的 Mahalanobis 距离最大的变量进入判别函数，其计算公式如下：

$$d^2(x, Y) = (x - y_i)' \sum_1^k {}^{-1} (x - y_i) \tag{2.25}$$

其中 x 是某一类中的观测量，Y 是另一类，式（2.28）可以求出 x 与 Y 的 Mahalanobis 距离。有关判别分析的原理及算法原理可参考相关文献（刘静楠等，2007）。

2. 水资源供需风险分类函数的构建应用

将北京市 1979—2008 年的危险性［定义详见钱龙霞等（2011）］、降水量、水资源满足程度、水资源利用率、脆弱性数据及供需风险分类结果作为训练样本建立判别函数，其中危险性、脆弱性和供需风险分类结果样本数据来自钱龙霞等（2011），水资源供需风险类别与特性见表 2.7。

表 2.7　　　　　　　　　　　水资源供需风险类别与特性

风险级别	风 险 特 性	风险级别	风 险 特 性
一级风险	供水量严重不足，风险大，损失非常严重	三级风险	供水量一般，风险较小，损失很小
二级风险	供水量不足，风险较大，损失严重	四级风险	供水量充足，风险小，基本上无损失

本书选择 Fisher 判别方法，采用 Wilks' Lambda 法进行逐步判别分析，Wilks' Lambda 统计量为组内离差平方和与总离差平方和的比值。逐步判别分析的结果见表 2.8 和表 2.9，Fisher 判别函数的检验结果见表 2.8 和表 2.9，典则判别函数的系数见表 2.11。

表 2.8　　　　　　　　　　　进 入 的 变 量

步骤	进入的变量	Fisher 法				Wilks' Lamber 法	
		统计量	自由度 1	自由度 2	自由度 3	统计量	显著性水平
1	危险性 T	0.12	1	3	26.0	66.12	0
2	脆弱性 V	0.05	2	3	26.0	27.57	0
3	水资源满足程度 S	0.03	3	3	26.0	20.82	0

由表 2.8 可知，逐步判别分析选择了危险性、脆弱性以及水资源满足程度三个变量，且 Wilks' Lambda 检验结果显示上述三个变量对正确判断分类是有用的。

表 2.9　　　　　　　　　　　特　征　值

函数	特征值	方差比例	累计方差比例/%	典则相关系数
1	8.141	81.6	81.6	0.944
2	1.198	12.0	93.6	0.738
3	0.635	6.4	100.0	0.623

表 2.10　　　　　　　　Fisher 判别函数 Wilks' Lambda

Wilks' Lambda	卡方统计量	自由度	显著性水平
0.030	89.053	9	0
0.278	32.626	4	0
0.611	12.542	1	0

表 2.9 说明在分析中一共提取了三个维度的典则判别函数，其中第一个函数解释了所有变异的 81.6%，第二个函数解释了所有变异的 12.0%，剩下的 6.4% 的变异则由第三个函数解释。由表 2.10 可知，建立的各个判别函数都具有统计学意义。表 2.11 列出了分类函数系数。

表 2.11　　　　　　　　　　　分 类 函 数 系 数

变　　量	函　数　系　数			
	1	2	3	4
水资源满足程度 S	767.468	806.928	857.291	869.911
危险性 T	10.530	25.858	16.431	22.230

变　　量	函　数　系　数			
	1	2	3	4
脆弱性 V	14.410	14.270	14.336	18.773
常数	−340.355	−390.498	−421.674	−480.321

根据表 2.11 中的结果，四类判别函数的数学表达式如下：

$$F_1 = 10.530T + 14.410V + 767.468S_r - 340.355$$
$$F_2 = 25.858T + 14.270V + 806.928S_r - 390.498$$
$$F_3 = 16.431T + 14.336V + 857.291S_r - 421.674$$
$$F_4 = 22.230T + 18.773V + 869.911S_r - 480.321 \tag{2.26}$$

2.2.3.3 模糊综合评价法

1. 概述

在气象水文领域存在大量的模糊概念和模糊现象，如弱风与强风、低压与高压、小浪与大浪等。虽然这些概念的内涵是明确的，但是很难界定这些对立概念之间的确切界限，即外延是不明确的。具有模糊性的现象称为模糊现象。模糊性是指由于事物的复杂性，其元素特性界限不分明，使其概念不能给出确定性的描述，也不能给出确定的评定标准，这种不确定性称为模糊不确定性，即模糊性。模糊数学是用以研究和处理具有模糊现象的数学方法。如在海洋气象水文保障中，需要定量评价海洋水文气象要素，这些要素往往具有模糊性，需要借助模糊数学的处理方法，以做出合理的评价。模糊综合评价就是以模糊数学为基础，应用模糊关系合成的原理，将一些边界不清、不易定量的因素定量化，从多个因素对评价事物隶属状况或隶属等级进行综合评价的一种方法。该方法的优点是数学模型简单，容易掌握，对多因素、多层次的复杂问题评判效果比较好（杜栋等，2008）。

2. 模糊集理论

（1）模糊子集、隶属函数。

集合论是模糊数学立论的基础。对于普通集合论，即康托德经典集合论，只能表现"非此即彼"性现象。对于一个普通的集合 A，空间中任一元素 x，要么 $x \in A$，要么 $x \notin A$，这一特征可以用一个函数表示为

$$A(x) = \begin{cases} 1, & x \in A \\ 0, & x \notin A \end{cases} \tag{2.27}$$

式中：$A(x)$ 为集合 A 的特征函数。

1965 年美国著名的自动控制专家扎德教授将特征函数推广到模糊集的 [0，1] 区间，并对模糊集作了以下定义：

设 U 为一基本集，所谓 U 上的一个模糊子集 $\underset{\sim}{A}$ 是指：对于每个 $x \in U$，都能确定一个数 $\mu_{\underset{\sim}{A}}(x) \in [0,1]$，这个数就表示 x 属于 $\underset{\sim}{A}$ 的程度，也称隶属度。映射

$$\mu_{\underset{\sim}{A}}: U \to [0,1]$$
$$x \to \mu_{\underset{\sim}{A}}(x) \in [0,1] \tag{2.28}$$

称为 $\underset{\sim}{A}$ 的隶属函数。

（2）隶属函数的确定方法。

隶属函数的确定方法有很多种，如模糊统计法、分段函数表示法、借助已知的模糊分布、利用 Matlab 中的模糊工具箱等，读者可以参阅相关书籍。下面通过一个例子来说明如何利用 Matlab 中的模糊工具箱建立指标的隶属函数。

例 2.2 北京市 1956—2007 年的降水量如图 2.3 所示，试建立"降水量偏少"的隶属函数。

解： 应选取单调不增的隶属度函数，可以选择 Z 形函数，其函数表达式如下：

$$Z(x;a,b)=\begin{cases}1, & x\leqslant a\\ 1-2\left(\dfrac{x-a}{b-a}\right)^2, & a<x\leqslant\dfrac{a+b}{2}\\ 2\left(\dfrac{x-b}{b-a}\right)^2, & \dfrac{a+b}{2}<x\leqslant b\\ 0, & b<x\end{cases}\tag{2.29}$$

在 Matlab 中键入：$y=zmf(x,[450,550])$，可以得到"降水量偏少"的隶属函数，如图 2.4 所示。

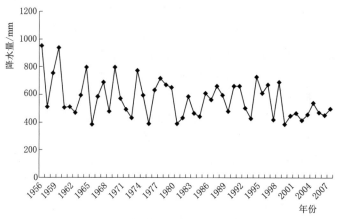

图 2.3 北京市 1956—2007 年降水量

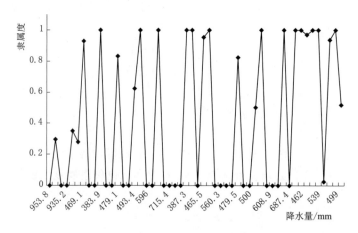

图 2.4 "降水量偏少"的隶属度函数

（3）模糊集合的表示方法。

当论域 $U=\{x_1, x_2, \cdots, x_n\}$ 为有限集时，U 上的模糊子集 $\underset{\sim}{A}$ 的隶属函数为 $\mu_{\underset{\sim}{A}}(x)$，则 $\underset{\sim}{A}$ 一般有以下几种表示方法：

向量表示法：

$$\underset{\sim}{A}=(\mu_{\underset{\sim}{A}}(x_1),\mu_{\underset{\sim}{A}}(x_2),\cdots,\mu_{\underset{\sim}{A}}(x_n))$$

扎德表示法：

$$\underset{\sim}{A}=\frac{\mu_{\underset{\sim}{A}}(x_1)}{x_1}+\frac{\mu_{\underset{\sim}{A}}(x_2)}{x_2}+\cdots+\frac{\mu_{\underset{\sim}{A}}(x_n)}{x_n}$$

序偶表示法：

$$\underset{\sim}{A}=\{(x_1,\mu_{\underset{\sim}{A}}(x_1)),(x_2,\mu_{\underset{\sim}{A}}(x_2)),\cdots,(x_n,\mu_{\underset{\sim}{A}}(x_n))\}$$

当论域 U 为无限集时，U 上的模糊子集 $\underset{\sim}{A}$ 的隶属函数为 $\mu_{\underset{\sim}{A}}(x)$，则 $\underset{\sim}{A}$ 可以表示为

$$\underset{\sim}{A}=\int_U\mu_{\underset{\sim}{A}}(x)/x \quad （注：此处\int 不是积分号）$$

3. 建模步骤

第一步：确定评价因素集。对于某个对象，要对其进行评价，首先要明确表征该对象的因素有哪些，根据评价的目的，筛选出反映评价对象的主要因素，用相应指标进行度量，形成评价因素集。设反映被评价对象的主要因素有 n 个，记为 $U=\{x_1,x_2,\cdots,x_n\}$。

第二步：确定评语集或评价等级集。对于每个因素，可以确定若干个等级或者给予若干个评语，记为 $V=\{v_1,v_2,\cdots,v_m\}$。

第三步：建立一个从 U 到 V 的模糊映射：

$$f:U\to F(V)$$
$$x_i\to\mu_1(x_i),\mu_2(x_i),\cdots,\mu_m(x_i)$$
$$x_i\mapsto\frac{r_{i1}}{v_1}+\frac{r_{i2}}{v_2}+\cdots+\frac{r_{im}}{v_m} \tag{2.30}$$

其中 $0\leqslant r_{ij}\leqslant1$，$i=1, 2, \cdots, n$；$j=1, 2, \cdots, m$。由此建立一个单因素评判矩阵

$$R=(r_{ij})_{n\times m}=\begin{bmatrix} r_{11} & \cdots & r_{1m} \\ \vdots & \ddots & \vdots \\ r_{n1} & \cdots & r_{nm} \end{bmatrix} \tag{2.31}$$

式中：r_{ij} 为从因素 x_i 着眼该评判对象能被评为 v_j 的隶属度。此处关键是建立每个因素对于评语集的隶属函数。关于隶属函数的确定方法可以参考相关模糊数学的专著或文献资料等。

第四步：确定各因素的权重，并进行综合评判。设各因素的权重为 $A=\{\lambda_1,\lambda_2,\cdots,\lambda_n\}$，则 $B=A\cdot R=(b_1,b_2,\cdots,b_m)$，其中 $b_j=\sum_{i=1}^{n}\lambda_i r_{ij}$，表示被评价对象隶属于 v_j 的程度，根据最大隶属原则确定被评价对象的评价结果。

4. 模型应用

例 2.2 舰船的航行安全直接关系到航海任务能否顺利完成，而海洋环境是严重制约航行安全的重要因素之一。海洋环境对舰船航行安全的影响评价是当前气象水文保障面临的重要任务和亟待解决的问题。假设有 36 个区域的舰船航行安全的海洋环境模拟样本，

见表 2.12，试对这 36 个区域的舰船航行安全进行评价。

表 2.12　　　　舰船航行安全的海洋环境模拟样本

序号	风速 /(m/s)	浪高 /m	能见度 /km	雷暴几率	低云量 /%	安全度 （实测值）
1	0	0.1	10	0	0.1	1
2	38	14	1	0.5	0.6	0
3	3	0.1	0.5	0.1	0	0.7
4	3	0.2	8	0	0.3	0.9
5	8	2	6	0.4	0.1	0.6
6	19	6	8	0.5	0.2	0.3
7	5	0.2	8	0.5	0.2	0.3
8	2	0.1	3	0.2	0	0.8
9	1	0.1	9	0.2	0.7	0.7
10	4	0.3	10	0.1	0	0.9
11	22	8	4	0.4	0.2	0.4
12	2	0	0.4	0	0.1	0.6
13	8	2	8	0.1	0.5	0.8
14	16	3	5	0.8	0.6	0.2
15	10	3	3	0.1	0.3	0.7
16	2	0.2	10	0	0.1	1
17	18	5	3	0.8	0.6	0.1
18	17	5	4	0.3	0.3	0.6
19	5	1	5	0.4	0.9	0.4
20	4	0.2	2	0	0.1	0.8
21	3	0.1	9	0.4	0.5	0.7
22	1	0.1	0.4	0.3	0.6	0.4
23	20	6	1	0.9	0.7	0
24	12	3	7	0.3	0	0.7
25	8	1.5	6	0.1	0.4	0.8
26	4	0.2	0.2	0.2	0.8	0.2
27	6	1	8	0.4	0.6	0.6
28	15	4	5	0.3	0.3	0.5
29	10	3	6	0.2	0.5	0.6
30	3	0.1	0.3	0.4	0.7	0.3
31	5	1	6	0.5	0.9	0.4
32	6	0.5	7	0	0	0.9
33	0	0	8	0.1	0.6	0.8
34	3	0.1	0.5	0.4	0.2	0.5
35	2	0.1	3	0.2	0.9	0.5
36	2	0.1	1	0.8	0.5	0.2

　　根据模糊层次分析得到海洋环境要素指标权重向量为 $\alpha = (0.32\ 0.36\ 0.12\ 0.08\ 0.12)$。由于风速、浪高、雷暴几率和低云量都是越小越安全的指标，所以建立偏小型隶属函数；能见度是越大越安全的指标，所以建立偏大型隶属函数。以上36组海洋环境要素指标的隶属度如图2.5所示。

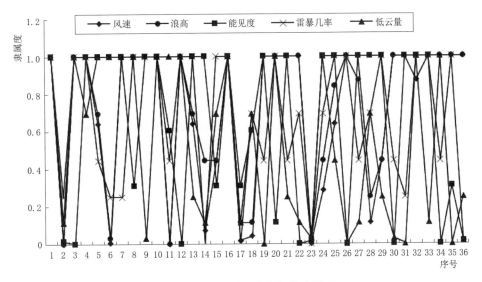

图2.5　海洋环境要素指标的隶属度

　　根据模糊综合评价法的原理对上述36组海洋环境影响舰船航行安全进行评价，并与观测值进行比较，结果如图2.6所示。

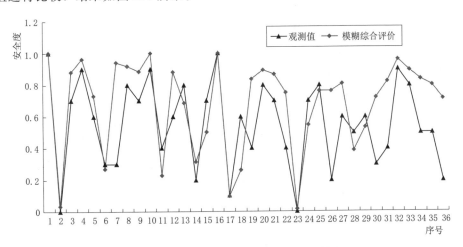

图2.6　模糊综合评价与观测值的比较

　　由图2.6可知，模糊综合评价的结果对观测值的拟合效果不好，通过计算发现，平均绝对误差和均方误差分别为0.24和0.29。

5. 模型的改进

　　前面在分析引起评价非线性的原因时曾指出：突出影响指标对评价结果的影响仅靠增

大权重无法完全体现。而模糊综合评价法在最后的合成阶段本质上是简单的线性加权，如果在评价过程中存在突出影响指标，那么模糊综合评价方法就不能反映评价的实际及本质，张晓慧等（2005）提出一种非线性模糊综合评价法，其改进思路如下。

模糊综合评价模型为

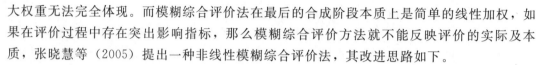

$$B=A \cdot R=(a_1,a_2,\cdots,a_n)\begin{bmatrix} r_{11} & \cdots & r_{1m} \\ \vdots & \ddots & \vdots \\ r_{n1} & \cdots & r_{nm} \end{bmatrix}=(b_1,b_2,\cdots,b_n) \tag{2.32}$$

在上述模型中定义模糊矩阵合成算子。首先定义指标突出影响程度向量 $\zeta=(\lambda_1,\lambda_2,\cdots,\lambda_n)$，其中 $\lambda_i \geqslant 1$，指标 μ_i 对评价结果所具有的突出影响程度越大，则 λ_i 也就越大，当指标 μ_i 不具有突出影响时，则取 λ_i 为 1。令 $\lambda=\max\{\lambda_1,\lambda_2,\cdots,\lambda_n\}$，在模糊综合评价模型中定义非线性模糊矩阵合成算子形式为

$$f(a_1,a_2,\cdots,a_n;x_1,x_2,\cdots,x_n;\lambda)=(a_1x_1^{\lambda_1}+a_2x_2^{\lambda_2}+\cdots a_nx_n^{\lambda_n})^{\frac{1}{\lambda}}, \quad \lambda_i \geqslant 1, i=1,2,\cdots,n \tag{2.33}$$

记 $A=(a_1,a_2,\cdots,a_n)$，其中 $a_i \geqslant 0$ 且 $\sum_{i=1}^{n}a_i=1$；$X=(x_1,x_2,\cdots,x_n)$，这里 $x_i \geqslant 1(\forall 0<i<n)$。但对于如何求 λ_i 至今还没有一个明确的方法，主要还是因为突出影响指标的定义不明确，比较模糊。

2.2.3.4　灰色综合评价法

1. 概述

在控制论中，人们常用颜色的深浅来形容信息的明确程度，即用"黑"表示信息未知，用"白"表示信息完全明确，用"灰"部分信息明确、部分信息不明确。相应地，信息未知的系统称为黑色系统，信息完全明确的系统称为白色系统，信息不完全确知的系统称为灰色系统。灰色系统理论是一种研究少数据、贫信息不确定性问题的方法，该理论以"部分信息已知，部分信息未知"的"贫信息"不确定性系统为研究对象，通过对部分已知信息的生成、开发实现对现实世界的确切描述和认识。其中，灰色关联度分析是灰色系统理论应用的主要方面之一，基于灰色关联度的综合评价方法是利用各方案与最优方案之间关联度的大小对评价对象进行比较、排序，已经被广泛应用于各个领域的评价问题。

2. 建模步骤

（1）灰色关联度分析。

灰色关联度分析是灰色系统分析、评价和决策的基础，关联度表征两个事物的关联程度，其基本思想为：根据序列曲线几何形状的相似程度来判断其联系是否紧密，曲线越接近，相应序列之间关联度越大，反之越小。然而直观的几何形状的判断比较往往是比较粗糙的，尤其当曲线形状相差比较接近时就很难用直接观察的方法来判断曲线间的关联程度。衡量因素间关联程度大小的量化方法如下：制定参考数据列，常记为 $x_0=(x_0(1),x_0(2),\cdots,x_0(n))$，相关因素序列常记为 x_i，一般表示为 $x_i=(x_i(1),x_i(2),\cdots,x_i(n))(i=1,2,\cdots,m)$。可以用下述数学表达式表示各因素序列与参考序列在各点的差：

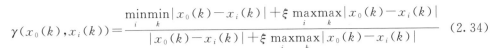

$$\gamma(x_0(k),x_i(k)) = \frac{\min_i\min_k|x_0(k)-x_i(k)|+\xi\,\max_i\max_k|x_0(k)-x_i(k)|}{|x_0(k)-x_i(k)|+\xi\,\max_i\max_k|x_0(k)-x_i(k)|} \tag{2.34}$$

式中：$\gamma(x_0(k),x_i(k))$ 为第 k 个时刻因素序列 x_i 与参考序列 x_0 的相对差值，称为 x_i 对 x_0 在第 k 个时刻的关联系数；ξ 为分辨系数，$\xi\in[0,1]$，实际使用时一般取 $\xi\leqslant0.5$ 最为恰当。

如果序列的量纲不同，一般需要对序列进行无量纲化处理。关联系数只能表示各时刻数据间的关联程度，一般求绝对关联度，其表达式为

$$\gamma(X_0,X_i) = \frac{1}{n}\sum_{k=1}^n\gamma(x_0(k),x_i(k)) \tag{2.35}$$

绝对关联度虽然可以反映事物之间的关联程度，但是它容易受数据中极大值和极小值的影响，有时不能真正反映序列之间的关联程度，庞云峰等（2009）对绝对关联度进行改进，用加权平均代替直接平均表示关联度，即

$$\gamma(X_0,X_i) = \sum_{k=1}^n w_k\gamma(x_0(k),x_i(k)) \tag{2.36}$$

式中：w_k 为第 k 个时刻的权重。

但他们没有分析这样改进的原因和优点，读者可以思考其他的改进方式。

（2）灰色综合评价法的原理。

基于灰色关联度的灰色综合评价法的数学原理如下：

评价因素集为 $U=\{x_1,x_2,\cdots,x_n\}$，方案集为 $V=\{v_1,v_2,\cdots,v_m\}$，设目标属性矩阵为

$$A = \begin{pmatrix} a_{11} & a_{12} & \cdots & a_{1n} \\ a_{21} & a_{22} & \cdots & a_{2n} \\ \vdots & \vdots & \ddots & \vdots \\ a_{m1} & a_{m2} & \cdots & a_{mn} \end{pmatrix}$$

式中：a_{ij} 为第 i 个方案关于第 j 项评价因素的指标值。

具体建模步骤如下：

第一步：确定最优指标集 $u=\{u_1^0,u_2^0,\cdots,u_n^0\}$。

第二步：建立标准化矩阵 $R=(r_{ij})_{mn}$，标准化方法详见式（2.14）。

第三步：计算关联系数 $\rho_i(k)=\dfrac{\min_i\min_k|u_k^0-r_{ik}|+\xi\,\max_i\max_k|u_k^0-r_{ik}|}{|u_k^0-r_{ik}|+\xi\,\max_i\max_k|u_k^0-r_{ik}|}$，建立关联度矩阵。

$$E = \begin{pmatrix} \rho_{11} & \rho_{12} & \cdots & \rho_{1n} \\ \rho_{21} & \rho_{22} & \cdots & \rho_{2n} \\ \vdots & \vdots & \ddots & \vdots \\ \rho_{m1} & \rho_{m2} & \cdots & \rho_{mn} \end{pmatrix} \tag{2.37}$$

第四步：计算各指标的权重 $w_j(j=1,2,\cdots,n)$。

第五步：建立综合评价模型。

$$F_i = \sum_{j=1}^{n} w_j \rho_{ij}, \quad i = 1, 2, \cdots, m; j = 1, 2, \cdots n \tag{2.38}$$

灰色综合评价法的评价标准为：F_i 越大，方案 v_i 越好。

3．模型应用

（1）案例 1

利用灰色综合评价法对例 2.1 中的空袭目标的威胁程度进行评价，并与相对偏差模糊矩阵方法和模糊综合评价法进行比较分析，结果如图 2.7 所示。

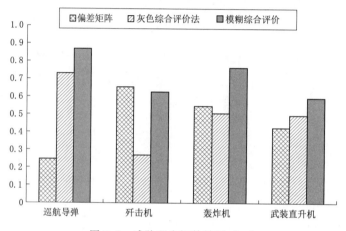

图 2.7　威胁程度评估结果（二）

由图 2.7 可知，灰色综合评价法和偏差模糊矩阵评价法评价结果相同，与实际情形出入比较大，虽然灰色综合评价法是非线性的，但是评价结果仍然不理想。进一步分析可以发现，灰色综合评价法和相对偏差模糊矩阵评价法的算法有很多相似的地方，唯一不同的是关联度矩阵和偏差矩阵的计算公式不同。由此可以得出，如果要提高灰色综合评价法的评价效果，需要对算法进行改进。

（2）案例 2。

例 2.2　以水下 200m 深度为例，假设有 6 个待评价区域和相应的海洋环境要素，见表 2.13。假设存在隐蔽表能指数-等级表（庞云峰等，2009），见表 2.14，试对 6 个待评价区域的潜艇战术隐蔽效能进行评价，即判断 6 个待评价区域的潜艇战术隐蔽效能指数属于等级 1～6 的哪一个？

表 2.13　待评价区水下环境要素场

评价区	温度水平梯度	盐度水平梯度	透明度/%	水色/级
评价区 1	0.02	0.01	10	10
评价区 2	0.1	0.03	1.5	17
评价区 3	0.05	0.2	0.5	21
评价区 4	0.2	0.13	4	18
评价区 5	0.19	0.09	10	15
评价区 6	0.1	0.03	20	12

表 2.14		指数-等级查询表		
战术隐蔽效能指数	温度水平梯度	盐度水平梯度	透明度/%	水色/级
1	0.01	0	70	7
2	0.03	0.01	30	9
3	0.1	0.03	20	12
4	0.11	0.07	17	14
5	0.21	0.1	15	16
6	0.3	0.12	5	18

注 指数越高表示水下环境越有利于潜艇隐蔽。

按照灰色综合评价方法对上述案例进行评价，得到 6 个待评价区域的战术隐蔽效能指数和等级之间的综合评价结果如下：

$$E = \begin{pmatrix} 0.6965 & 0.9019 & 0.4974 & 0.7162 & 0.6175 & 0.6916 \\ 0.5149 & 0.6283 & 0.5973 & 0.7139 & 0.6069 & 0.7001 \\ 0.4710 & 0.6531 & 0.4009 & 0.6412 & 0.6414 & 0.9156 \\ 0.3679 & 0.5281 & 0.3820 & 0.6978 & 0.7795 & 0.7333 \\ 0.4911 & 0.6992 & 0.6017 & 0.7884 & 0.6649 & 0.6793 \\ 0.4587 & 0.6493 & 0.6195 & 0.8330 & 0.6386 & 0.5779 \end{pmatrix}$$

根据判断原则得到评价区 1 属于等级 2，评价区 2 属于等级 4，评价区 3 属于等级 6，评价区 4 属于等级 5，评价区 4 属于等级 4，评价区 6 属于等级 4。根据指数含义可知评价区 3 和 4 有利于潜艇隐蔽，评价区 2、5、6 均属于等级 4，究竟哪个区域更有利于潜艇隐蔽无法判断，可以说评价工作是无效的，因此灰色综合评价法存在一定的弊端，读者可以思考如何改进灰色综合评价模型以便得出精度更细的结果。

2.2.3.5 理想解法

1. 概述

理想解法（Technique for Order Preference by Similarity to Ideal Solution，TOPSIS），直译为逼近理想解的排序方法，它是一种适合多指标、多方案的评价方法。其基本思路是通过构造多指标问题的正理想解和负理想解，并以靠近正理想解和远离负理想解两个基准作为评价各对象的判断依据，因此理想解法又称为双基准法。所谓"正理想解"，是一种设想的最优解，它的各个属性或指标值均达到各候选方案中最好的值；所谓"负理想解"，是一种设想的最差解，它的各属性或指标值均达到各候选方案中最差的值。理想解法思路清晰、计算简便、应用灵活，已得到广泛的应用。

2. 建模步骤

（1）首先将所有指标化成效益型指标，然后进行模一化处理。设处理后的目标属性矩阵为 $\{h_{ij}\}_{m \times n}$，其中 i、j 分别表示方案和指标的标号，m、n 分别表示方案和指标的数目。

（2）计算权重向量 $w_j (i = 1, 2, \cdots, n)$。

（3）建立加权属性矩阵：将指标权重代入目标属性矩阵，则加权标准化矩阵为 $v_{ij} =$

$\{w_j h_{ij}\}_{m \times n}$。

（4）确定正理想解和负理想解，分别为

$$V^+ = \{\max_{1 \leqslant i \leqslant m} v_{ij}\} = \{v_1^+, v_2^+, \cdots, v_n^+\}$$

$$V^- = \{\min_{1 \leqslant i \leqslant m} v_{ij}\} = \{v_1^-, v_2^-, \cdots, v_n^-\}$$

（5）计算到正理想解的距离 s_i^+ 和到负理想解的距离 s_i^-：

$$s_i^+ = \sqrt{\sum_{j=1}^{n} (v_{ij} - v_j^+)^2} \tag{2.39}$$

$$s_i^- = \sqrt{\sum_{j=1}^{n} (v_{ij} - v_j^-)^2} \tag{2.40}$$

（6）计算各目标解与正理想解的相对贴近度：

$$C_i = \frac{s_i^-}{s_i^- + s_i^+} \tag{2.41}$$

3. 模型应用

利用理想解法例 2.1 中的空袭目标威胁程度进行评价，并与相对偏差模糊矩阵方法、模糊综合评价法和灰色综合评价法进行比较分析，结果如图 2.8 所示。

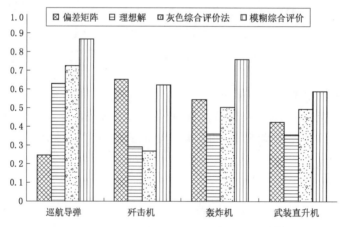

图 2.8 威胁程度评估结果（三）

由图 2.8 可知，与灰色综合评价法和偏差模糊矩阵评价法评价结果相比，理想解法评价结果与实际情况的偏差小一些，说明双基准评价法有一定的优越性，但还是与实际情形有一点偏差，模型还需要进行改进。

第3章　新型评价方法及应用

3.1　投　影　寻　踪　方　法

在进行等级判定时，很多方法如聚类分析、判别分析、模糊综合评价、灰色关联度存在一些问题：①只能得到离散的等级值，是半定量化的，无法进一步描述各等级之间的过渡性，评价结果的精度较粗，而实际各指标值一般是连续的实数值，也就是说，按目前常用方法得到的评价结果，即使属于同一等级的，它们对应的各指标值也常常相差显著，这对指导具体的管理工作十分不便；②对同一个样本系列，如采用多种评价方法，便可产生多个评价结果，如何找到最优评价结果？金菊良等（2002）基于投影寻踪技术建立洪水灾情等级评价模型，能得到连续的灾情等级值，而且等级值是最优的，并通过实例应用证明该方法具有广泛的应用前景。

3.1.1　算法原理

投影寻踪模型的算法原理（金菊良等，2002）如下：

第一步：构造投影指标函数。设等级和指标序列分别为 $y(i)$ 及 $\{x(j,i)|j=1,2,\cdots,p, i=1,2,\cdots,n\}$，其中，$n$、$p$ 分别为样本个数和指标个数。设最低等级设为 1，最高等级设为 N。建立综合评价模型就是建立 $\{x(j,i)|j=1,2,\cdots,p, i=1,2,\cdots,n\}$ 与 $y(i)$ 之间的数学关系。投影寻踪模型就是把 p 维数据 $\{x^*(j,i)|j=1,2,\cdots,p\}$ 综合成以 $a=\{a(1),\cdots,a(2),a(p)\}$ 为投影方向的一维投影值 $z(i)$，然后根据 $z(i)$ 和 $y(i)$ 的散点图建立数学关系。

$$z(i)=\sum_{j=1}^{p}a(j)x(j,i) \tag{3.1}$$

由于评价指标通常具有不同的量纲和数量级，为了保证结果的可靠性，需要对原始指标值进行无量纲化处理。在综合投影值时，要求投影值 $z(i)$ 应尽可能大地提取 $\{x(j,i)\}$ 中的变异信息，即 $z(i)$ 的标准差 S_z 达到尽可能大；同时要求 $z(i)$ 与 $y(i)$ 的相关系数的绝对值 $|R_{zy}|$ 达到尽可能大。

$$Q(a)=S_z|R_{zy}| \tag{3.2}$$

式中：S_z 为投影值 $z(i)$ 的标准差；$|R_{zy}|$ 为 $z(i)$ 与 $y(i)$ 的相关系数。其计算公式如下：

$$S_z=\left\{\frac{\sum_{i=1}^{n}\left[z(i)-E_z\right]^2}{n-1}\right\}^{0.5}$$

$$R_{zy} = \frac{\sum_{i=1}^{n}\left[z(i)-E_z\right]\left[y(i)-E_y\right]}{\left\{\sum_{i=1}^{n}\left[z(i)-E_z\right]^2\sum_{i=1}^{n}\left[y(i)-E_y\right]^2\right\}^{0.5}}$$

第二步：优化投影指标函数。当给定等级和指标序列的样本数据时，投影指标函数 $Q(a)$ 只随投影方向的变化而变化。可通过求解投影指标函数最大化问题来估计最佳投影方向。

$$\max Q(a) = S_z |R_{zy}|$$

$$\text{s. t.} \sum_{j=1}^{p} a^2(j) = 1$$

第三步：建立投影寻踪综合评价模型，把由步骤二求得的最佳投影方向的估计值 a 代入式（3.1）后，即得第 i 个样本投影值的计算值 $z(i)$，根据 $z(i) - y(i)$ 的散点图可建立相应的数学模型。经研究表明，用逻辑斯谛曲线作为综合评价模型是很合适的，即

$$y^*(i) = \frac{N}{1 + e^{c(1)-c(2)z(i)}} \tag{3.3}$$

式中：$y^*(i)$ 为第 i 个样本等级的计算值；最大等级 N 为该曲线的上限值；$c(1)$、$c(2)$ 为待定参数，它们通过求解如下最小化问题来确定。

$$\min F(c(1), c(2)) = \sum_{i=1}^{n}\left[y^*(i) - y(i)\right]^2$$

应用此方法进行评价时，最大的一个问题是如何确定样本的经验等级。解决这一问题常用的方法是聚类分析和灰色关联评价。

3.1.2　水资源利用效率评价

3.1.2.1　算法模型

利用投影寻踪模型对我国 31 个省级行政区水资源利用效率进行评价。本书在利用层次分析法筛选指标体系的基础上，采用 Ward 系统聚类、投影寻踪、遗传算法建立水资源效率评价模型，模型算法流程如图 3.1 所示。

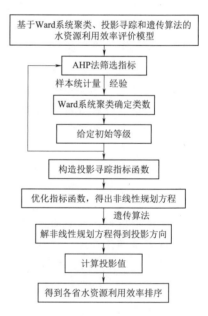

图 3.1　水资源利用效率评价
模型算法流程图

为了简化研究问题，假设水资源利用效率的评价符合三个基本假设：①若仅用单一指标来衡量，用水主体的单位产品用水量较低，则可认为用水主体的水资源利用效率较高；②若从时间序列看，用水主体的单位产品用水量呈下降趋势，则可认为用水效率有所提

高；③本书所建立的指标体系可用来比较某时段内各区域水资源利用效率的相对大小，根据这些指标计算的参数可以用来反映水资源利用效率的相对值的高低，为降低统计数据本身的误差对模型计算结果的干扰，各指标采用 2004—2006 年的算术平均值。

3.1.2.2 计算过程

首先利用改进 AHP 方法进行指标筛选，其次进行因子分析，再次进行聚类分析和水资源利用效率评价，其中指标筛选和因子分析的计算过程和结构详见 1.2.3.2 节。根据表 1.7 中 31 个省级行政的因子计算结果，采用 Ward 聚类法得到经验等级。由于我国地域广博，水资源禀赋差异较大，将 31 个省级行政区分为五类，即五个经验等级，各个经验等级对应的地区见表 3.1。

表 3.1　　　　　　　　　　基于谱系聚类图的各省级行政区经验等级

经验等级	省级行政区名称
第一等级	北京、天津
第二等级	河北、陕西、浙江、河南、江苏、山西、山东、贵州、重庆
第三等级	湖北、海南、安徽、四川、内蒙古、黑龙江、湖南、吉林、江西、云南、辽宁、福建、青海、上海、广西、甘肃、广东
第四等级	宁夏、新疆
第五等级	西藏

利用遗传算法求解方程（3.2）得到投影方向为 $a^* = (0.665, -0.076, -0.387, -0.020, 0.331, 0.129, 0.525)$ 时，其中最佳投影方向 a^* 各分量值代表了相应指标对总评价目标贡献的大小与方向，在最佳投影方向下各指标相对权重见表 3.2。

表 3.2　　　　　　　　　　在最佳投影方向下各指标相对权重

指标	X_1	X_2	X_3	X_4	X_5	X_6	X_7
指标权重	0.665	-0.076	-0.387	-0.020	0.331	0.129	0.525

根据表 3.2，相对权重较大的指标主要为单方水 GDP 产出量及去变异化农业用水效率。实际上，这两个指标能在很大程度上说明该地区用水效率的高低；其余 5 个指标对水资源利用效率贡献均比这两个指标要小得多。这与实际情况比较符合。鉴于此，将投影在单位方向 X^* 上的投影值定为：其值越大，该评价对象的水资源利用效率就越高。以此为基础，得到各省级行政区水资源利用效率投影值见表 3.3。

由表 3.3 知，北京的投影值最大，水资源利用效率最高，其次是天津、山西、山东；而宁夏、广西和西藏则是投影值最低的三个省级行政区。

3.1.2.3 评价与分析

1. 评价结果

利用上述模型得出的我国 31 个省级行政区水资源利用效率高低排序如图 3.2 所示，由此可以得到水资源利用效率指数的地域分布情况。

表 3.3　　　　　　　　　　各省级行政区水资源利用效率投影值

省级行政区	得分	省级行政区	得分	省级行政区	得分
北京	3.4758	辽宁	0.2091	青海	−0.6464
天津	2.7003	安徽	0.1488	新疆	−0.6716
山西	1.9227	重庆	0.0474	贵州	−0.7391
山东	1.3939	吉林	−0.0855	江西	−0.8210
河北	1.1806	江苏	−0.1043	湖南	−0.9487
陕西	1.0318	四川	−0.1202	海南	−1.1396
河南	0.8793	广东	−0.3480	宁夏	−1.1751
上海	0.6990	湖北	−0.4114	广西	−1.7022
浙江	0.3747	黑龙江	−0.4283	西藏	−4.3309
内蒙古	0.3432	福建	−0.4320		
甘肃	0.2130	云南	−0.5151		

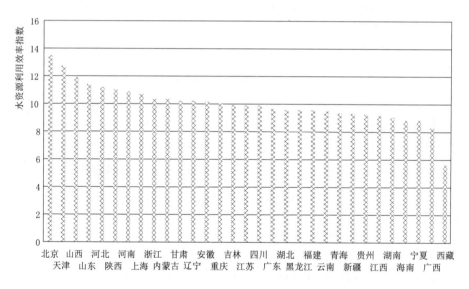

图 3.2　31 个省级行政区水资源利用效率指数排序图

按照水资源利用效率指数值的高低，结合其所处的地理位置，将我国 31 个省级行政区划分为以下三组：

（1）水资源利用效率高：效率指数值在 10.8 以上，主要是华北和西北地区，包括北京、天津、山西、山东、河北、陕西、河南。

（2）水资源利用效率中等：效率指数值为 9.5～10.8，主要是华东和东北以及西南地区，包括上海、浙江、内蒙古、甘肃、辽宁、安徽、重庆、吉林、江苏、四川、广东、湖北、黑龙江、福建、云南。

（3）水资源利用效率较低：效率指标值在 9.5 以下，主要是华南和西北地区，包括青海、新疆、贵州、江西、湖南、海南、宁夏、广西、西藏。

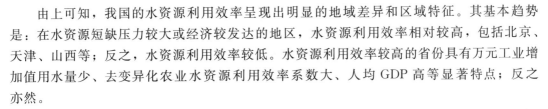

由上可知，我国的水资源利用效率呈现出明显的地域差异和区域特征。其基本趋势是：在水资源短缺压力较大或经济较发达的地区，水资源利用效率相对较高，包括北京、天津、山西等；反之，水资源利用效率较低。水资源利用效率较高的省份具有万元工业增加值用水量少、去变异化农业水资源利用效率系数大、人均 GDP 高等显著特点；反之亦然。

2. 原因分析

水资源是一个复杂巨系统，其开发利用过程涉及因素众多，以上三类地区水资源利用效率高低的差异主要由自然条件、产业结构、生态环境和社会发展状况等方面的不同而造成。

(1) 水资源利用效率与自然条件的关系。

三组地区用水效率的差异很大程度上是由各地不同的自然条件造成的，主要包括人均水资源占有量、蒸发与降雨以及开发利用难度等。水资源利用效率总体上呈现出随着人均水资源占有量的增高而降低的趋势，相关系数 $R^2 = 0.86$。长期的持续缺水状态使得缺水地区节水意识较高，对产业结构、农业种植结构均进行了一定程度的调整，在自然因素和人类活动的相互作用下，促进了当地水资源利用效率的提高（王红瑞等，2007；王红瑞等，2004）。水资源利用效率排位靠前的北京、天津、山西、山东等地区，人均水资源占有量大多低于 $500 \mathrm{m}^3$，只有河北、河南的人均水资源量超过了 $1000 \mathrm{m}^3$。按照国际上的划分，这些地区属于严重缺水地区。在一定程度上来说，水资源利用效率高的原因是由于在长期水资源紧缺压力下，人们的节水意识普遍较强，产业结构、农业种植结构等都依据节水模式进行调整，促进了水资源利用效率的提高。第二组里，多数省份的人均水资源占有量在 $2000 \mathrm{m}^3$ 以上，水资源量的相对充足使得当地水资源有可能没有得到足够的重视和充分的利用。而第三组中，虽然人均水资源占有量也很大（均在 $2000 \mathrm{m}^3$ 以上），但是水资源利用效率与前两组相比则相对较低，主要是因为水资源相对丰富，节水动力不足，另一方面可能也与水资源的开发利用难度大有关。

气候条件主要通过农业灌溉来影响水资源利用效率。我国农业用水占总用水量的70%，农业用水效率的高低在一定程度上决定了一个地区的水资源利用效率的高低。效率指数和去变异农业水资源利用效率大体上呈正相关关系，相关系数 $R^2 = 0.80$。农业设施的改进以及灌溉技术的改善是提高我国水资源利用效率的重要途径。

(2) 水资源利用效率与产业结构的关系。

农业用水对水资源利用效率的影响除了上述的去变异化农业用水效率外，还可从第一产业占 GDP 的比例、农业用水比例、农业万元 GDP 用水量等方面进行分析。

总体而言，水资源利用效率指数大体上随着第一产业占总 GDP 比例的升高而降低，相关系数 $R^2 = 0.80$。我国灌溉水有效利用系数为 0.48，而先进国家达 0.7～0.8，因此偏低的农业用水效率直接从总体上制约了水资源利用效率的提高。水资源利用效率指数排名靠前的省份基本是农业 GDP 所占比重小、经济又较发达的地区。经济发达地区有能力促进农业灌溉方式和设施的改进，提高农业生产和用水效率。

其次是农业用水比重，虽然有些地区农业用水比重甚至低于北京（38%）和天津（58%），但是由于这些地区相对于第一组里的省级行政区来说，经济不太发达或者灌溉方式落后，或者是对农业水资源高效利用的重视力度不够，导致农业灌溉措施没有得到提高和改善，农业灌溉仍以粗放的漫灌为主，效率相对较低。第三组的省级行政区基本为农业用水比重大（都超过 50%，甚至高达 90%）、经济欠发达的西北和西南的省份，如新疆、宁夏和西藏，这些地区对农业灌溉设施的投入以及技术改造的力度都十分有限，影响了整体的水资源利用效率。

另外，工业用水效率的高低也是决定水资源利用效率高低的主要因素。总体而言，水资源利用效率指数随着工业万元增加值用水量的增加而降低，相关系数 $R^2 = 0.85$。工业生产过程中设备和工艺的改革是提高一个地区用水效率的有效途径。

（3）社会因素与水资源利用效率的关系。

总体而言，用水效率随着人均 GDP 的增高而增高，相关系数 $R^2 = 0.85$。这主要是因为较高的经济发展水平往往伴随着较高的城镇化率，非农产业比重大，同时，地方的投资能力较强，更多资源被用于供水和治污等基础设施的建设，有助于提高节水水平和利用效率。

3.1.2.4　结论与讨论

通过对我国 31 个省级行政区水资源利用效率的评价，可以得出以下结论：

（1）我国水资源利用效率的高低具有比较明显的地域特征和区域差异，基本趋势是，经济发达且水资源使用压力较大的华北地区水资源利用效率较高，这些地区包括北京、天津、山西等；经济不发达或者受自然条件限制较大的地区水资源利用效率较低，包括宁夏、广西、西藏等。水资源利用效率较高的省份具有万元 GDP 用水量低、万元工业增加值用水量少、去变异化农业用水效率高、人均 GDP 高等显著特点；反之亦然。

（2）由于我国水资源利用效率的差异，在对最严格水资源管理制度的目标进行分解时，对各行政区不能一刀切，要制定有针对性的区域节水目标和政策措施。为了提高水资源利用效率，提出以下政策建议：

1）对于第一组的省级行政区，应加强节水设施建设，大力推广工业用水重复利用技术，提高工业用水重复利用率；对于第三组的省级行政区，应加大供水投资建设，充分利用各种不同的水源，增加供水量。

2）对于第二组和第三组省级行政区，应进一步优化产业结构，积极发展低耗水产业，减少在水资源经济效率低的地区新建高耗水项目，强调高耗水产业布局的水资源效率标准等，提高水资源的综合利用效率。

3.1.3　水资源脆弱性评价

投影寻踪模型虽然能得到连续的等级值，但是存在以下几个问题：①现有研究中常用聚类分析确定经验等级，而聚类分析需要大量数据样本资料，而且对初始类中心比较敏感（Cline 和 Pu，1998）；②金菊良等（2002）提出用 Logistic 函数表示等级函数，但是没有给出数学原理，不够严谨。基于以上考虑，本书提出基于投影寻踪的 S 型函数模型和微分方程模型进行改进。

3.1.3.1 基于投影寻踪的 S 型函数模型

1. 模型原理

由于现有研究中水资源脆弱性经常表示为指标的加权平均和，为简单的线性关系，容易导致脆弱性仅仅是各要素简单的叠加，无法反映脆弱性与指标之间的复杂关系（陈攀等，2011）。根据高等数学理论，自然界许多现象如降水的变化等都是连续地变化着的，即自变量变化很小，风速、浪高等的变化也很小；根据导数理论和拐点理论可知事物的变化速度具有以下特点：先是越来越快，后面越来越慢，且这种变化是连续和平稳的。本书拟建立水资源脆弱性 V 与指标之间的非线性函数关系，根据上面的分析，提出以下假设：①V 是连续函数，且自变量的定义域为 $[c, d]$；②V 随着自变量 x 的增大而增大，V 的增加速度越来越慢，且这种变化是连续平稳的；③当 x 小于某个值 c 时，V 为 0；当 x 大于某个值 d 时，V 为 1。

考虑到 V 的这些性质，可以用 S 型函数表示水资源脆弱性，其表达式如下：

$$V(x) = \begin{cases} 0, & x < c \\ 2\left(\dfrac{x-c}{d-c}\right)^2, & c \leqslant x < \dfrac{c+d}{2} \\ 1 - 2\left(\dfrac{x-d}{d-c}\right)^2, & \dfrac{c+d}{2} \leqslant x < d \\ 1, & x \geqslant d \end{cases} \tag{3.4}$$

水资源脆弱性函数曲线如图 3.3 所示。

由于影响水资源脆弱性 V 的变量是多维变量，分别为降水量 P、人均水资源量 W_p、水资源开发利用率 U_r、地下水超采比例 G_r 和水资源满足程度 S_r，而 S 型函数是一维函数；另一方面，V 与各变量的关系不一致，如 V 随着降雨量 P、人均水资源量 W_p 和水资源满足程度 S_r 的增大而减少，随着水资源开发利用率 U_r、地下水超采比例 G_r 的增大而增大，即降水量 P、人均水资源量 W_p 和水资源满足程度 S_r 是成本型

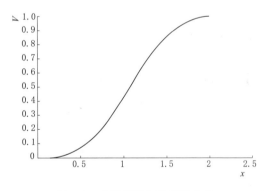

图 3.3　水资源脆弱性函数曲线

指标，水资源开发利用率 U_r、地下水超采比例 G_r 是效益型指标。为了解决上述两个问题，本书拟采用以下思路进行解决。

（1）指标的标准化处理。

假设评价因素集为 $U = \{a_1, a_2, \cdots, a_n\}$，共有 m 年的样本资料，设目标属性矩阵为

$$A = \begin{pmatrix} a_{11} & a_{12} & \cdots & a_{1n} \\ a_{21} & a_{22} & \cdots & a_{2n} \\ \vdots & \vdots & \ddots & \vdots \\ a_{m1} & a_{m2} & \cdots & a_{mn} \end{pmatrix} \tag{3.5}$$

式中，a_{ij} 表示第 i 项评价因素在第 j 年的指标值。指标的标准化处理公式如下：

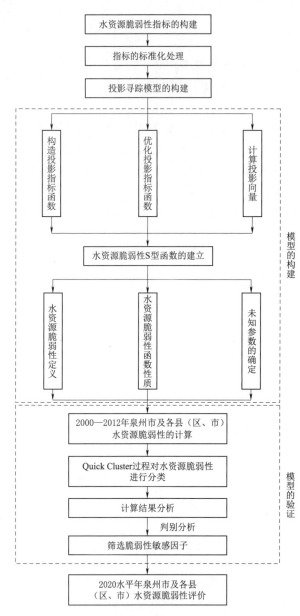

图 3.4 水资源脆弱性评价的算法流程

$$b_{ij} = \begin{cases} \dfrac{a_{ij} - \min\limits_{i}\{a_{ij}\}}{\max\limits_{i}\{a_{ij}\} - \min\limits_{i}\{a_{ij}\}} & \leftarrow 效益型 \\[3mm] \dfrac{\max\limits_{i}\{a_{ij}\} - a_{ij}}{\max\limits_{i}\{a_{ij}\} - \min\limits_{i}\{a_{ij}\}} & \leftarrow 成本型 \end{cases}$$

$$(3.6)$$

（2）指标的降维处理。

本书基于投影寻踪方法对水资源脆弱性指标进行降维处理。投影寻踪算法原理和建模步骤详见 3.1.1 节，即式（3.1）～式（3.5）。综上所述，水资源脆弱性评价模型的建模与计算步骤如图 3.4 所示。

2. 应用研究

本书用上述模型对泉州市水资源脆弱性进行评价。泉州市地处福建省东南沿海，位于东经 $117°25' \sim 119°05'$，北纬 $24°15' \sim 25°55'$，属亚热带海洋性季风气候带，年平均气温 20℃ 左右，降水量与地形的高低起伏相对应，在 $1000 \sim 1900\mathrm{mm}$ 变化，主要测站的多年平均水面蒸发量为 $926.8 \sim 1158.7\mathrm{mm}$。泉州市境内河流水系较为发达，较大的流域有晋江、闽江水系大樟溪和尤溪的部分支流、九龙江北溪支流，沿海为单独入海的短小溪流。根据泉州市水资源公报，2000—2007 年泉州市平均水资源总量为 98.38 亿 m^3，其中平均水资源可利用量约为 39 亿 m^3。泉州市多年人均水资源量为 $1270\mathrm{m}^3$，在各县（区、市）中，德化县、安溪县和永春县人均水资源量比较大，均在 $1700\mathrm{m}^3$ 以上，人均水资源量最小的是石狮市。在工业发展和人口集聚过程中，水资源的需求量逐渐增大，同时水体污染加剧。另一方面，泉州市水资源分布很不均匀，且与经济社会发展程度不相匹配。相较于泉州的东南部，西北部经济发展较为落后，水资源却很充沛；东南部经济发达，却受到水资源不足的限制。

（1）投影寻踪模型的建立。

首先按照式（3.6）对 2000—2012 年的水资源脆弱性指标进行标准化处理，根据式（3.1）～式（3.3）可编写投影寻踪模型的应用程序，即可得到最佳投影方向 $a^* =$ (0.4708, 0.2228, 0.4852, 1.5495, 0.4375)，将 a^* 代入式（3.1）即可得到泉州市 2000—2012 年的水资源脆弱性投影向量为 (0.0131, 0.7544, 0.8471, 1.6275, 1.6141, 0.6216, 0.2424, 0.8629, 1.2588)。

（2）脆弱性函数模型的建立。

因为 $x(i) = \sum_{j=1}^{5} a^*(j)x(i,j) = 0.4708 \times b(i,1) + 0.2228 \times b(i,2) + 0.4852 \times b(i,3) + 1.5495 \times b(i,4) + 0.4375 \times b(i,5)$

而对 $\forall i$，j，有 $0 \leqslant b(i,j) \leqslant 1$，则

$$0 \leqslant \sum_{i=1}^{n} a^*(i)x(i,j) \leqslant 0.4708 + 0.2228 + 0.4852 + 1.5495 + 0.4375 = 2.1678$$

再根据模型原理中假设③可以确定式（3.4）中的参数 c 和 d 分别为 0 和 2.1678，于是可以确定脆弱性的函数表达式为

$$V(x) = \begin{cases} 0, & x < 0 \\ \dfrac{x^2}{2.349678}, & 0 \leqslant x < 1.0839 \\ 1 - \dfrac{(x-2.1678)^2}{2.349678}, & 1.0839 \leqslant x < 2.1678 \\ 1, & x \geqslant 2.1678 \end{cases} \tag{3.7}$$

（3）泉州市 2000—2012 年水资源脆弱性计算与分析。

将 2000—2012 年的水资源脆弱性投影值数据代入式（3.7）即可得到泉州市 2000—2012 年的水资源脆弱性，计算结果如图 3.5 所示。再利用 Quick Cluster 对 2000—2012 年泉州市的水资源脆弱性进行聚类，各类脆弱性最终的类中心和特性见表 3.4，分类结果如图 3.6 所示。图 3.6 中横坐标表示年降雨量，纵坐标表示历年水资源脆弱性值，标记表示脆弱性等级。

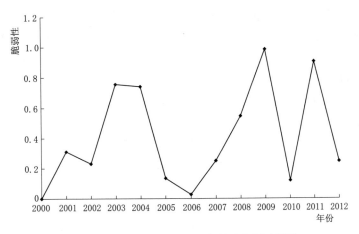

图 3.5 泉州市 2000—2012 年的水资源脆弱性

表 3.4 水资源脆弱性等级与特性

水资源脆弱性类别	类中心	特性	水资源脆弱性类别	类中心	特性
不脆弱	0.0553	可以忽略	强脆弱	0.6327	比较严重
轻度脆弱	0.2770	可以接受	极度脆弱	0.8846	无法承受
中度脆弱	0.4727	处于边缘状态			

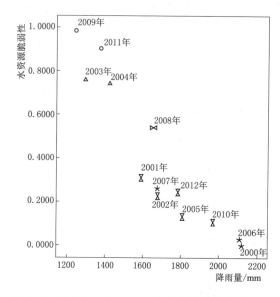

图 3.6　泉州市 2000—2012 年的水资源脆弱性等级
★—不脆弱；✕—轻度脆弱；◁▷—中度脆弱；
△—强脆弱；○—极度脆弱

由图 3.5 可知，2009 年、2011 年、2003 年、2004 年及 2008 年泉州市的水资源脆弱性较大，其他年份较小，其中 2009 年水资源脆弱性达到最大（0.986），主要原因是 2009 年人均水资源量仅有 711m³，水资源开发利用率高达 59%。不仅如此，2000—2004 年水资源脆弱性总体处于上升趋势，2003 年与 2004 年水资源脆弱性相差不大，造成这种现象的主要原因是人均水资源量逐渐减少，且 2003 年和 2004 年泉州市为枯水年份，水资源开发利用程度均超过 40%。2004—2006 年水资源脆弱性处于下降趋势，主要是由于 2004 年后泉州市水资源开发、地下水超采及地表水受污染都有一定程度的降低等原因引起的。泉州市 2006—2009 年水资源脆弱性处于上升趋势，主要原因是泉州市水资源开发利用率又有所提高，且城市化水平也在不断提高。

由图 3.6 可知，2009 年和 2011 年泉州市的水资源脆弱性为极度脆弱，2003 年与 2004 年为强脆弱，2008 年中等脆弱，其他年份为轻度脆弱或不脆弱，进一步分析可以发现极度脆弱和强脆弱基本发生在降雨量相对较少的年份，如 2009 年的降雨量是历年中最少的，水资源脆弱性也是最大的，属于极度脆弱水平；2000 年的降雨量是历年中最大的，水资源脆弱性接近于 0，属于不脆弱状态。

以上分析说明模型的计算结果与实际情形是吻合的，可以付诸应用。

（4）泉州市及各县（区、市）在不同情景下的水资源脆弱性计算。

根据上述水资源脆弱性评价模型，对未来分三种情景讨论，分别是平水年（50%）、偏枯年（75%）、枯水年（95%），得出三种情景下泉州市水资源脆弱性评价结果见表 3.5。

由表 3.5 可知，在 50%、75% 及 95% 保证率下，泉州市水资源分别处于轻度脆弱、中等脆弱和极度脆弱水平，由此可知泉州市水资源的可持续开发利用面临较大的压力。

表 3.5　　　　　　　　　　　泉州市不同保证率下的水资源脆弱性评价结果

保证率	投影值	脆弱性	脆弱性等级
50%	0.834034	0.255252	轻度脆弱
75%	1.132987	0.544262	中等脆弱
95%	2.104818	0.998312	极度脆弱

由于无法获取各区县在 50%、75% 及 95% 三种保证率下的相关指标数据，这里仅计算各区县在平均情况下的水资源脆弱性，计算结果如图 3.7 所示。

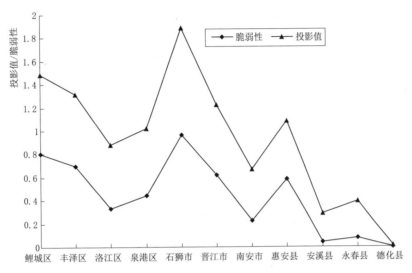

图 3.7　泉州市各县（区、市）水资源投影值和脆弱性

由图 3.7 可知，石狮市的水资源脆弱性最大（0.97），其次是鲤城区、丰泽区、晋江市、惠安县、泉港区，其他区县的水资源脆弱性较小。水资源脆弱性区划结果如下：水资源处于极度脆弱等级的区县为鲤城区和石狮市，处于强脆弱等级的区县有丰泽区、晋江市与惠安县，泉港区的水资源处于中等脆弱水平，洛江区和南安市的水资源处于轻度脆弱水平，其他区县的水资源不脆弱。

3. 结论

（1）本书建立了基于投影寻踪的脆弱性 S 型函数模型，该模型不仅能显示脆弱性的机理与内涵，而且可以体现脆弱性与各影响要素间的相互作用机制，2000—2012 年的泉州市水资源脆弱性的实例分析表明了模型的适用性。

（2）地下水超采比例、水资源开发利用率及人均水资源量是影响泉州市水资源脆弱性的敏感因子。

（3）在 50%、75% 及 95% 保证率下，泉州市水资源分别处于轻度脆弱、中等脆弱和极度脆弱水平，泉州市水资源的可持续开发利用面临较大的压力。

（4）在空间分布上，水资源为极度脆弱等级的区县为鲤城区和石狮市，强脆弱等级的区县有丰泽区、晋江市与惠安县，泉港区的水资源处于中等脆弱水平，洛江区和南安市的水资源处于轻度脆弱水平，其他区县的水资源不脆弱。

3.1.3.2　微分方程模型

1. 模型原理

（1）指标标准化处理。

由于水资源脆弱性 V 随降水量 P、人均水资源量 W_p、污水处理率 D_r 和水资源满足程度 S_r 增大而减小，随水资源开发利用率 U_r 的增大而增大，因此降水量 P、人均水资源量 W_p、污水处理率 D_r 和水资源满足程度 S_r 是成本型指标，水资源开发利用率 U_r 是效益型指标。由于成本型指标较多，本书拟将所有指标处理成越小越好的指标，即 V 随所有指标变量的增大而减小。标准化方法如下：

$$\begin{cases} b_i = \dfrac{\min\limits_i\{a_i\}}{a_i} \quad \longleftarrow \text{效益型} \\[3mm] b_i = \dfrac{a_i}{\max\limits_i\{a_i\}} \quad \longleftarrow \text{成本型} \end{cases} \tag{3.8}$$

式中：a_i 为指标的原始值；b_i 为指标标准化后的值。经过标准化处理后，V 随所有指标变量的增大而减小。

（2）指标的降维处理。

影响水资源脆弱性的变量有很多，定量分析它们之间的函数关系非常困难，因此，我们可以利用降维的思想将多维指标转换成一维指标，从而使进一步研究脆弱性与变量之间的函数关系变得简单。投影寻踪（Friedman，1974）是一种对高维数据进行降维的方法，其基本思想为：把高维数据投影到低维子空间上，对于投影到的构形，采用投影函数来衡量投影暴露某种结构的可能性大小，寻找出使投影函数的标准差的平方达到最大的值，然后根据该值来分析高维数据的结构特征。其建模步骤如下。

第一步：构造降维函数。设指标序列为 $\{b(i,j)\,|\,i=1\sim m,j=1\sim n\}$，其中，$m$、$n$ 分别为样本个数和指标个数。投影寻踪方法就是把高维数据综合成以 $\bar{\omega}=(\bar{\omega}_1,\bar{\omega}_2,\cdots,\bar{\omega}_n)$ 为投影方向的一维投影值。

$$x(i)=\sum_{j=1}^{n}\bar{\omega}_j b(i,j) \tag{3.9}$$

第二步：优化降维函数，可通过求解如下的最小化问题来估计最佳投影方向。

$$\min Q(\bar{\omega})=-\frac{\sum\limits_{i=1}^{m}\left[x(i)-\overline{x}\right]^2}{m-1}$$

$$\text{s. t. } \sum_{j=1}^{n}\bar{\omega}_j=1 \tag{3.10}$$

显然，式（3.10）是一个条件极值问题，可以构建一个拉格朗日函数：

$$L(\bar{\omega},\lambda)=Q(\bar{\omega})+\lambda\left(\sum_{j=1}^{n}\bar{\omega}_j-1\right) \tag{3.11}$$

令
$$\frac{\partial L}{\partial \bar{\omega}_j}=0,\ j=1,2,\cdots,n$$

$$\frac{\partial L}{\partial \bar{\omega}_j}=\frac{\partial Q}{\partial \bar{\omega}_j}+\lambda$$

$$=-\frac{1}{m-1}\sum_{i=1}^{m}2\left[\left(\sum_{j=1}^{n}\bar{\omega}_j y_{ij}-\frac{1}{n}\sum_{i=1}^{m}\sum_{j=1}^{n}\bar{\omega}_j y_{ij}\right)\left(y_{ij}-\frac{1}{n}\sum_{i=1}^{m}y_{ij}\right)\right]+\lambda$$

$$=-\frac{2}{m-1}\sum_{i=1}^{m}\left[\sum_{k=1}^{n}\left(y_{ik}-\frac{1}{n}\sum_{k=1}^{n}y_{ik}\right)\bar{\omega}_k\right]\left(y_{ij}-\frac{1}{n}\sum_{i=1}^{m}y_{ij}\right)+\lambda$$

令
$$\left(y_{ij}-\frac{1}{n}\sum_{i=1}^{m}y_{ij}\right)=c_{ij},\ y_{ik}-\frac{1}{n}\sum_{k=1}^{n}y_{ik}=c_{ik}$$

于是

$$\frac{\partial L}{\partial \bar{\omega}_j}=-\frac{2}{m-1}\sum_{i=1}^{m}\left(\sum_{k=1}^{n}c_{ik}\bar{\omega}_k\right)c_{ij}+\lambda=-\frac{2}{m-1}\sum_{i=1}^{m}\left(\sum_{i=1}^{m}c_{ij}c_{ik}\right)\bar{\omega}_k+\lambda=0,\ j=1,2,\cdots,n$$

$$(3.12)$$

因此，只要式（3.12）的系数矩阵的行列式不为 0，式（3.12）有一个唯一解 $\bar{\omega}=(\bar{\omega}_1,\ \bar{\omega}_2,\ \cdots,\ \bar{\omega}_n)$。

（3）水资源脆弱性微分方程模型。

经过标准化处理后，V 随所有指标变量的增大而减小；将降水量 P、人均水资源量 W_p、水资源满足程度 S_r、水资源开发利用率 U_r 和污水处理率 D_r 投影成一维变量后 x 后，根据式（3.12）可知，V 也随着 x 的增大而减小。因此，V 是 x 的减函数。

根据高等数学理论，自然界许多现象如降水的变化、径流的变化等都是连续变化着的，即自变量变化很小，降水、径流等的变化也很小，说明这些变量都是连续函数。除此以外，事物的变化速度具有如下特点：先是越来越快，后面越来越慢，且这种变化是连续和平稳的。根据导数理论和拐点理论可以将上述特点用数学的语言来描述：导函数开始是增函数，到达某一拐点后是减函数，且导函数是连续函数。本书拟建立水资源脆弱性 V 与投影变量 x 的微分方程模型。根据上面的分析，可以提出如下假设：①V 是连续函数，且自变量 x 的定义域为 $[a,b]$；②V 的导函数是连续的，即 V 是光滑函数；③V 的导函数在 $[a,c]$ 是增函数，在 $[c,b]$ 上是减函数，即 c 为 V 的拐点。

为了保证水资源脆弱性的可比性，本书提出假设④：V 的取值范围为 $[0,1]$。由于 V 是 x 的减函数，则 $V(a)=1$，$V(b)=0$。为了简化问题，假设导函数是对称的，即 c 为 a 和 b 之间的中点。

根据以上假设可以构建如下的微分方程模型：

$$\frac{\mathrm{d}V}{\mathrm{d}x}=\alpha(x-c)^2+h\quad(a\leqslant x\leqslant b)\tag{3.13}$$

求解式（3.13）可得

$$V=\frac{\alpha}{3}(x-c)^3+hx+\beta\quad(a\leqslant x\leqslant b)\tag{3.14}$$

根据假设①～④及水资源脆弱性的特点可知式（3.14）满足

$$\begin{cases} h<0 \\ \alpha(a-c)^2+h<0 \\ \alpha(b-c)^2+h<0 \end{cases} \tag{3.15}$$

$$\begin{cases} \dfrac{\alpha}{3}(a-c)^3+hx+\beta=1 \\ \dfrac{\alpha}{3}(b-c)^3+hx+\beta=0 \end{cases} \tag{3.16}$$

式（3.16）是关于 α、h 和 β 的非齐次线性方程组，根据线性代数中线性方程组解的理论、不等式组（3.15）及指标的数据样本资料即可获得未知参数 α、h 和 β，进而获得水资源脆弱性 V 与投影变量 x 之间的函数。

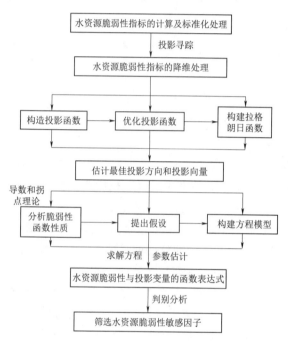

图 3.8　水资源脆弱性评价的算法流程

（4）水资源脆弱性敏感因子筛选。

为了直观地说明水资源脆弱性程度，首先利用（分层聚类）过程对脆弱性进行聚类，然后利用判别分析方法识别影响水资源脆弱性的敏感因子。判别分析是根据观测或测量到的若干变量值，判断研究对象所属的类别，使得判别观测量所属类别的错判率最小。判别分析能够从诸多表明观测对象特征的自变量中筛选出提供较多信息的变量，且这些变量之间的相关程度低。

综上所述，水资源脆弱性评价模型的建模与计算步骤如图 3.8 所示。

2. 应用研究

北京位于华北平原西部，属暖温带半干旱半湿润性季风气候，受季风影响，雨量年际季节分配极不均匀，夏季降水量约占全年的 70% 以上，全市多年平均降水量 585mm（1949—2008 年）。本书选择的研究区位于海河流域，从东到西分布有蓟运河、潮白河、北运河、永定河、大清河五大水系。北京是世界上严重缺水的大城市之一，当地自产水资源量仅 37.39 亿 m³（1956—2000 年），多年平均入境水量 16.06 亿（1956—2000 年），多年平均出境水量 14.51 亿 m³（1961—2000 年），当地水资源的人均占有量约 200m³（按照 2008 年的水资源量和常住人口计算），是世界人均的 $\dfrac{1}{30}$，远远低于国际公认的人均 1000m³ 的下限。

（1）水资源脆弱性模型构建与验证。

1）水资源脆弱性函数模型的建立。

首先对 1979—2012 年的水资源脆弱性指标进行标准化处理，将处理后的数据代入式（3.12）可得系数矩阵的行列式为 -2.2563，所以式（3.12）有唯一解 $\bar{\omega}=(0.737467,$ $-0.001079,0.897492,0.009677,-0.64572)$。

因为 $x(i)=\sum\limits_{j=1}^{5}\bar{\omega}_j b(i,j)=0.737467\times b(i,1)-0.001079\times b(i,2)+0.897492\times b(i,$ $3)+0.009677\times b(i,4)-0.64572\times b(i,5)$

而对 $\forall i,j$，有 $0\leqslant b(i,j)\leqslant 1$，因此

$$0.737467\times b(i,1)\leqslant 0.737467$$
$$-0.001079\leqslant -0.001079\times b(i,2)\leqslant 0$$
$$0\leqslant 0.897492\times b(i,3)\leqslant 0.897492$$
$$0\leqslant 0.009677\times b(i,4)\leqslant 0.009677$$
$$-0.64572\leqslant -0.64572\times b(i,5)\leqslant 0$$

因此

$$-0.64572\leqslant \sum_{j=1}^{5}\bar{\omega}_j b(i,j)\leqslant 1.645716$$

由此可以确定参数 a 和 b 分别为 -0.64572 和 1.645716，从而得 c 为 0.5。解线性方程组（3.16）可得

$$\begin{pmatrix}\alpha\\h\\\beta\end{pmatrix}=\begin{pmatrix}-3.8228\\1\\0\end{pmatrix}+\begin{pmatrix}-4.5709\\-2\\1\end{pmatrix}k \tag{3.17}$$

其中 k 为一切实数，联立式（3.15）和式（3.17）求解可得 $0.718196<k<0.827292$，因此 k 为（$0.718196,0.827292$）之间的一切实数，于是可取 k 为 0.82，进而可求得 $\beta=$ 0.82，$\alpha=0.419629$，$h=-0.64$，于是可得水资源脆弱性函数为

$$V=0.12464(x-0.5)^3-0.64x+0.82 \tag{3.18}$$

水资源脆弱性函数曲线如图 3.9 所示。

2）北京市 1979—2012 年水资源脆弱性计算与分析。

首先将 1979—2012 年的水资源脆弱性投影值数据代入式（3.18），即可得到北京市 1979—2012 年的水资源脆弱性，计算结果如图 3.10 所示。其次利用 Hierarchical Cluster 对 1979—2012 年北京市的水资源脆弱性进行聚类，各类脆弱性的特征见表 3.6，分类结果如图 3.11 所示。最后利用判别分析筛选出北京市水资源脆弱性敏感因子，见表 3.7 和表 3.8。图 3.11 中横坐标表示年降水量，纵坐标表示历年水资源脆弱性值，标记表示脆弱性等级。

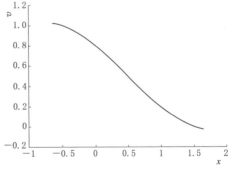

图 3.9 水资源脆弱性函数曲线

表 3.6 水资源脆弱性类别与特性

水资源脆弱性类别	特 性	水资源脆弱性类别	特 性
轻度脆弱	可以接受	强脆弱	比较严重
中度脆弱	处于边缘状态	极度脆弱	无法承受

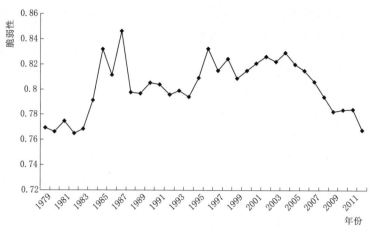

图 3.10　北京市 1979—2012 年的水资源脆弱性

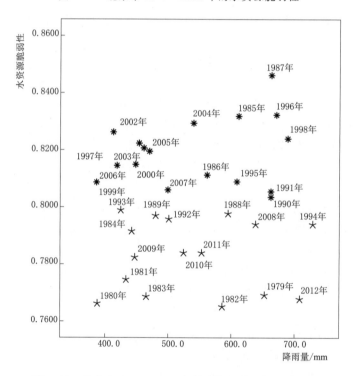

图 3.11　北京市 1979—2012 年的水资源脆弱性分类结果

＊—极度脆弱；✳—强脆弱

表 3.7　　　　　　　　　　逐步进入模型的变量方差分析结果

步骤	因子	容许度	移出的 F 值	Wilk's Lamda
1	水资源开发利用率	1.000	29.434	
2	水资源开发利用率	0.502	67.784	0.968
	污水处理率	0.502	19.140	0.449

表 3.8 各步模型外的变量方差分析结果

步骤	因 子	容许度	进入的 F 值	Wilk's Lamda
1	人均水资源量	1.000	5.660	0.809
	降水量	1.000	11.506	0.676
	污水处理率	1.000	0.803	0.968
	水资源开发利用率	1.000	29.434	0.449
	水资源满足程度	1.000	18.534	0.564
2	人均水资源量	0.232	10.467	0.309
	降水量	0.505	0.155	0.446
	污水处理率	0.502	19.140	0.245
	水资源满足程度	0.147	1.461	0.422
3	人均水资源量	0.140	0.198	0.243
	降水量	0.505	0.117	0.244
	水资源满足程度	0.145	0.320	0.242

由表 3.7 和表 3.8 可知，水资源开发利用率和污水处理率是影响水资源脆弱性的敏感因子。以水资源开发利用率和污水处理率的选择为例说明敏感因子的筛选过程，由表 3.8 第一步可知，水资源开发利用率的 F 值最大，大于模型默认的 3.84，且 Wilk's Lamda 值最小；再由表 3.7 第一步可知，水资源开发利用率移出的 F 值为 29.434，大于模型默认的 2.71，因此水资源开发利用率第一个进入模型。由表 3.8 第二步可知，水资源开发利用率进入模型后，污水处理率进入的 F 值最大，大于模型默认的 3.84，且 Wilk's Lamda 值最小；再由表 3.7 第二步可知，污水处理率移出的 F 值大于模型默认的 2.71，因此第二个进入模型的是污水处理率。同理可以分析得出其他三个变量没有被选择，即它们只是影响水资源脆弱性的一般因子。

由图 3.10 和图 3.11 可知，1979—2012 年北京市的水资源脆弱性值介于 0.77 和 0.85 之间，均为强脆弱或极度脆弱。不仅如此，1979—1987 年水资源脆弱性有增大的趋势，2004—2012 年水资源脆弱性有减小的趋势，水资源脆弱性在 1988—2004 年的波动比较小。由于水资源开发利用率和污水处理率是影响北京市水资源脆弱性的敏感因子（表 3.7 和表 3.8），而 1979—1987 年水资源开发利用率均较大，且污水处理率较低，均在 10% 左右，而且呈现下降的趋势，因此 1979—1987 年水资源脆弱性有增大的趋势。而 2004 年以来水资源开发利用率有降低的趋势，且污水处理率逐年增加，其中 2012 年已达到 83%，使得再生水利用量逐年增加，这在一定程度上扩大了北京市的水资源总量。而用水量有下降的趋势，这使得水资源开发利用率有所下降，因此 2004 年以后水资源脆弱性有下降的趋势。另一方面，水资源脆弱性是多种因素对水资源系统影响的综合表现，除了水资源开发利用率和污水处理率之外，其他因素如降水量、人均水资源量及水资源满足程度也会造成各年份水资源脆弱性的差异。需要强调的是，以上分析只能说明 1979—2012 年水资源脆弱性的趋势，并不能说明其他年份水资源脆弱性也遵循同样的规律。

以上分析说明模型的计算结果与实际情形是吻合的，可以付诸应用。

（2）不同情景下的水资源脆弱性评价。

1）情景设定。

将 1956—2007 年（52 年）的来水条件（不包括外调水和再生水）作为未来的可能来水资料，假设需水量不变，采用长序列逐月调算法进行水资源供需平衡分析，分别得出57 种来水条件下的年供水量和年需水量。

2）水资源脆弱性评价。

当不考虑利用外调水和再生水时，根据水资源供需平衡分析的数据计算 57 种来水条件下的脆弱性指标数据序列并进行标准化处理，代入式（3.12）求得系数矩阵的行列式为 -0.0017，因此式（3.12）有唯一解 $\bar{\omega}=(0.994514, -0.00143, 0.370181, -0.36895, 0.005688)$。根据式（3.9）可以确定参数 a 和 b 分别为 -0.37038 和 1.370383，解线性方程组（3.16）可得

$$\begin{bmatrix} \alpha \\ h \\ \beta \end{bmatrix} = \begin{bmatrix} -6.2349 \\ 1 \\ 0 \end{bmatrix} + \begin{bmatrix} 7.9201 \\ -2 \\ 1 \end{bmatrix} k \tag{3.19}$$

联立式（3.15）和式（3.19）求解可得 $0.787225 < k < 0.930837$，于是可取 k 为 0.93，进而可求得 $\beta = 0.93$，$\alpha = 1.130793$，$h = -0.86$，于是可得水资源脆弱性函数为

$$V = 0.376931(x - 0.5)^3 - 0.86x + 0.93 \tag{3.20}$$

由式（3.9）可得到 57 种来水条件下的水资源脆弱性投影向量数据序列，将其代入式（3.20）可得北京市在不同来水条件下的水资源脆弱性，结果如图 3.12 所示。

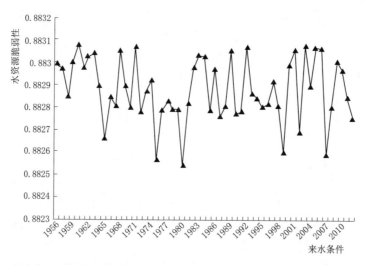

图 3.12 北京市在不同来水条件下的水资源脆弱性计算结果（不考虑外调水和再生水）

由图 3.12 可知，当不考虑外调水和再生水时，在 1956—2012 年的来水条件下水资源脆弱性值介于 0.882 和 0.883 之间，水资源均处于极度脆弱状态，而 1979—2012 年的水资源脆弱性介于 0.77 和 0.85 之间，均为强脆弱或极度脆弱，说明 2020 年的水资源脆弱性结果仍然保持了历年水资源的高度脆弱状态，与过去的计算结果相吻合。另一方面，随着北京人口和经济的快速增长，未来北京市用水量将会增加；而且北京面临水库储水量锐

减、地下水位持续快速下降等问题（Qian 等，2014），水资源的战略储备濒临枯竭，这些必然会导致水资源的极度脆弱状态。

假定未来外调水和再生水分别为 10.5 亿 m^3 和 10 亿 m^3，将相应数据代入式（3.9）、式（3.12）、式（3.15）和式（3.16），同理可得水资源脆弱性函数为

$$V = -0.00584(x-0.5)^3 - 0.46x + 0.73 \tag{3.21}$$

将利用外调水和再生水后的水资源脆弱性投影向量数据序列代入式（3.21），可得利用外调水和再生水后在不同来水条件下的水资源脆弱性，如图 3.13 所示。

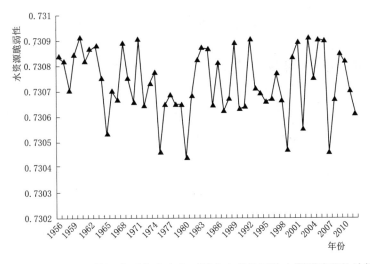

图 3.13　利用再生水和外调水后北京市在不同来水条件下的水资源脆弱性计算结果

由图 3.13 可知，利用再生水和南水北调水后，北京市在不同来水条件下的水资源脆弱性均在 0.73 左右，平均下降幅度仅有 17.2%，这是由于水资源脆弱性是水资源系统（承险体）在面对潜在危险时所表现出的特殊的性质或状态，是多种因素对水资源系统影响的综合表现（翁建武等，2013），包括降水量、人均水资源量、水资源满足程度、水资源开发利用率和污水处理率等，利用再生水和外调水后，虽然某些指标如水资源满足程度会增大、水资源开发利用率会减小，但降水量、人均水资源量及污水处理率并没有变化，因此再生水和外调水对水资源脆弱性的影响不大。

3. 结论

本书首次建立了基于降维思想的水资源脆弱性微分方程模型，该模型能定量模拟和刻画水资源脆弱性与指标之间的变化关系，主要建模步骤如下：

（1）对水资源脆弱性指标进行标准化处理和降维处理，构建拉格朗日函数求解指标的投影方向。

（2）根据水资源脆弱性的性质构建水资源脆弱性微分方程模型，并求解方程得到水资源脆弱性函数模型。

研究结果表明：①水资源开发利用率和污水处理率是影响北京市水资源脆弱性的敏感因子；②在 1956—2012 年的来水条件下，北京市水资源均处于极度脆弱状态，利用再生水和南水北调水后，北京市在不同来水条件下的水资源脆弱性均有所下降，但平均下降幅

度仅有 17%，说明再生水回用和南水北调工程并不能改变北京市水资源的强脆弱状态。

由于本书研究建立在对指标进行降维处理的基础上，而在数据处理过程中难免会丢失一些信息，另外 Uitto（1998）指出在风险分析中人们经常忽视了脆弱性的时变特性，即在脆弱性微分方程模型中要加入时间变量，这些问题有待于今后进一步研究。

3.1.4　改进投影指标函数

3.1.4.1　信息与熵

一个事件或消息的信息可以定义成这个事件发生概率的对数，表达式如下：

$$I = \log_2 p \tag{3.22}$$

而这个事件的熵是信息的相反数。熵是事件不确定性程度或无序程度的度量，获得的信息相当于失去同量的不确定性。因此，信息和熵绝对值相等，仅仅符号相反，单位均为 bits。由式（3.22）可知，$-\infty < I \leqslant 0$，$I = 0$ 表示没有获得信息，即没有失去不确定性。

随机试验的熵的定义如下：假定随机试验为 α 只有有限个不相容的结果 $A_1, A_2, \cdots, A_n$，对应的概率为 $p_1, p_2, \cdots, p_n$，则 $\sum\limits_{i=1}^{n} p_i = 1$。设评价 α 不确定性程度的量为 $H(\alpha)$，又称为试验 $H(\alpha)$ 的熵。它必依赖于 $p_1, p_2, \cdots, p_n$，即 $H(\alpha) = H(p_1, \cdots, p_n)$，且满足下列三个性质：①$H(p_1, \cdots, p_n)$ 为 $p_1, p_2, \cdots, p_n$ 的连续函数；②对于 n 个等概率的试验结果，$H(n)$ 应为 n 的单调递增函数；③将一个试验分成两个相继完成试验所产生的不确定性和这个试验的不确定性程度相同，以 $n = 3$ 为例，即

$$H(p_1, p_2, p_3) = H(p_1, p_2 + p_3) + (p_2 + p_3) H\left(\frac{p_1}{p_2 + p_3}, \frac{p_3}{p_2 + p_3}\right) \tag{3.23}$$

则 $H(\alpha)$ 有如下形式：

$$H(a) = H(p_1, \cdots, p_n) = -C \sum_{i=1}^{n} p_i \log p_i \tag{3.24}$$

式中 C 为正常数。随机试验的信息定义为

$$I = \sum_{i=1}^{n} p_i \log p_i \tag{3.25}$$

对于两个随机变量 X 和 Y，以离散信源为例，可以定义 XY 的联合分布熵为

$$I = -\sum_{x,y} p(x,y) \log \frac{1}{p(x,y)} \tag{3.26}$$

式中 $p(x, y)$ 为 X 和 Y 的联合分布率。如果 X 和 Y 相互独立，则

$$H(X, Y) = H(X) + H(Y) \tag{3.27}$$

式中 $H(X, Y)$ 为联合分布熵，$H(X)$ 和 $H(Y)$ 为边缘分布熵。条件分布熵定义如下：

$$H(X \mid Y) = \sum_y p(y) \left\{ \sum_x p(x \mid y) \log \left[\frac{1}{p(x \mid y)} \right] \right\}$$

$$= \sum_{x,y} p(x,y) \log \left[\frac{1}{p(x \mid y)} \right] \tag{3.28}$$

条件分布熵 $H(X \mid Y)$ 可以用来度量当随机变量 Y 确定时，随机变量 X 带来的平均不

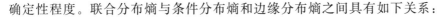

确定性程度。联合分布熵与条件分布熵和边缘分布熵之间具有如下关系：

$$H(X,Y)=H(X)+H(Y|X)=H(Y)+H(X|Y) \tag{3.29}$$

随机变量 X 和 Y 之间的交互信息 $I(X;Y)$ 度量了 X 传送给 Y 的信息量，也度量了由于 X 了解 Y 所减少的平均不确定性程度。$I(X;Y)$ 的表达式如下：

$$I(X;Y)=\sum_{x,y}p(x,y)\log\frac{p(x,y)}{p(x)p(y)} \tag{3.30}$$

3.1.4.2 最大熵指标

根据文献（Jones 和 Jones，2000），可以定义投影值的熵为

$$H(z)=-c\sum_{i=1}^{n}\left[\frac{z_i}{\sum\limits_{i=1}^{n}z_i}\right]\ln\left[\frac{z_i}{\sum\limits_{i=1}^{n}z_i}\right]$$

$$=-c\sum_{i=1}^{n}\left[\left(\frac{\sum\limits_{j=1}^{p}w_jx_{ij}}{\sum\limits_{i=1}^{n}\sum\limits_{j=1}^{p}w_jx_{ij}}\right)\cdot\ln\left(\frac{\sum\limits_{j=1}^{p}w_jx_{ij}}{\sum\limits_{i=1}^{n}\sum\limits_{j=1}^{p}w_jx_{ij}}\right)\right] \tag{3.31}$$

式中，c 为正实数。

根据熵和信息之间的关系，$H(z)$ 可以用来度量投影值的信息量。由于最大熵方法符合第一原理（吴乃龙和袁素云，1991），即求解过程获得的信息主要来自已知数据，人为"添加"信息最少。如果 $H(z)$ 达到最大，此时得到的参数是最优的。因此可以建立如下最优化模型：

$$\max Q(W)=-c\sum_{i=1}^{n}\left[\left(\frac{\sum\limits_{j=1}^{p}w_jx_{ij}}{\sum\limits_{i=1}^{n}\sum\limits_{j=1}^{p}w_jx_{ij}}\right)\ln\left(\frac{\sum\limits_{j=1}^{p}w_jx_{ij}}{\sum\limits_{i=1}^{n}\sum\limits_{j=1}^{p}w_jx_{ij}}\right)\right]$$

$$\text{s.t.}\quad g(W)=\sum_{j=1}^{p}w_j^2-1=0 \tag{3.32}$$

式中约束条件 $\|W\|=\sum\limits_{j=1}^{p}w_j^2=1$ 是为了保证投影向量 $W=(w_1,w_2,\cdots,w_p)$ 是一个单位向量。很容易看出式（3.32）属于一个条件极值问题，拉格朗日函数为 $L(W)=Q(W)+\lambda g(W)$，它关于 $w_i(i=1,2,\cdots,p)$ 的偏导为

$$\frac{\partial L}{\partial w_j}=\frac{\partial Q}{\partial w_j}+2\lambda w_j$$

$$=-c\sum_{i=1}^{n}\left\{\frac{x_{ij}\sum\limits_{i=1}^{n}\sum\limits_{j=1}^{p}w_jx_{ij}-\sum\limits_{j=1}^{p}w_jx_{ij}\sum\limits_{i=1}^{n}x_{ij}}{\left(\sum\limits_{i=1}^{n}\sum\limits_{j=1}^{p}w_jx_{ij}\right)^2}\left[\ln\left(\frac{\sum\limits_{j=1}^{p}w_jx_{ij}}{\sum\limits_{i=1}^{n}\sum\limits_{j=1}^{m}w_jx_{ij}}\right)+1\right]+\frac{2}{n}\lambda w_j\right\}$$

$$=0 \tag{3.33}$$

最优投影向量 $W=(w_1,w_2,\cdots,w_p)$ 通过求解方程式（3.33）即可获得：

$$\begin{cases} \dfrac{\partial L}{\partial \bar{\omega}_j} = -c \sum_{i=1}^{n} \left\{ \dfrac{x_{ij} \cdot \sum\limits_{i=1}^{n} \sum\limits_{j=1}^{p} w_j x_{ij} - \sum\limits_{j=1}^{p} w_j x_{ij} \cdot \sum\limits_{i=1}^{n} x_{ij}}{\left(\sum\limits_{i=1}^{n} \sum\limits_{j=1}^{p} w_j x_{ij} \right)^2} \cdot \left[\ln \left(\dfrac{\sum\limits_{j=1}^{p} w_j x_{ij}}{\sum\limits_{i=1}^{n} \sum\limits_{j=1}^{m} w_j x_{ij}} \right) + 1 \right] + \dfrac{2}{n} \lambda w_j \right\}, \\ j = 1, 2, \cdots, p \\ g(W) = \sum_{j=1}^{p} w_j^2 - 1 = 0 \end{cases}$$

$$(3.34)$$

采用遗传算法寻求式（3.32）的最优解，遗传算法是一种启发式算法，初始种群的优良至关重要。初始种群的生成原理如下：由于投影方向是一个单位向量，因此投影向量顶点处在 $p-1$ 维的超球面上，这个超球面是点的集合，可以将其视为解空间，将初始种群表示成 $p-1$ 维极坐标，并对适应度进行指数化处理扩大适应度差距，加快收敛速度。由于式（3.32）中函数为对数函数，为了保证对数函数的真数为正数，只寻找投影方向在 $\left(0, \dfrac{\pi}{2} \right)$ 内的最优解。

3.1.4.3　信息熵指标

根据 3.1.4.2 节的分析，如果投影方向使得从原始高维数据中提取的信息量达到最大，那么此时获得的投影方向必然是最优的。现在问题转化为如何定量表示原始高维数据的信息量。

将样本矩阵看成是 p 维随机变量 $x_1, x_2, \cdots, x_p$ 经过多次观测得到的样本，设其联合概率密度函数为 $g(x_1, x_2, \cdots, x_p)$，可以利用非参数核估计方法估计投影值变量的概率密度函数，设其为 $f(z)$。根据 3.1.4.2 节中联合分布熵的定义可知：

$$H(x_1, x_2, \cdots, x_p) = \sum_{i=1}^{k} g(x_{1i}, x_{2i}, \cdots, x_{pi}) \Delta v \ln \left[\frac{1}{g(x_{1i}, x_{2i}, \cdots, x_{pi}) \Delta v} \right] \quad (3.35)$$

式中，Δv 是对自变量定义域空间进行离散之后小格子的体积，k 是空间格子数，且 $k = \dfrac{2^p}{\Delta v}$。而式（3.35）等价于

$$H(x_1, x_2, \cdots, x_p) = \sum_{i=1}^{k_1} \sum_{j=1}^{k_2} g(x_{1ij}, x_{2ij}, \cdots, x_{pij}) \Delta v \ln \left[\frac{1}{g(x_{1ij}, x_{2ij}, \cdots, x_{pij}) \Delta v} \right] \quad (3.36)$$

其中

$$k_1 k_2 = \frac{2^p}{\Delta v}$$

对式（3.36）进行简化，得到

$$\begin{aligned} H(x_1, x_2, \cdots, x_p) &= \sum_{i=1}^{k_1} f(z_i) \Delta z \ln \left(\frac{1}{g(x_{1i}, x_{2i}, \cdots, x_{pi}) \Delta v} \right) \\ &= \sum_{i=1}^{k_1} f(z_i) \Delta z \ln \left(\frac{S(z_i)}{f(z_i) \Delta v} \right) \end{aligned} \quad (3.37)$$

进一步化简可得

$$H(x_1, x_2, \cdots, x_p) = \sum_{i=1}^{k_1} f(z_i) \Delta z \ln\left(\frac{S(z_i)\Delta z}{\Delta v}\right) + \sum_{i=1}^{k_1} f(z_i) \Delta z \ln\left(\frac{1}{f(z_i)\Delta z}\right) \quad (3.38)$$

其中

$$\Delta z = \frac{l}{k_1}$$

式中：$S(z_i)$ 为垂直于投影向量且过点 $(z_i w_1, z_i w_2, \cdots, z_i w_p)$ 的 $p-1$ 维泛平面的测度；l 为 $f(z)$ 正概区间的长度。

在无法获得任何信息的情况下，可以认为 p 维随机变量 $x_1, x_2, \cdots, x_p$ 服从均匀分布，于是可得

$$H_{\max} = \sum_{i=1}^{k} \frac{\Delta v_i}{2^p} \ln\left(\frac{2^p}{\Delta v_i}\right) \quad (3.39)$$

根据 shannon 信息量的定义可得投影过程所提取的信息量为

$$I(W) = \Delta H = \sum_{i=1}^{k} \frac{\Delta v_i}{2^p} \ln\left(\frac{2^p}{\Delta v_i}\right) - \sum_{i=1}^{k_1} f(z_i) \Delta z \ln\left[\frac{S(z_i)\Delta z}{\Delta v}\right] - \sum_{i=1}^{k_1} f(z_i) \Delta z \ln\left[\frac{1}{f(z_i)\Delta z}\right]$$

$$(3.40)$$

ΔH 越大，表示投影过程所提取的信息量越大，此时对应的投影方向应是最优的。于是可建立如下最优化模型求解最佳投影方向：

$$\max I(W) = \sum_{i=1}^{k} \frac{\Delta v_i}{2^p} \ln\left(\frac{2^p}{\Delta v_i}\right) - \sum_{i=1}^{k_1} f(z_i) \Delta z \ln\left[\frac{S(z_i)\Delta z}{\Delta v}\right] - \sum_{i=1}^{k_1} f(z_i) \Delta z \ln\left[\frac{1}{f(z_i)\Delta z}\right]$$

$$\text{s. t. } g(W) = \sum_{j=1}^{p} w_j^2 - 1 = 0 \quad (3.41)$$

式中 $S(z_i)$ 的计算原理如下：

设 p 维空间中边长为 2 的正方体各个棱的方向向量为

$$\begin{bmatrix} 1 & 0 & \cdots & 0 \\ 0 & 1 & \cdots & 0 \\ \vdots & \vdots & \ddots & \vdots \\ 0 & 0 & 0 & 1 \end{bmatrix}_{p \times p}$$

根据顶点坐标和棱的方向向量可以得到 2^p 个直线方程，设泛平面过点 $(z_i w_1, z_i w_2, \cdots, z_i w_p)$，该泛平面的法向量为 $V = (w_1, w_2, \cdots, w_p)^T$，可得该泛平面方程为

$$\sum_{j=1}^{p} w_j(x_j - z_i w_j) = 0 \quad (3.42)$$

该泛平面与正方体各个棱相交，记交点为 $C_1, C_2, \cdots, C_2^p$，它们与点 $(z_i w_1, z_i w_2, \cdots, z_i w_p)$ 构成了 2^p 个向量，每个向量有 $p-1$ 个分量，将这些向量组合记为矩阵 Q，则 $r(Q) = p-1$ 且 $QX = C_k$ 的解向量 X_k 满足 $\min(X_k) \leqslant 0$。对每个满足上述两个条件的组合进行向量组的叉乘，再对叉乘结果进行累加可得 $S(z_i)$。

3.1.5 洪水灾害损失评价

3.1.5.1 数据来源

根据蒋金才和季新菊（1996）总结的河南省洪水灾情等级标准，随机产生 23 个样本

点，见表 3.9 中的序号 1～23，数据产生过程详见金菊良等（2002）的研究，表 3.10 是河南省 1950—1990 年 41 年中实际发生的 9 次大的洪灾损失资料（蒋金才和季新菊，1996）。

表 3.9　　　　　　　　　　　　　　　河南省洪灾损失模拟数据

序号	成灾面积/hm²	直接经济损失/亿元	风险等级经验值	序号	成灾面积/hm²	直接经济损失/亿元	风险等级经验值
1	38.7	7.9	1	13	259.1	76.1	3
2	38.5	7.8	1	14	200.1	54.4	3
3	32.1	6.5	1	15	280.1	83.8	3
4	24.2	4.9	1	16	236.1	67.6	3
5	36.4	7.4	1	17	157.3	38.6	3
6	46.7	9.5	1.5	18	283.3	85	3.5
7	97.6	21.7	2	19	556.9	167.1	4
8	60.4	12.8	2	20	649.5	194.9	4
9	112.6	25.2	2	21	602.3	180.7	4
10	56.2	11.8	2	22	446.5	134	4
11	80.6	17.6	2	23	694.9	208.5	4
12	136.7	31	2.5				

表 3.10　　　　　　　　　　　　　　　河南省实际洪灾损失数据

年份	成灾面积/hm²	直接经济损失/亿元	风险等级经验值	年份	成灾面积/hm²	直接经济损失/亿元	风险等级经验值
1950	72.92	9.9	2	1964	301.24	47.836	3
1954	148.13	20.656	2	1975	141.97	116.439	3
1956	203.92	27.521	3	1982	279.84	121.127	4
1957	179.1	24.858	3	1984	172.06	51.619	3
1963	375.46	94.927	4				

3.1.5.2　结果与分析

1. 最佳投影方向估计

根据表 3.10，成灾面积和直接经济损失为效益型指标，指标预处理公式为

$$b_{ij} = \frac{a_{ij} - \min_i\{a_{ij}\}}{\max_i\{a_{ij}\} - \min_i\{a_{ij}\}} \tag{3.43}$$

式中：a_{ij} 为原始指标值；b_{ij} 为处理后的指标值。将处理后的指标序列代入式（3.34）获得最佳投影方向，并且对改进投影寻踪模型与金菊良等（2002）提出的投影寻踪模型计算的投影方向进行比较。需要强调的是：为比较采用最大熵和标准差作为投影指标函数的差别，投影寻踪模型中的投影指数函数仅考虑了投影值的标准差，未考虑投影值和风险经验值的相关系数，而金菊良等（2002）考虑了相关系数。最佳投影方向结果见表 3.11，投影

值结果如图 3.14 所示。

由图 3.14 可知，改进投影寻踪模型计算的投影值和风险等级经验值的变化趋势更加吻合，而投影寻踪模型的投影值在某些点的变化比较剧烈，如第 19、20、21、22 和第 23 个样本点。由表 3.11 可知，改进投影寻踪模型计算的最佳投影方向中，承灾面积

表 3.11　两种模型计算的最佳投影方向和投影指标函数的最大值

模　型	最佳投影方向	
	成灾面积	直接经济损失
改进投影寻踪	0.9622	0.2724
投影寻踪	0.7124	0.7018

明显大于直接经济损失，说明承灾面积对洪灾风险等级影响的程度大于直接经济损失指标的影响程度，而投影寻踪模型计算的这两个指标的投影方向值相近。

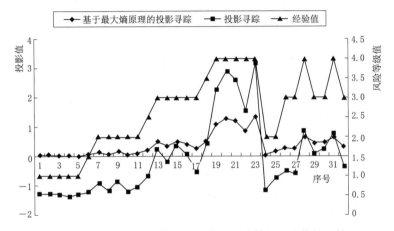

图 3.14　两种模型计算的投影值和风险等级经验值的比较

2. 参数估计和模型检验

以表 3.10 中序号 1~23 的样本点为参数估计的样本，将表 3.10 中 1950—1990 年 41 年中实际发生的 9 次大的洪灾损失资料作为检验样本。由于本例中提供了风险等级经验值，故将这 23 个样本点的投影值和风险等级经验值代入 S 型风险等级函数模型，以误差最小为目标构建参数的优化模型可以得到参数 a 和 b 分别为 -0.5487 和 0.8370，将表 3.10 中 1950—1990 年 41 年中实际发生的 9 次大的洪灾损失资料的投影值及参数 a 和 b 代入 S 型模型，计算这 9 次洪灾风险等级的计算值，如图 3.15 所示。金菊良等（2002）提出基于投影寻踪的 Logistic 风险评价模型，同理可以计算出投影寻踪模型的参数分别为 -1.2929 和 1.5127，计算这 9 次洪灾风险等级的计算值，如图 3.15 所示。分别计算两种模型的平均绝对误差、平均相对误差和均方误差，见表 3.12。

表 3.12　两种模型误差的比较

模　型	平均绝对误差	平均相对误差	均方误差
改进投影寻踪	0.3114	0.1107	0.3472
投影寻踪	0.3413	0.1191	0.3789

由图 3.15 和表 3.12 可知，改进投影寻踪模型计算的风险等级值与经验值更加吻合，三种误差值均小于投影寻踪模型的值，评价效果更好。进一步观察可以发现，改进模型的

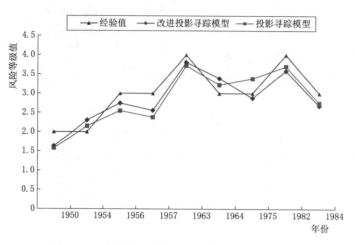

图 3.15　两种模型计算的洪灾风险等级值的比较

平均误差和均方误差均大于 0.3，这是因为经验等级值均为一些离散的值，为 1、1.5、2、2.5、3、3.5 和 4，精度较粗，而改进模型和投影寻踪模型均得到了连续的洪灾风险等级值，分辨率较高，这使得平均标准误差和均方差较大，以此作为评价标准不够全面。因此，参考平均相对误差更加合理，改进模型的相对误差约为 0.11，准确率达到 89%。总的来说，与投影寻踪模型相比，改进模型的三种误差值分别减少了 8.8%、7.0% 和 8.4%，改进幅度虽然不大，但评价效果和精度优于投影寻踪模型。

3.2　数　据　包　络　分　析

3.2.1　理论

数据包络分析法（DEA）是 1978 年美国运筹学家 Charnes、Coope 以及 Rhodes 等人提出来的，是以相对效率概念为基础，根据多指标投入和多指标产出，对同类型的部门或单位（称为决策单元 DMU）进行相对有效性或效益评价的非参数分析法（魏权龄，2004）。在水资源利用效率评价中，当某些数据不易于直接获得，尤其是评价对象结构较为复杂时，DEA 法便显示出其优势。利用 DEA 模型可以得到一些相对性的结果，有利于具有相同类型的部门（或单位）之间进行对比，同时也可以对同一部门不同时间段进行对比与评价。

数据包络分析是评价同类部门或单位间的相对有效性的有用的决策方法，可用于各个行业（魏权龄，2004）。使用有效性评价方法，不仅能对每个决策单元相对效率进行综合评价，而且可以得到许多在经济学中具有深刻经济含义和背景的管理信息，用于指导决策单元输入、输出指标的改进和修正。分析是纯技术性的，相对有效性评价结果与输入、输出指标的量纲选取无关。

DEA 效率评价思路如图 3.16 所示（吴文江，2002），有五个决策单元 A～E，每个决策单元投入两种资源 x_1 和 x_2 进行生产活动，相应的输出为 y。由图可见，DMU E 是技术无效的单元，其他决策单元都是有效的，且处于生产前沿面（包络面）上；该生产前沿是一系列的分线段组成的等产量线的组合，使得观测点均位于面的上方。

对于无效决策单元 E 来说，在前沿面上对应的决策单元为 D，显然可以表示为 B 和 C 的线性组合；而用 D 点的投入也可以生产出不少于 E 的产出，这说明了 E 使用了过多的资源；相对于 D 来说，E 是无效的，而 D 是技术有效的。此时，E 的效率为 $\dfrac{OD}{OE}$，当 $\dfrac{OD}{OE}=1$ 时，

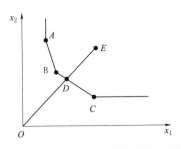

图 3.16　数据包络分析的评价思路

$DUM\ E$ 是有效的；否则是无效的。DEA 正是基于这一思想，通过观测数据构造线性规划模型，求出各个决策单元的相对效率。当决策单元处于包络面上时，效率值为 1。

3.2.2　水资源利用效率评价

3.2.2.1　水资源利用效率影响因素分析

1. 水资源禀赋差异

区域水资源存在自然形成的差异，也受经济社会发展的影响。根据水利部对用水资源紧缺指标的划分标准，我国区域人均水资源量在 $3000\mathrm{m}^3$ 以上至 $500\mathrm{m}^3$ 以下不等，区域水资源禀赋存在巨大差异（刘恒等，2003）。北京人均水资源量在 $500\mathrm{m}^3$ 以下，属于极度缺水地区。根据 logistic 曲线，水资源开发利用率在经济增长过程中经历增速到减速，最后收敛到一个极值。E_1 为第一阶段和第二阶段的临界点，它是低水平稳定值；E_2 为第二阶段和第三阶段的临界点，为高水平稳定值。在欠发达地区水资源开发利用程度处于第一阶段；在中等发达地区水资源开发利用程度处于第二阶段；在发达地区水资源开发利用程度处于第三阶段或第二阶段后期（叶慧等，2004）。

2. 产业结构对水资源利用效率的影响

北京市农业是用水大户，在 20 世纪 80 年代农业用水比例一度达到 60% 以上，随着产业结构的调整，农业用水比例不断下降，但是其用水比例仍是最高的，直到 2005 年，生活用水比例首次超过了农业用水比例，即便如此，到 2008 年农业用水比例仍然占到 37% 以上。而农业水资源利用效率要低于第二、三产业的水资源用水效率。随着产业结构由劳动密集型向知识密集型转移，20 世纪 90 年代末工业用水比例开始下降。工业用水中除了电力热力生产供应业和水的生产供应业之外，黑色金属冶炼及压延加工业、化学原料及化学制品、非金属矿物制造业、饮料制造业和交通设备制造业用水量占到 60% 以上。缺水地区应尽量调整这些产业结构。

3. 水价对水资源利用效率的影响

国内许多学者认为水价上调有益于抑制用水需求。如贾绍凤和康德勇（2000）运用水资源需求与水价的关系模型，分析了提高水价对华北地区水资源的影响，认为水价的大幅度提高将使水资源需求减少 25%～50%，达到 132 亿～250 亿 m^3，具有很大的节水潜能。蒋建勇和余建斌（2003）在水资源可持续发展水价的基础上，运用微观经济学原理，建立并分析了水价弹性叙述的数学模型，给出了合理的经济学解释，以慈溪市为例分析了提高

水价对水资源需求量的抑制作用，阐明了提高水价对节水的巨大潜能。

3.2.2.2 评价指标体系的建立

DEA 方法利用输入输出数据建立评价指标，其指标的建立过程既要避免交叉性，也要考虑数据的易获取性。依据 DEA 模型的原理和数据的易获得性，参考《中国水资源利用效率评价报告》（许新宜等，2010）中水资源利用效率评价指标体系，结合本书评价区域特点对第一、二、三产业建立评价指标，每个产业指标分为输入指标和输出指标。其中第一产业的输入指标包括第一产业新水用水比例、农业亩均用水量、有效灌溉面积率；输出指标包括每立方米新水第一产业产值、每立方米新水农业产值。第二、三产业的输入指标包括行业用水百分比、新水直接用水（完全用水）系数；输出指标包括每立方米用水产值、污水直排（完全排放）系数。北京市水资源利用效率指标体系如图 3.17 所示。

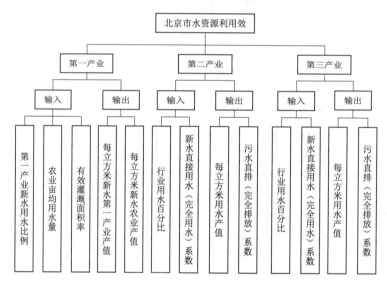

图 3.17　水资源利用效率评价指标体系

直接用水系数表示各部门在生产一单位产品的过程中所投入的自然形态的水资源量。在直接用水系数中仅考虑了以自然形态投入的水的数量，但实际上任何部门生产一单位产品所引发的对水资源的需求量都会大于直接用水系数，差别就在于在产品的生产过程中还需要一定数量各部门的产品作为中间投入，而这些产品在其生产过程中也都需要使用水，这一部分水资源的使用虽然发生在其他部门，但却是为满足该部门对中间投入的需求而产生的，所以也应计入该部门对水资源的总使用中。这一部分用水称为间接用水，直接用水和间接用水合计即是完全用水（许健等，2002）。本书将利用直接用水系数计算出的水资源利用效率称为直接效率，利用完全用水系数计算出的水资源利用效率称为完全效率。

3.2.2.3 评价模型的建立

1. 评价模型建立过程

基于 DEA 的基本原理，建立以下模型：

（1）评价综合效率的 CCR 模型。

$$
\begin{cases}
\min\theta \text{ s. t.}\\
\sum_{j=1}^{n} x_j\lambda_j + s^- = \theta x_0\\
\sum_{j=1}^{n} y_j\lambda_j - s^+ = y_0\\
\lambda_j \geqslant 0, \quad j=1,2,\cdots,n\\
s^- \geqslant 0, \quad s^+ \geqslant 0
\end{cases}
\tag{3.44}
$$

上式的最优解为 λ^0、θ^0、s^{0+}、s^{0-}。

若 $\theta^0=1$，则决策单元 j_0 为弱 DEA 有效；若 $\theta^0=1$，且 $s^{0+}=s^{0-}=0$，则决策单元 j_0 为 DEA 有效。若 $\sum_{j=1}^{n}\lambda_j^0=1$，则该 DMU 的规模效率不变；若 $\sum_{j=1}^{n}\lambda_j^0<1$，则该 DMU 的规模效率递增；若 $\sum_{j=1}^{n}\lambda_j^0>1$，则该 DMU 的规模效率递减。

（2）评价技术效率的 C^2GS^2 模型。

$$
\begin{cases}
\min[\sigma - \varepsilon(\hat{e}^{\mathrm{T}}s^- + e^{\mathrm{T}}s^+)] \text{ s. t.}\\
\sum_{j=1}^{n} x_j\lambda_j + s^- = \sigma x_0\\
\sum_{j=1}^{n} y_j\lambda_j - s^+ = y_0\\
\sum_{j=1}^{n} \lambda_j = 1\\
\lambda_j \geqslant 0, \quad j=1,2,\cdots,n\\
s^- \geqslant 0, \quad s^+ \geqslant 0
\end{cases}
\tag{3.45}
$$

若 $\sigma^0=1$，则决策单元 j_0 为弱 DEA 有效（C^2GS^2 纯技术）；若 $\sigma^0=1$，且 $s^{0+}=s^{0-}=0$，则决策单元 j_0 为 DEA 有效。

（3）评价规模效率模型。

$$
s^0 = \frac{\theta^0}{\sigma^0}
\tag{3.46}
$$

式中：θ^0 为综合效率；σ^0 为纯技术效率。

若 $s^0=1$，即 DMU 为最优规模状态；若 $s^0 \neq 1$，即 DMU 尚未最优规模状态，需要进行改进。

松弛变量 s^- 和 s^+ 的值可用来解释非有效决策单元水资源利用效率水平低下的原因，它表明这些非有效决策单元在水资源利用过程中存在着哪些输入过剩和输出不足。λ^* 是 n 个 DMU 的组合系数，其经济学含义是：对于每一个地区都可以对其构造一个新的投入产出组合（DMU），这个新的投入产出组合是以 λ 表示的其他地区（DMU）水资源利用投入（产出）的线性组合，新的 DMU 可以在不减少各项输出的前提下，将其输入减少一定的比例，从而提高投入产出比率，提高效率。100% 的效率是指：①在现有的输入条件下，任何一种输出都无法增加，除非同时降低其他种类的输出；②要达到现有的输出，任何一种输入都无法降低，除非同时增加其他种类的输入。一个决策单元达到了 100% 的效率，该决策单元就是有效的。

2. 计算结果

根据水资源利用效率指标体系和综合效率、技术效率和规模效率评价模型，计算出第一产业各年水资源利用效率值，第二、三产业各代表年各行业的水资源利用直接效率值和完全效率值。直接效率和完全效率分别包括综合效率值、技术效率值和规模效率值。水资源利用效率具体计算结果详见表 3.13～表 3.17。

（1）第一产业计算结果见表 3.13。

表 3.13　　　　　　　　　　第一产业水资源利用效率计算结果

年份	综合效率/技术效率/规模效率	年份	综合效率/技术效率/规模效率	年份	综合效率/技术效率/规模效率
1990	0.1622/0.7784/0.2084	1997	0.3471/0.7734/0.4487	2004	0.5903/0.8316/0.7098
1991	0.1551/0.7419/0.2091	1998	0.4542/0.8434/0.5385	2005	0.6588/0.8619/0.7644
1992	0.2151/0.8405/0.2559	1999	0.3407/0.7507/0.4539	2006	0.6870/0.8969/0.7660
1993	0.2248/0.8175/0.2750	2000	0.5743/0.7923/0.7249	2007	0.8382/0.9637/0.8697
1994	0.2656/0.7870/0.3375	2001	0.4975/0.7369/0.6751	2008	1.0000/1.0000/1.0000
1995	0.3513/0.8352/0.4206	2002	0.3729/0.7294/0.5112		
1996	0.3280/0.7439/0.4409	2003	0.4760/0.8054/0.5910		

（2）第二产业计算结果见表 3.14 和表 3.15。

表 3.14　　　　　　　　第二产业各行业水资源利用直接效率计算结果

行　业	综合效率/技术/规模			
	1990 年	1997 年	2000 年	2002 年
煤炭采选业	0.0426/0.1320/0.3227	0.0786/0.1504/0.5228	0.2565/0.3838/0.6684	0.5393/0.6184/0.8721
金属矿采选业	0.0077/0.0662/0.1169	0.0273/0.1701/0.1604	0.0423/0.2514/0.1683	0.0805/1.0000/0.0805
食品制造业	0.0078/0.0296/0.2639	0.0139/0.0632/0.2199	0.0667/0.0893/0.7469	0.1016/0.1137/0.8936
纺织业	0.0085/0.0295/0.2893	0.0075/0.0389/0.1934	0.0322/0.0571/0.5648	0.1220/0.1365/0.8938
服装皮革制品业	0.0259/0.1543/0.1681	0.0522/0.2247/0.2325	0.1507/0.2351/0.6409	0.5071/0.5302/0.9564
木材加工及家具制造业	0.0844/0.1188/0.7101	0.1457/0.2135/0.6825	0.2678/0.5384/0.4975	1.0000/1.0000/1.0000
造纸印刷及文教用品制造业	0.0061/0.0250/0.2433	0.0290/0.0545/0.5327	0.0775/0.1199/0.6464	0.1703/0.2252/0.7562
化学工业	0.0019/0.0155/0.1218	0.0051/0.0257/0.1991	0.0250/0.0549/0.4547	0.0910/0.0958/0.9499
非金属矿物制品业	0.0033/0.0179/0.1823	0.0014/0.0399/0.0363	0.0285/0.0582/0.4900	0.0977/0.1041/0.9385
金属冶炼及压延加工业	0.0029/0.0179/0.1594	0.0047/0.0245/0.1933	0.0074/0.0306/0.2415	0.0576/0.0615/0.9366
金属制品业	0.0330/0.0547/0.0604	0.0724/0.1568/0.4620	0.1570/0.2594/0.6051	0.5268/0.6380/0.8257
机械工业	0.0316/0.0580/0.6035	0.0410/0.1156/0.3548	0.1338/0.2105/0.6358	0.1992/0.2281/0.8733
交通运输设备制造业	0.0953/0.1019/0.5454	0.0961/0.2084/0.4610	0.1083/0.1252/0.8647	0.1926/0.2235/0.8617

行 业	综合效率/技术/规模			
	1990 年	1997 年	2000 年	2002 年
电气机械及器材制造业	0.0925/0.0936/0.9356	0.1627/0.2492/0.6527	0.2456/0.5810/0.4228	0.4097/0.5181/0.7908
电子通信设备制造业	0.1130/0.1344/0.9882	0.3919/0.7898/0.4962	1.0000/1.0000/1.0000	1.0000/1.0000/1.0000
仪器仪表计量器具制造业	0.1061/0.2300/0.4615	0.2846/0.7523/0.3783	0.3924/0.4264/0.9204	0.5360/0.7704/0.6957
电力热力生产供应业	0.0000/0.0026/0.0000	0.0000/0.0028/0.0009	0.0000/0.0027/0.0007	0.0044/0.0063/0.6984

表 3.15　　　　　第二产业各行业水资源利用完全效率计算结果

行 业	综合效率/技术/规模			
	1990 年	1997 年	2000 年	2002 年
煤炭采选业	0.0218/0.1553/0.1402	0.0958/0.2683/0.3571	0.2209/0.4587/0.4815	0.7396/0.8759/0.8443
金属矿采选业	0.0098/0.0998/0.0979	0.0514/0.2390/0.2151	0.1088/0.3481/0.3127	1.0000/1.0000/1.0000
食品制造业	0.0000/0.0155/0.0000	0.0011/0.0296/0.0383	0.0024/0.0358/0.0673	0.0076/0.0533/0.1431
纺织业	0.0007/0.0279/0.0266	0.0046/0.0499/0.0930	0.0090/0.0686/0.1306	0.0187/0.0931/0.2004
服装皮革制品业	0.0006/0.0586/0.0096	0.0535/0.1956/0.2735	0.0540/0.1931/0.2798	0.1830/0.3845/0.4759
木材加工及家具制造业	0.0103/0.1121/0.0919	0.1880/0.3847/0.4888	0.4840/0.6570/0.7366	1.0000/1.0000/1.0000
造纸印刷机文教用品制造业	0.0015/0.0313/0.0490	0.0334/0.1130/0.2955	0.0786/0.1819/0.4322	0.1527/0.2638/0.5789
化学工业	0.0005/0.0150/0.0312	0.0051/0.0349/0.1472	0.0180/0.0647/0.2781	0.0309/0.0832/0.3717
非金属矿物制品业	0.0009/0.0275/0.0318	0.0156/0.0734/0.2131	0.0272/0.0939/0.2893	0.0535/0.1325/0.4038
金属冶炼及压延加工业	0.0008/0.0206/0.0396	0.0052/0.0374/0.1381	0.0093/0.0489/0.1895	0.0162/0.0689/0.2350
金属制品业	0.0013/0.0425/0.0317	0.0620/0.1663/0.3726	0.1011/0.2219/0.4556	0.2360/0.3770/0.6259
机械工业	0.0011/0.0346/0.0322	0.0473/0.1351/0.3503	0.1462/0.2501/0.5843	0.1373/0.2260/0.6074
交通运输设备制造业	0.0019/0.0504/0.0368	0.0607/0.1642/0.3695	0.0620/0.1554/0.3991	0.1119/0.2046/0.5471
电气机械及器材制造业	0.0022/0.0669/0.0332	0.1351/0.3062/0.4413	0.4852/0.5884/0.8246	0.3475/0.4550/0.7637
电子通信设备制造业	0.0068/0.0835/0.0818	0.3157/0.4328/0.7295	1.0000/1.0000/1.0000	1.0000/1.0000/1.0000
仪器仪表计量器具制造	0.0074/0.1214/0.0612	1.0000/1.0000/1.0000	1.0000/1.0000/1.0000	1.0000/1.0000/1.0000
电力热力生产供应业	0.0000/0.0083/0.0053	0.0002/0.0109/0.0197	0.0002/0.0093/0.0174	0.0003/0.0101/0.0254

（3）第三产业计算结果见表 3.16 和表 3.17。

表 3.16　　　　　　　　1990 年第三产业各行业水资源利用效率计算结果

行　业	综合效率/技术/规模	
	直接效率	完全效率
货运邮电业	0.0053/0.0810/0.0653	0.0420/0.2049/0.2049
商业	0.0105/0.1022/0.1022	0.1145/0.3384/0.3384
饮食业	0.0733/0.5723/0.1280	0.0861/0.5723/0.1505
旅客运输业	0.0272/0.2331/0.1169	0.0212/0.2331/0.0911
金融保险业	1.0000/1.0000/1.0000	1.0000/1.0000/1.0000

表 3.17　　　　　　　　2002 年第三产业各行业水资源利用效率计算结果

行　业	综合效率/技术/规模	
	直接效率	完全效率
交通运输及仓储业	0.0607/0.2485/0.2441	0.0744/0.2728/0.2728
邮政业	0.1541/0.4044/0.3811	0.2289/0.5022/0.4559
信息传输计算机服务和软件业	1.0000/1.0000/1.0000	0.3385/0.5818/0.5818
批发和零售贸易业	1.0000/1.0000/1.0000	1.0000/1.0000/1.0000
住宿和餐饮业	0.0595/0.2460/0.2419	0.0439/0.2094/0.2094
金融保险业	0.0861/0.2933/0.2933	0.2899/0.5385/0.5385
房地产业	0.1348/0.3689/0.3655	0.1652/0.4064/0.4064
租赁和商务服务业	0.5915/0.7691/0.7691	0.8710/0.9333/0.9333
旅游业	1.0000/1.0000/1.0000	1.0000/1.0000/1.0000

3.2.2.4　评价结果分析

1. 效率分析

（1）第一产业水资源利用效率评价结果分析。

根据水资源利用效率 DEA 模型计算结果对 1990—2008 年北京市第一产业水资源利用效率进行对比分析，第一产业水资源利用效率变化趋势如图 3.18 所示。

从图 3.18 可以看出，北京市第一产业水资源利用综合效率、技术效率和规模效率呈现稳步提高的趋势，尤其是近些年效率提高幅度增大，这与北京市降低农业规模和农业节水技术水平提高有很大关系。

表 3.18 反映出了第一产业投入和产出中需要改进的地方。从近两年水资源利用效率投入产出松弛变量看，在投入方面第一产业新水用水比例和农业亩均用水量过剩，在产出方面每立方米新水第一产业产值还可以进一步优化。第一产业 2008 年 $\theta^0 = 1$，且 $s^{o+} = s^{0-} = 0$，则决策单元为 DEA 有效。

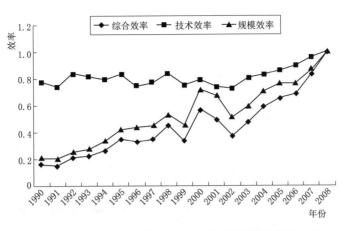

图 3.18 1990—2008 年第一产业水资源利用效率变化趋势

表 3.18 第一产业水资源利用效率值及投入和产出松弛变量

年份	θ^0	排序	s_1^-	s_2^-	s_3^-	s_1^+	s_2^+
1990	0.1622	18	0	2.4315	1.4596	0	0.4310
1991	0.1551	19	0	3.2388	0.7968	0	0.4872
1992	0.2151	17	0	1.7365	2.5622	0	0.5651
1993	0.2248	16	0	3.1517	2.3081	0	0.4249
1994	0.2656	15	0	3.8848	2.0911	0	0.1384
1995	0.3513	11	0	5.4024	3.7163	0.1960	0
1996	0.3280	14	0	4.2092	1.1807	0.2137	0
1997	0.3471	12	0	0.7700	0.2165	0.0475	0
1998	0.4542	9	0	0	2.3063	0.0749	0
1999	0.3407	13	0	1.4935	0.5075	0.0950	0
2000	0.5743	6	0	0	0	0	1.7961
2001	0.4975	7	0	0	0.8594	0	0
2002	0.3729	10	0	8.4654	0.8476	0	0.0530
2003	0.4760	8	0.0264	11.4703	0	0	0.7945
2004	0.5903	5	0.0463	6.4181	0	0	1.4128
2005	0.6588	4	0.0606	5.8788	0	0	1.2762
2006	0.6870	3	0.0629	3.8035	0	0.3327	0
2007	0.8382	2	0.0931	2.3611	0	0.0199	0
2008	1	1	0	0	0	0	0

（2）第二产业水资源利用效率评价结果分析。

第二产业各行业水资源利用效率分为直接效率和完全效率，评价结果如图 3.19 和图 3.20 所示。

由图 3.19 和图 3.20 可知，1990 年、1997 年、2000 年和 2002 年四年各个行业水资

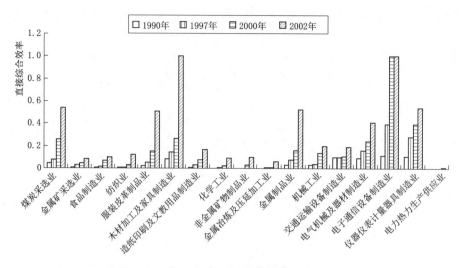

图 3.19　第二产业水资源利用直接综合效率

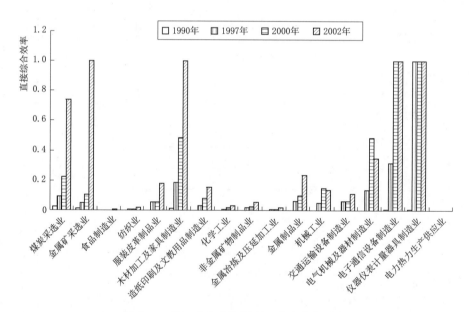

图 3.20　第二产业水资源利用完全综合效率

源利用直接效率和完全效率基本呈现逐渐提高的趋势。水资源利用直接效率中电子通信设备制造业和木材加工及家具制造业效率较高，电力热力生产供应业、金属制品业、非金属矿物制品业、化学工业、食品制造业和纺织业水资源直接效率都很低。下面对 2002 年各行业水资源利用效率进行详细的分析，结果如图 3.21 和图 3.22 所示。

从图 3.21 和图 3.22 可以看出，2002 年各行业水资源利用直接效率中金属矿选业、木材加工及家具制造业和电子通信设备制造业技术效率最高，达到 1.0；电力热力生产供应业、金属冶炼及压延加工业、非金属矿物制品业、金属矿采选业、化学工业、食品制造业和纺织业技术效率都很低；各个行业规模效率除了金属矿选业效率较低外，其他行业都

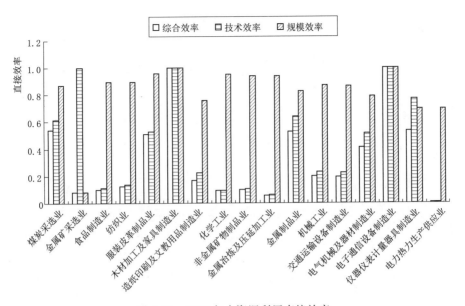

图 3.21 2002 年水资源利用直接效率

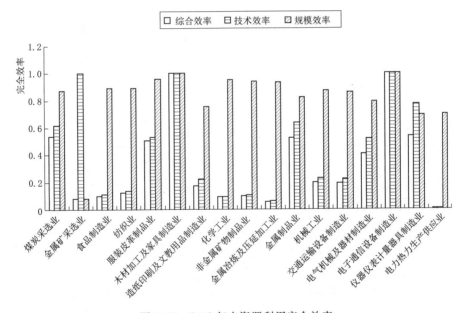

图 3.22 2002 年水资源利用完全效率

基本处在较高水平；电子通信设备制造业和木材加工及家具制造业的综合效率最高。2002年各行业水资源利用完全效率中金属矿采选业、木材加工及家具制造业、电子通信设备制造业和仪器仪表计量器具制造业三种效率都达到 1.0，电力热力生产供应业、食品制造业和纺织业三种效率都处于低水平。

为了更加清楚地分析各行业水资源利用效率高低情况及直接效率和完全效率的差异情况，对各行业直接效率和完全效率的综合效率进行排名，见表 3.19。

表 3.19　　　　　　　　　　　　直接效率和完全效率排名表

行　业	1990 年		2002 年	
	直接效率	完全效率	直接效率	完全效率
煤炭采选业	6	1	3	5
金属矿采选业	12	3	15	1
食品制造业	11	16	12	16
纺织业	10	13	11	14
服装皮革制品业	9	14	6	8
木材加工及家具制造业	5	2	1	1
造纸印刷机文教用品制造业	13	8	10	9
化学工业	16	15	14	13
非金属矿物制品业	14	11	3	12
金属冶炼及压延加工业	15	12	16	15
金属制品业	7	9	5	7
机械工业	8	10	8	10
交通运输设备制造业	3	7	9	11
电气机械及器材制造业	4	6	7	6
电子通信设备制造业	1	5	1	1
仪器仪表计量器具制造业	2	4	4	1
电力热力生产供应业	17	17	17	17

由表 3.19 可知，各个行业直接效率和完全效率排名都有一定的变化。相比 1990 年，2002 年交通运输设备制造业、煤炭采选业、金属矿采选业、木材加工及家具制造业等行业直接效率名次变化幅度较大；相比 1990 年，2002 年服装皮革制品业、煤炭采选业、电子通信设备制造业、金属冶炼及压延加工业等行业完全效率名次变化幅度较大。按照 2002 年排名，直接效率从高到低的顺序为：电子通信设备制造业、木材加工及家具制造业、煤炭采选业、仪器仪表计量器具制造业、金属制品业、服装皮革制品业、电气机械及器材制造业、机械工业、交通运输设备制造业、造纸印刷机文教用品制造业、纺织业、食品制造业、非金属矿物制品业、化学工业、金属矿采选业、金属冶炼及压延加工业、电力热力生产供应业；完全效率从高到低的顺序为：电子通信设备制造业、木材加工及家具制造业、金属矿采选业、仪器仪表计量器具制造业、煤炭采选业、电气机械及器材制造业、金属制品业、服装皮革制品业、造纸印刷机文教用品制造业、机械工业、交通运输设备制造业、非金属矿物制品业、化学工业、纺织业、金属冶炼及压延加工业、食品制造业、电力热力生产供应业。煤炭采选业、金属制品业、服装皮革制品业、机械工业、交通运输设备制造业、纺织业和食品制造业的完全效率排名均较直接效率排名下降，而直接效率排名第 15 的金属矿采选业在完全效率排名中居首位，这说明各行业水资源利用直接效率和完

全效率存在一定差异。各行业具体指标情况见表 3.20 和表 3.21。

表 3.20　　　　2002 年第二产业水资源利用直接效率值及投入和产出松弛变量

行　　业	θ^0	排序	s_1^-	s_2^-	s_1^+	s_2^+
煤炭采选业	0.5393	3	0	0	0	0.0186
金属矿采选业	0.0805	15	0	0	0	0
食品制造业	0.1016	12	0	0	0	0.0371
纺织业	0.1220	11	0	0	0	0.0681
服装皮革制品业	0.5071	6	0	0	0	0.0127
木材加工及家具制造业	1	1	0	0	0	0
造纸印刷机文教用品制造业	0.1703	10	0	0	0	0.0053
化学工业	0.0910	14	0	0	0	0.0395
非金属矿物制品业	0.0977	13	0	0	0	0.0456
金属冶炼及压延加工业	0.0576	16	0	0	0	0.0733
金属制品业	0.5268	5	0	0	0	0.0093
机械工业	0.1992	8	0	0	0	0.0134
交通运输设备制造业	0.1926	9	0	0	0	0.0147
电气机械及器材制造业	0.4097	7	0	0	0	0.0098
电子通信设备制造业	1	1	0	0	0	0
仪器仪表计量器具制造业	0.5360	4	0	0	0	0.0035
电力热力生产供应业	0.0044	17	0	0	0	0.5856

表 3.21　　　　2002 年第二产业水资源利用完全效率值及投入和产出松弛变量

行　　业	θ^0	排序	s_1^-	s_2^-	s_1^+	s_2^+
煤炭采选业	0.7396	5	0	0	0	0
金属矿采选业	1	1	0	0	0	0
食品制造业	0.0076	16	0	0	0	0.0251
纺织业	0.0187	14	0	0	0	0.0556
服装皮革制品业	0.1830	8	0	0	0	0.0066
木材加工及家具制造业	1	1	0	0	0	0
造纸印刷机文教用品制造业	0.1527	9	0	0	0	0.0077
化学工业	0.0309	13	0	0	0	0.0275
非金属矿物制品业	0.0535	12	0	0	0	0.0388
金属冶炼及压延加工业	0.0162	15	0	0	0	0.0894
金属制品业	0.2360	7	0	0	0	0.0169
机械工业	0.1373	10	0	0	0	0.0179
交通运输设备制造业	0.1119	11	0	0	0	0.0241
电气机械及器材制造业	0.3475	6	0	0	0	0.0099

续表

行　　业	θ^0	排序	s_1^-	s_2^-	s_1^+	s_2^+
电子通信设备制造业	1	1	0	0	0	0
仪器仪表计量器具制造业	1	1	0	0	0	0
电力热力生产供应业	0.0003	17	0	0	0	0.3223

（3）第三产业水资源利用效率评价结果分析。

第三产业中，1990 年和 2002 年的行业划分情况发生了很大的变化，除了金融保险业外其他行业划分都发生了变化，因此没有办法比较水资源利用效率变化情况。从金融保险业来看，1990 年金融保险业直接用水效率和完全用水效率均排在第一位，而 2002 年金融保险业两种效率排名均在后几位，用水效率变化较明显。2002 年直接效率最高的行业是信息传输计算机服务和软件业、批发零售贸易业和旅游业；完全效率排在首位的是租赁和商务服务业、住宿和餐饮业。各行业水资源效率情况如图 3.23 和图 3.24 所示。各行业直接效率和完全效率排名见表 3.22 和表 3.23。

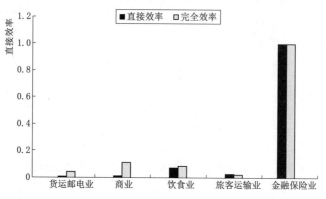

图 3.23　1990 年第三产业各行业水资源利用综合效率

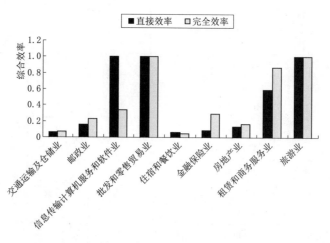

图 3.24　2002 年第三产业各行业水资源利用综合效率

由表 3.22 可知，各行业直接效率和完全效率除了金融保险业外，其他行业均发生了变化。表 3.23 中排名显示各行业直接用水效率和完全用水效率存在一定差异。直接用水效率中排名第一的批发和零售贸易业、旅游业无论是直接水资源利用效率还是完全水资源利用效率都是首位，而信息传输计算机服务和软件业的直接用水效率居首位，而在完全水资源利用效率中排名在租赁和商务服务业之后居第四位。住宿和餐饮业、交通运输及仓储业的直接用水效率和完全用水效率都居末位。其他各项指标见表 3.24 和表 3.25。

表 3.22   1990 年第三产业各行业水资源利用效率排名表

行　业	直接效率名次	完全效率名次	行　业	直接效率名次	完全效率名次
金融保险业	1	1	商业	4	2
饮食业	2	4	货运邮电业	5	3
旅客运输业	3	5			

表 3.23   2002 年第三产业各行业水资源利用效率排名表

行　业	直接效率名次	完全效率名次	行　业	直接效率名次	完全效率名次
交通运输及仓储业	8	8	金融保险业	7	5
邮政业	5	6	房地产业	6	7
信息传输计算机服务和软件业	1	4	租赁和商务服务业	4	3
批发和零售贸易业	1	1	旅游业	1	1
住宿和餐饮业	9	9			

表 3.24   2002 年第三产业水资源利用效率直接效率值及投入和产出松弛变量

行　业	θ^0	排序	s_1^-	s_2^-	s_1^+	s_2^+
交通运输及仓储业	0.0607	8	0	0	0	27.2964
邮政业	0.1541	5	0	0	0	27.4833
信息传输计算机服务和软件业	1	1	0	0	0	0
批发和零售贸易业	1	1	0	0	0	0
住宿和餐饮业	0.0595	9	0	0	0	26.7096
金融保险业	0.0861	7	0.7608	0	0	19.4937
房地产业	0.1348	6	0	0	0	15.3737
租赁和商务服务业	0.5915	4	2.5286	0	0	3.3256
旅游业	1	1	0	0	0	0

表 3.25   2002 年第三产业水资源利用效率完全效率值及投入和产出松弛变量

行　业	θ^0	排序	s_1^-	s_2^-	s_1^+	s_2^+
交通运输及仓储业	0.0744	8	0.8585	0	0	74.4810
邮政业	0.2289	6	0	0	0	61.1261

续表

行　　业	θ^0	排序	s_1^-	s_2^-	s_1^+	s_2^+
信息传输计算机服务和软件业	0.3385	4	1.7041	0	0	24.3639
批发和零售贸易业	1	1	0	0	0	0
住宿和餐饮业	0.0439	9	0.5959	0	0	51.4394
金融保险业	0.2899	5	8.5171	0	0	37.1148
房地产业	0.1652	7	2.1672	0	0	44.8133
租赁和商务服务业	0.8710	3	10.2788	0	0	2.5915
旅游业	1	1	0	0	0	0

3.2.2.5　影响分析

本书主要对第二产业中各行业进行影响分析，以 2002 年 17 大行业中煤炭采选业为例，根据有效性的经济意义和 CCR 模型原理，在输出每立方米用水工业产值不变的前提下，构造煤炭采选业水资源利用新的投入产出组合：

$$
\begin{cases}
\min\theta \\
0.2868\lambda_1+0.1700\lambda_2+6.1991\lambda_3+2.5687\lambda_4+0.6605\lambda_5+0.2432\lambda_6 \\
\quad+2.0137\lambda_7+10.9653\lambda_8+4.6899\lambda_9+8.3680\lambda_{10}+0.7819\lambda_{11}+3.5237\lambda_{12} \\
\quad+3.3497\lambda_{13}+1.2542\lambda_{14}+2.2951\lambda_{15}+0.7498\lambda_{16}+51.8802\lambda_{17}+s_1^-=0.2868\theta \\
6.52\lambda_1+61.89\lambda_2+12.72\lambda_3+22.6\lambda_4+5.13\lambda_5+3.48\lambda_6 \\
\quad+9.54\lambda_7+10.17\lambda_8+18.61\lambda_9+29.74\lambda_{10}+3.91\lambda_{11}+5.89\lambda_{12} \\
\quad+6.56\lambda_{13}+3.89\lambda_{14}+0.7\lambda_{15}+3.19\lambda_{16}+785.44\lambda_{17}+s_2^-=6.52\theta \\
1533.742\lambda_1+161.577\lambda_2+786.1635\lambda_3+437.4453\lambda_4+1949.318\lambda_5+2873.563\lambda_6 \\
\quad+1048.218\lambda_7+983.2842\lambda_8+537.3455\lambda_9+336.2475\lambda_{10}+2557.545\lambda_{11}+1697.793\lambda_{12} \\
\quad+1524.39\lambda_{13}+2570.694\lambda_{14}+14285.71\lambda_{15}+3134.796\lambda_{16}+12.73172\lambda_{17}-s_1^+=1533.742 \\
-6.17\lambda_1-33.17\lambda_2-9.31\lambda_3-16.69\lambda_4-4.19\lambda_5-2.48\lambda_6 \\
\quad-1.95\lambda_7-9.84\lambda_8-11.33\lambda_9-17.82\lambda_{10}-3.3\lambda_{11}-3.77\lambda_{12} \\
\quad-4.09\lambda_{13}-3.18\lambda_{14}-0.45\lambda_{15}-1.97\lambda_{16}-138.682\lambda_{17}-s_2^+=6.17 \\
\lambda_j\geqslant0,\theta\ 无约束
\end{cases}
$$

$$\theta=0.5393,\lambda_1\cdots\lambda_5=0,\lambda_6=0.0076,\lambda_7=0,\lambda_8=0.5321,\lambda_9\cdots\lambda_{17}=0,$$
$$s_1^-=0,s_2^-=0,s_1^+=0,s_1^+=0.0186$$

计算调整后煤炭行业用水百分比为 0.1773%，新水直接用水系数为 4.0320，污水直排系数为 6.1514。行业用水投入为原用水的 61.28%，新水直接用水系数降低 2.49。同理，对其他各行业，在不减少工业产值的前提下，构建类似的新的投入产出组合，计算结果对照见表 3.26 和表 3.27。

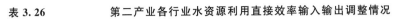

表 3.26　　　　　　第二产业各行业水资源利用直接效率输入输出调整情况

行　业	行业用水百分比		新水直接用水系数		每立方米用水的工业产值		污水直排系数	
	调整前	调整后	调整前	调整后	调整前	调整后	调整前	调整后
煤炭采选业	0.2868	0.1773	6.52	4.0320	1533.7423	1533.7423	6.17	6.1514
金属矿采选业	0.1700	0.1700	61.89	61.8900	161.5770	161.5770	33.17	33.1700
食品制造业	6.1991	0.7048	12.72	1.4463	786.1635	786.1635	9.31	9.2729
纺织业	2.5687	0.3506	22.86	3.1204	437.4453	437.4453	16.69	16.6219
服装皮革制品业	0.6605	0.3502	5.13	2.7199	1949.3177	1949.3177	4.19	4.1773
木材加工及家具制造业	0.2432	0.2432	3.48	3.4800	2873.5632	2873.5632	2.48	2.4800
造纸印刷机文教用品制造业	2.0137	0.4535	9.54	2.1484	1048.2180	1048.2180	1.95	1.9447
化学工业	10.9653	1.0505	10.17	0.9743	983.2842	983.2842	9.84	9.8005
非金属矿物制品业	4.6899	0.4882	18.61	1.9373	537.3455	537.3455	11.33	11.2844
金属冶炼及压延加工业	8.3680	0.5146	29.74	1.8290	336.2475	336.2475	17.82	17.7467
金属制品业	0.7819	0.4989	3.91	2.4946	2557.5448	2557.5448	3.30	3.2907
机械工业	3.5237	0.8038	5.89	1.3435	1697.7929	1697.7929	3.77	3.7566
交通运输设备制造业	3.3497	0.7487	6.56	1.4662	1524.3902	1524.3902	4.09	4.0753
电气机械及器材制造业	1.2542	0.6498	3.89	2.0154	2570.6941	2570.6941	3.18	3.1702
电子通信设备制造业	2.2951	2.2951	0.70	0.7000	14285.7143	14285.7143	0.45	0.4500
仪器仪表计量器具制造业	0.7498	0.5776	3.19	2.4576	3134.7962	3134.7962	1.97	1.9665

表 3.27　　　　　　第二产业各行业水资源利用完全效率输入输出调整情况

行　业	行业用水百分比		新水完全用水系数		每立方米用水的工业产值		污水完全排放系数	
	调整前	调整后	调整前	调整后	调整前	调整后	调整前	调整后
煤炭采选业	0.2868	0.2121	74.76	55.2889	133.7614	133.7614	32.26	32.2600
金属矿采选业	0.1700	0.1700	208.31	208.3100	48.0054	48.0054	75.67	75.6700
食品制造业	6.1991	0.0472	241.57	1.8412	41.3959	41.3959	23.14	23.1149
纺织业	2.5687	0.0479	190.83	3.5592	52.4027	52.4027	38.85	38.7944
服装皮革制品业	0.6605	0.1209	92.13	16.8569	108.5423	108.5423	21.73	21.7234
木材加工及家具制造业	0.2432	0.2432	85.93	85.9300	116.3738	116.3738	21.32	21.3200
造纸印刷机文教用品制造业	2.0137	0.3075	60.81	9.2851	164.4466	164.4466	16.50	16.4923
化学工业	10.9653	0.3389	81.38	2.5155	122.8803	122.8803	24.22	24.1925
非金属矿物制品业	4.6899	0.2509	82.67	4.4223	120.9629	120.9629	29.80	29.7612
金属冶炼及压延加工业	8.3680	0.1356	140.01	2.2680	71.4235	71.4235	53.51	53.4206
金属制品业	0.7819	0.1845	63.45	14.9729	157.6044	157.6044	24.63	24.6131
机械工业	3.5237	0.4836	52.79	7.2456	189.4298	189.4298	20.36	20.3421
交通运输设备制造业	3.3497	0.3750	60.54	6.7768	165.1800	165.1800	23.20	23.1759
电气机械及器材制造业	1.2542	0.4358	46.27	16.0782	216.1228	216.1228	18.35	18.3401
电子通信设备制造业	2.2951	2.2951	26.76	26.7600	373.6921	373.6921	10.02	10.0200
仪器仪表计量器具制造业	0.7498	0.7498	34.35	34.3500	291.1208	291.1208	13.09	13.0900

3.2.2.6　规模效益分析

本节将分析投入生产要素都作等比例增加时对产量变动的影响程度。规模效益是指各种生产要素都作等比例增加时，对产量变动的影响程度。当生产规模扩大的比例小于产量或收益增加的比例时，就是规模收益递增。当生产规模扩大的比例大于产量或收益增加的比例时，就是规模收益递减。当这两种比例相等时则是规模收益不变。规模效益分析结果表明，第一产业中 2008 年规模效益为不变，2008 年之前为递减；第二产业中直接效率计算出的食品制造业、纺织业、服装皮革制品业、非金属矿物质品业等规模效益是递增的，而在完全效率中规模效益是递减的；第二产业中直接效率计算出的仪器仪表计量器具制造业规模效益递增，而在完全效率中规模效益是不变的；第三产业规模效益均为递减或不变。第一、二、三产业规模效益详细情况见表 3.28～表 3.32。

表 3.28　　　　　　　　　　第一产业规模效益分析指标

年份	1990	1991	1992	1993	1994	1995	1996	1997	1998	1999
$\Sigma\lambda$	1.28	1.35	1.19	1.22	1.27	1.20	1.34	1.29	1.19	1.33
规模效益	递减	递减	递减	递减	递减	递减	递减	递减	递减	递减
年份	2000	2001	2002	2003	2004	2005	2006	2007	2008	
$\Sigma\lambda$	1.85	1.15	1.37	1.24	1.20	1.16	1.11	1.04	1	
规模效益	递减	递减	递减	递减	递减	递减	递减	递减	不变	

表 3.29　　　　　　　第二产业水资源利用直接效率规模效益分析指标

行　业	$\Sigma\lambda$	规模效益	行　业	$\Sigma\lambda$	规模效益
煤炭采选业	1	不变	金属冶炼及压延加工业	0.84	递增
金属矿采选业	12.42	递减	金属制品业	0.84	递增
食品制造业	0.91	递增	机械工业	0.93	递增
纺织业	0.78	递增	交通运输设备制造业	0.91	递增
服装皮革制品业	0.84	递增	电气机械及器材制造业	0.86	递增
木材加工及家具制造业	1	不变	电子通信设备制造业	1	不变
造纸印刷机文教用品制造业	1.02	递减	仪器仪表计量器具制造业	0.93	递增
化学工业	1.01	递减	电力热力生产供应业	0.32	递增
非金属矿物制品业	0.84	递增			

表 3.30　　　　　　　第二产业水资源利用完全效率规模效益分析指标

行　业	$\Sigma\lambda$	规模效益	行　业	$\Sigma\lambda$	规模效益
煤炭采选业	1.18	递减	木材加工及家具制造业	1	不变
金属矿采选业	1	不变	造纸印刷机文教用品制造业	3.79	递减
食品制造业	18.83	递减	化学工业	12.03	递减
纺织业	10.72	递减	非金属矿物制品业	7.55	递减
服装皮革制品业	2.74	递减	金属冶炼及压延加工业	14.51	递减

续表

行　业	$\Sigma\lambda$	规模效益	行　业	$\Sigma\lambda$	规模效益
金属制品业	2.65	递减	电子通信设备制造业	1	不变
机械工业	4.42	递减	仪器仪表计量器具制造业	1	不变
交通运输设备制造业	4.89	递减	电力热力生产供应业	84.67	递减
电气机械及器材制造业	2.2	递减			

表 3.31　　　　第三产业水资源利用直接效率规模效益分析指标

行　业	$\Sigma\lambda$	规模效益	行　业	$\Sigma\lambda$	规模效益
交通运输及仓储业	4.02	递减	金融保险业	3.41	递减
邮政业	2.47	递减	房地产业	2.86	递减
信息传输计算机服务和软件业	1	不变	租赁和商务服务业	1.3	递减
批发和零售贸易业	1	不变	旅游业	1	不变
住宿和餐饮业	4.07	递减			

表 3.32　　　　第三产业水资源利用完全效率规模效益分析指标

行　业	$\Sigma\lambda$	规模效益	行　业	$\Sigma\lambda$	规模效益
交通运输及仓储业	3.67	递减	金融保险业	1.86	递减
邮政业	1.99	递减	房地产业	2.46	递减
信息传输计算机服务和软件业	1.72	不变	租赁和商务服务业	1.07	递减
批发和零售贸易业	1	不变	旅游业	1	不变
住宿和餐饮业	4.77	递减			

3.2.3　对策分析

根据 3.2.2 节北京市水资源利用效率评价与分析结果，本书针对提高北京市水资源利用效率提出以下对策：

（1）北京市第一产业产值与农业用水相关性很大。提高第一产业水资源利率效率关键是提高农业水资源利用效率，要推行农业节水技术，缩小农业用水比例。进一步缩小农业种植面积，降低农业用水比例可提高水资源利用效率，但是由于受农田保护政策的限制，缩小农业面积可能性不大。近年来北京年均农产品虚拟水输入量为 2.37 亿 m^3，这相当于北京市年产水资源总量的 5.93%（王红瑞等，2007）。虚拟水政策对于提高第一产业水资源利用效率方面的作用值得探讨。北京市可以引进水资源利用效率低的农作物，而在北京生产水资源利用效率高的农作物。

（2）第二产业水资源利用效率与产业结构相关性较小。对产业结构进行调整要考虑各行业水资源利用直接效率和完全效率之间的差异，充分考虑中间产品水资源利用情况。

（3）第三产业产值与生活用水量相关性很大，这说明生活用水对第三产业水资源利用效率有明显影响。第三产业水资源效率提高的关键是生活用水效率的提高。

（4）北京市产业结构处于比较合理的状况，而且受到某些行业保护政策及市场需要的影响，北京市产业结构调整潜力不大，提高水资源利用效率关键在于科技、政策等因素，根据影响分析投入产出调整值使效率达到最优状态。

（5）在扩大生产时考虑规模效益增减状况，在不考虑其他因素的情况下建议水资源利用效率高并且规模效益增加的行业扩大生产。

3.2.4　结论

（1）本书建立了第一、二、三产业水资源利用效率评价指标和评价水资源利用综合效率的 CCR 模型、评价技术效率的 C^2GS^2 模型和评价规模效率模型。

（2）在建立模型和指标的基础上对北京市第一、二、三产业各行业进行水资源利用效率评价，得出各行业水资源效率综合效率、技术效率和规模效率值；对第二产业和第三产业各行业除了计算水资源利用直接效率外，还计算了考虑中间产品消耗用水的水资源利用完全效率。

（3）对结果进行了效率分析、影响分析及规模效益分析，提出了提高北京市水资源利用效率的对策：

1）纵向分析，第一、二产业水资源利用效率随着时间推移有不断提高的趋势；横向分析，第二、三产业中各行业直接效率和完全效率排名差异情况不同，如第二产业中电子通信设备制造业、木材加工及家具制造业、电力热力生产供应业和第三产业中批发和零售贸易业、旅游业、交通运输及仓储业排名没有变化，而第二产业中金属矿采选业、非金属矿制品业和第三产业中信息传输计算机服务和软件业直接效率和完全效率存在较大差异，金属矿采选业直接效率名次为第 15 名，而完全效率却居首位。

2）得出效率最优的投入产出值，如煤炭采选业调整后的行业用水百分比比未调整前的 61.28% 直接用水系数降低 2.49，污水直排系数也稍有下降。

3）第一产业 2008 年规模效益不变，2008 年之前为递减；第二产业中直接效率计算出的食品制造业、纺织业、服装皮革制品业、非金属矿物质品业等规模效益是递增的，而在完全效率中规模效益是递减的；第二产业中直接效率计算出的仪器仪表计量器具制造业等行业规模效益递增，而在完全效率中规模效益是不变的；第三产业的规模效益均是递减或者不变。

3.3　迭　代　修　正

3.3.1　模型原理与步骤

一般情况下，各种单一评价方法对同一个评价对象的结果是不同的。迭代修正评价模型就是要将不同的评价结果综合成为统一的结果。迭代修正的设想如下：对于不同的评价排序，通过第 i 个被评价对象在第 j 种方法下排名的分数 r_{ij}，利用平均值法（郭显光，1995）、Boarda 法（刘艳春，2007）、Compeland 法（郭显光，1995）以及模糊 Boarda 法（苏为华和陈骥，2007）等四种组合方法对排名的分数 r_{ij} 进行组合排名，以 Spearman 检验作为判别手段。当通过检验时，认为迭代完成，从而确定第 i 个评价对象的最终排序，以水资源利用效率评价为例展示模型的步骤，如图 3.25 所示。

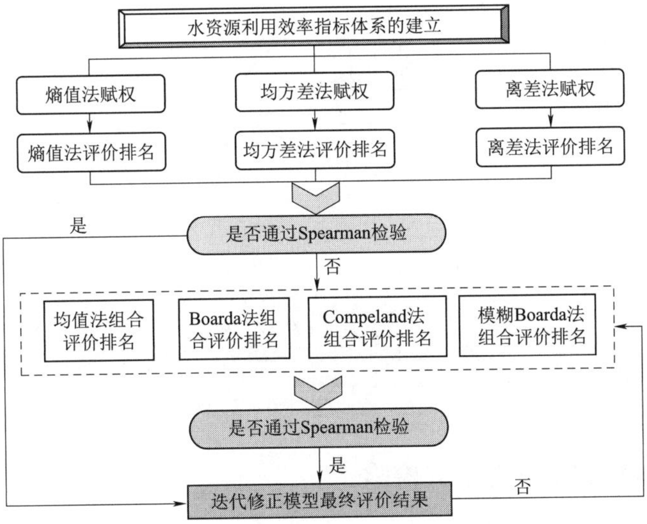

图 3.25 迭代修正评价模型原理

其建模步骤如下：

（1）对水资源利用效率用不同的单一评价方法得到不同的评价结果和排名。

（2）对不同方法得到的排名作 Spearman 检验，如果不能通过检验，进行第（3）步；如果通过检验，则说明各种不同评价方法的评价结果一致，此时得到最终的综合评价结果。

（3）分别用均值法、Boarda 法、Compeland 法以及模糊 Boarda 法对步骤（2）中得到的排名进行综合评价，得评价得分。

（4）分别对步骤（3）中的不同评价得分进行排名。

（5）对步骤（4）中的排名进行 Spearman 检验。

（6）如果通过检验，则说明各种不同评价方法的评价结果一致，此时得到最终的综合评价结果。如果不通过，则返回步骤（3），直至最后的评价排名通过 Spearman 检验。

3.3.2 单一评价的赋权

单一评价的赋权问题是迭代修正评价的第一步。根据其他研究成果，单一评价的赋权有多种方法，常见的有层次分析法、熵值法、均方差法、主成分法、离差法、模糊评价法等。本书从中选取了三种：熵值法、均方差法、离差法。

1. 熵值法赋权

设 m_k 为第 k 个指标的权重，a_{ik} 为第 i 个评价对象第 j 个指标规范化处理后的分值，n 为被评价对象的数量，l 为指标个数。利用熵值法求得的权重 m_k 为

$$m_k = \frac{1 + \dfrac{1}{\ln n} \cdot \sum_{i=1}^{n} \left(a_{ik} / \sum_{i=1}^{n} a_{ik}\right) \cdot \left[\ln\left(a_{ik} / \sum_{i=1}^{n} a_{ik}\right)\right]}{\sum_{k=1}^{l} \left\{1 + \dfrac{1}{\ln n} \cdot \sum_{i=1}^{n} \left(a_{ik} / \sum_{i=1}^{n} a_{ik}\right) \cdot \left[\ln\left(a_{ik} / \sum_{i=1}^{n} a_{ik}\right)\right]\right\}} \tag{3.47}$$

2. 均方差法赋权

利用均方差法求得的权重 m_k 为

$$m_k = \frac{\sqrt{\sum_{i=1}^{n}\left(a_{ik}-\frac{1}{n}\sum_{i=1}^{n}a_{ik}\right)^2 / n}}{\sum_{k=1}^{l}\sqrt{\sum_{i=1}^{n}\left(a_{ik}-\frac{1}{n}\sum_{i=1}^{n}a_{ik}\right)^2 / n}} \tag{3.48}$$

3. 离差法赋权

利用离差法求得的权重 m_k 为

$$m_k = \frac{\sum_{i=1}^{n}\sum_{j=1}^{n}|a_{ik}-a_{jk}|}{\sum_{k=1}^{l}\sum_{i=1}^{n}\sum_{j=1}^{n}|a_{ik}-a_{jk}|} \tag{3.49}$$

3.3.3 Spearman 等级相关系数检验

上述三种评价方法从不同角度进行评价，其结果可能有一定差异，但对于同一个评价对象而言，评价结果不应有过大差异。本书采用 Spearman 等级相关系数检验法来检验这三种方法的一致程度。

有原假设 H_{0ij}：i、j 两种方法不相关；

备择假设 H_{1ij}：i、j 两种方法正相关。

假设 m 种组合评价方法对 n 个不同的地区进行评价，z_{ij} 表示第 i 个被评地区在第 j 种组合评价方法下的排名，则 Spearman 等级相关系数公式（陈伟和夏建华，2007）为

$$\rho_{jk} = 1 - \frac{6\sum_{i=1}^{n}(z_{ik}-z_{ij})^2}{n(n^2-1)} \tag{3.50}$$

给定显著水平 α 时，当 $\rho_{jk} > (1-\alpha)$ 时，拒绝 H_0，即 k、j 两种评价方法具有正相关。若这几种评价方法均正相关，则称这几种评价方法具有一致性。

3.3.4 组合评价方法

1. 平均值法

平均值法原理（郭显光，1995）如下：如果设 r_{ij} 是第 i 地区在第 j 种方法下的排名，则首先将其转换为分数 D_{ij}：

$$D_{ij} = n - r_{ij} + 1 \tag{3.51}$$

式中，n 为地区总数。在此基础上，可以得到均值方法的组合评价表达式为

$$\overline{D}_i = \frac{1}{m}\sum_{j=1}^{m}D_{ij} \tag{3.52}$$

式中，$\overline{D}_i$ 为地区 i 的组合评价值。按均值方法组合评价值 $\overline{D}_i$ 的大小重新进行排名，数值大的排名高，反之排名低。

2. Boarda 法

Boarda 法（刘艳春，2007）是一种少数服从多数的方法。若评价认为地区 i 优于地

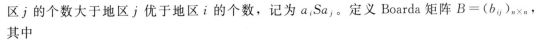

区 j 的个数大于地区 j 优于地区 i 的个数，记为 $a_i S a_j$。定义 Boarda 矩阵 $B=(b_{ij})_{n \times n}$，其中

$$b_{ij}=\begin{cases}1, & a_i S a_j \\ 0, & \text{其他}\end{cases} \tag{3.53}$$

地区 i 的 Boarda 得分为

$$B_i=\sum_{j=1}^{n} b_{ij} \tag{3.54}$$

按组合评价值 B_i 的大小重新进行排名，数值大的排名高；反之，排名低。

3. Compeland 法

Compeland 法（郭显光，1995）是一种区分"优"和"劣"的方法。若评价认为地区 i 优于地区 j，记为 $a_i S a_j$，若评价认为地区 i 劣于地区 j，记为 $a_j S a_i$；若评价认为地区 i 和地区 j 相等，记为 0。

定义 Compeland 矩阵 $C=(c_{ij})_{n \times n}$，其中

$$c_{ij}=\begin{cases}1, & a_i S a_j \\ 0, & \text{其他} \\ -1, & a_i S a_j\end{cases} \tag{3.55}$$

地区 i 的 Compeland 得分的计算公式为

$$C_i=\sum_{j=1}^{n} c_{ij} \tag{3.56}$$

按组合评价值 C_i 的大小重新进行排名，数值大的排名高；反之，排名低。

4. 模糊 Boarda 法

模糊 Boarda 法（苏为华和陈骥，2007）是一种在组合时既考虑到得分的差异，又考虑到排序的差异的方法。首先要计算隶属度 μ_{ij}，它表示地区 i 在第 j 种方法下属于"优"的隶属度。公式为

$$\mu_{ij}=\frac{x_{ij}-\min_{i}\{x_{ij}\}}{\max_{i}\{x_{ij}\}-\min_{i}\{x_{ij}\}}\times 0.9+0.1 \tag{3.57}$$

然后计算模糊频数 p_{hi}：

$$p_{hi}=\sum_{j=1}^{m} \delta_{ij}^{h} \mu_{ij} \tag{3.58}$$

其中

$$\delta_{ij}^{h}=\begin{cases}1, & \text{地区 } i \text{ 排在第 } h \text{ 位} \\ 0, & \text{其他}\end{cases}$$

第三步，计算模糊频率 W_{hi} 为

$$W_{hi}=\frac{p_{hi}}{F_i} \tag{3.59}$$

其中

$$F_i=\sum_{h} p_{hi}$$

式中：W_{hi} 为模糊频率，反映了得分的差异。

第四步，将排序转化为得分：

$$Q_h = \frac{1}{2}(n-h)(n-h+1) \tag{3.60}$$

式中：Q_h 为地区 i 排在第 h 位的得分。

最后计算模糊 Boarda 得分，用 B_i 表示，则 B_i 的计算公式为

$$B_i = \sum_h W_{hi} Q_h \tag{3.61}$$

按 B_i 大小重新进行排名，数值大的排名高；反之，排名低。

3.3.5 实例分析

本书以中国 31 个省级行政区作为样本，选取 2006—2010 年五年水资源利用效率评价指标的均值，利用迭代修正评价模型对各省水资源利用效率进行综合评价。

3.3.5.1 水资源利用效率评价指标

1. 准则层的构建

综合评价系统指标体系由目标层和准则层构成。目标层即水资源利用效率评价，准则层由水资源综合利用效率、农业水资源利用效率、工业用水效率、生活用水效率、生态与环境可持续发展组成。水资源利用效率评价准则层如图 3.26 所示。

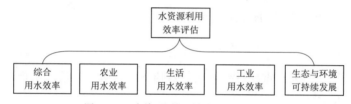

图 3.26　水资源利用效率评价准则层

2. 指标层的构建

准则层中的综合用水效率，选用单方水 GDP 产出量来表征；农业用水效率，选用去变异化农业水效率来表征。生活用水效率，选用人均生活用水量来表征。工业用水效率，选用工业用水比例和万元工业增加值来表征；生态与环境可持续发展，选用水资源可持续性指标与人均 COD 排放量来表征。最终的水资源利用效率指标体系构建如图 3.27 所示。

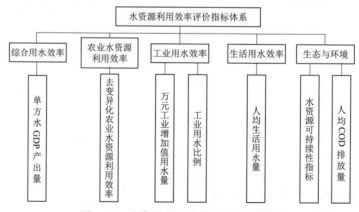

图 3.27　水资源利用效率评价指标体系

3.3.5.2 用单一评价方法进行评价

利用 3.5.2 节中介绍的三种单一方法对 31 个省级行政区进行评价，得分和排名见表 3.33。可以发现，用熵值法、均方差法和离差法对同一评价对象进行评价时，常出现不同结果。如表 3.33 中的河南，三种评价方法得到的排名分别是 10、5、5。这种评价结果不一致正是单一评价方法的不足。

表 3.33　　　　不同单一评价方法下各省级行政区水资源利用效率得分及排名

省级行政区	熵 值 法		均 方 差 法		离 差 法	
	得分 d_i	排名 r_{i1}	得分 d_i	排名 r_{i2}	得分 d_i	排名 r_{i3}
北京	0.5159	1	0.7129	1	0.7481	1
天津	0.3400	3	0.4973	2	0.5056	3
河北	0.2458	13	0.4447	8	0.4601	6
山西	0.2921	5	0.4955	3	0.5180	2
内蒙古	0.2056	18	0.3852	19	0.3945	17
辽宁	0.2189	17	0.3650	22	0.3609	22
吉林	0.1960	23	0.3449	25	0.3417	25
黑龙江	0.1854	27	0.3465	24	0.3458	24
上海	0.3258	4	0.4814	4	0.4908	4
江苏	0.2467	12	0.4187	14	0.4255	15
浙江	0.2662	8	0.4314	13	0.4350	13
安徽	0.2311	16	0.4385	12	0.4546	10
福建	0.2761	7	0.4410	10	0.4464	12
江西	0.1895	25	0.3496	23	0.3469	23
山东	0.2496	11	0.4402	11	0.4487	11
河南	0.2536	10	0.4605	5	0.4762	5
湖北	0.2372	15	0.4148	15	0.4220	16
湖南	0.1997	22	0.3447	26	0.3404	26
广东	0.2897	6	0.4508	6	0.4556	9
广西	0.1634	30	0.2462	30	0.2271	30
海南	0.1921	24	0.3301	28	0.3309	29
重庆	0.2609	9	0.4489	7	0.4594	8
四川	0.2052	20	0.3861	18	0.3891	18
贵州	0.1859	26	0.3747	20	0.3770	19
云南	0.1849	28	0.3670	21	0.3675	21
西藏	0.5097	2	0.3877	17	0.3695	20
陕西	0.2449	14	0.4445	9	0.4596	7
甘肃	0.2053	19	0.4120	16	0.4276	14
青海	0.2012	21	0.3433	27	0.3387	27
宁夏	0.1256	31	0.2177	31	0.2034	31
新疆	0.1789	29	0.3261	29	0.3364	28

计算 Spearman 等级相关系数矩阵，得到

$$\rho = \begin{pmatrix} 1 & 0.9899 & 0.8367 \\ 0.9899 & 1 & 0.8847 \\ 0.8367 & 0.8847 & 1 \end{pmatrix}$$

因此，在给定 $\alpha = 0.05$ 的情况下，$\rho_{23} < 1-\alpha$，$\rho_{13} < 1-\alpha$。即均方差法与离差法，以及熵值法与离差法并不能通过 Spearman 等级相关系数检验，不具有一致性，因此需要使用迭代修正的组合评价法对这三种方法进行综合，以保证评价结果的一致性。

3.3.5.3　用迭代修正的组合评价模型进行评价

利用 3.3.4 节中介绍的四种组合评价法，对 3.3.5.1 节中的评价结果进行第一次组合评价，并计算 Spearman 等级相关系数矩阵。

$$\rho = \begin{pmatrix} 1 & 0.9822 & 1.0000 & 0.9081 \\ 0.9822 & 1 & 0.9742 & 0.9286 \\ 1.0000 & 0.9742 & 1 & 0.9478 \\ 0.9081 & 0.9286 & 0.9478 & 1 \end{pmatrix}$$

在给定 $\alpha = 0.05$ 的情况下，仍不能完全通过 Spearman 等级相关系数检验。需进行第二次组合评价。

第二次组合评价的 Spearman 等级相关系数矩阵为

$$\rho = \begin{pmatrix} 1 & 0.9942 & 1.0000 & 0.9942 \\ 0.9942 & 1 & 0.9881 & 0.9738 \\ 1.0000 & 0.9881 & 1 & 0.9881 \\ 0.9942 & 0.9738 & 0.9881 & 1 \end{pmatrix}$$

在给定 $\alpha = 0.05$ 的情况下，各种组合评价方法的结果均通过了检验，具有了一致性，因此，采用第二次组合评价的结果作为最终结果。第二次迭代修正评价的得分及排名见表 3.34。

表 3.34　第二次迭代修正评价模型下全国 31 个省级行政区水资源利用效率得分及排名

省级行政区	平均值法		Boarda 法		Compeland 法		模糊 Boarda 法	
	得分 d_i	排名 r_{i1}	得分 d_i	排名 r_{i2}	得分 d_i	排名 r_{i3}	得分 d_i	排名 r_{i4}
北京	31	1	30	1	120	1	465	1
天津	30	2	29	2	112	2	435	2
河北	24	8	23	8	64	8	276	8
山西	29	3	28	3	104	3	406	3
内蒙古	14	18	13	18	−16	18	91	18
辽宁	12	20	11	20	−32	20	66	20
吉林	8	24	7	24	−64	24	28	24
黑龙江	6	26	5	26	−81	26	15	26
上海	28	4	27	4	96	4	378	4
江苏	17	15	16	15	8	15	136	15
浙江	19.75	12	19	12	30	12	186.47	12
安徽	18.75	14	17	14	20	14	167.68	14

省级 行政区	平均值法		Boarda 法		Compeland 法		模糊 Boarda 法	
	得分 d_i	排名 r_{i1}	得分 d_i	排名 r_{i2}	得分 d_i	排名 r_{i3}	得分 d_i	排名 r_{i4}
福建	23	9	22	9	53	9	253	9
江西	9	23	8	23	−56	23	36	23
山东	21	11	20	11	40	11	210	11
河南	27	5	26	5	88	5	351	5
湖北	16	16	15	16	0	16	120	16
湖南	7	25	6	25	−72	25	21	25
广东	26	6	25	6	80	6	325	6
广西	2	30	1	30	−112	30	1	30
海南	4	28	3	28	−96	28	6	28
重庆	25	7	24	7	72	7	300	7
四川	13	19	12	19	−24	19	78	19
贵州	11	21	10	21	−40	21	55	21
云南	10	22	9	22	−48	22	45	22
西藏	19	13	17	13	22	13	169.97	13
陕西	22.75	10	21	10	51	10	248.55	10
甘肃	15	17	14	17	−8	17	105	17
青海	5.25	27	4	27	−87	27	11.33	27
宁夏	1	31	0	31	−120	31	0	31
新疆	3	29	2	29	−104	29	3	29

由表 3.34 可知，各省级行政区的水资源利用效率排名在四种组合评价方法下都相同。这也是使用迭代修正评价模型所希望看到的结果，即各种评价方法具有了一致性。各省级行政区水资源利用效率的最终排名见表 3.35。

表 3.35 　　　　　　　　各省级行政区水资源利用效率排名

省级行政区	排名	省级行政区	排名	省级行政区	排名	省级行政区	排名
北京	1	福建	9	甘肃	17	湖南	25
天津	2	陕西	10	内蒙古	18	黑龙江	26
山西	3	山东	11	四川	19	青海	27
上海	4	浙江	12	辽宁	20	海南	28
河南	5	西藏	13	贵州	21	新疆	29
广东	6	安徽	14	云南	22	广西	30
重庆	7	江苏	15	江西	23	宁夏	31
河北	8	湖北	16	吉林	24		

由表 3.35 可知，利用效率最高的三个省级行政区依次是北京、天津、山西，排名最低的三个省级行政区依次是宁夏、广西、新疆。

3.3.5.4　各省水资源利用效率状况分析

利用迭代修正评价模型，还可以对各省级行政区准则层进行排名，从而能够更全面地了解各省级行政区的水资源利用状况。对各省级行政区准则层使用迭代修正评价模型，并对其进行聚类分析（共分成 A、B、C 三类），结果见表 3.36。

表 3.36　各省级行政区水资源利用效率准则层评价排名

| 省级行政区 | 总排名 | 准则层迭代修正评价排名 | | | | | 聚类结果 |
		综合用水效率	农业用水效率	工业用水效率	生活用水效率	生态和环境用水效率	
北京	1	1	2	2	1	6	A
天津	2	2	6	1	20	25	A
河北	8	8	3	8	26	12	A
山西	3	5	1	4	31	19	A
内蒙古	18	19	5	18	29	21	B
辽宁	20	7	15	7	13	27	B
吉林	24	13	12	15	23	28	B
黑龙江	26	25	15	19	17	22	B
上海	4	4	18	5	8	29	A
江苏	15	16	19	12	10	23	C
浙江	12	6	20	6	9	20	C
安徽	14	20	11	21	22	5	C
福建	9	14	26	13	3	13	C
江西	23	23	27	22	14	14	B
山东	11	3	9	3	30	9	A
河南	5	10	9	9	16	7	A
湖北	16	17	23	17	6	15	C
湖南	25	21	29	25	7	24	B
广东	6	9	28	11	2	16	A
广西	30	28	31	27	4	30	B
海南	28	24	25	29	5	18	B
重庆	7	12	22	14	11	10	A
四川	19	15	20	16	25	8	C
贵州	21	22	30	23	15	2	B
云南	22	18	24	20	18	3	B
西藏	13	30	13	31	12	1	C
陕西	10	11	4	10	28	11	A
甘肃	17	27	8	26	27	4	C
青海	27	26	17	24	19	17	B
宁夏	31	29	13	28	21	31	B
新疆	29	31	7	30	24	26	B

由表 3.36 可知，A 类省级行政区有 10 个，分别为北京、天津、河北、山西、上海、山东、河南、广东、重庆、陕西。

B 类省级行政区有 13 个，分别为内蒙古、辽宁、吉林、黑龙江、江西、湖南、广西、海南、贵州、云南、青海、宁夏、新疆。

C 类省级行政区有 8 个，分别为浙江、福建、江苏、安徽、湖北、四川、西藏、甘肃。

分析三类省各准则层的评价结果可以发现三类省级行政区均有各自的特点：

A类省级行政区均有1～2个准则层排名较靠后，但并不影响总排名的情况。例如，北京总排名第1，但生态与环境用水效率排名第6。上海总排名第4，但农业用水效率排名第18，生态与环境用水效率排名仅29。对于A类省级行政区出现这样的情况，可能原因是排名较后的准则层对总的用水效率影响不大。因此，对于这类省级行政区，为了提高水资源利用效率，应该着重关注其排位靠前的准则层，兼顾考虑排名较后的准则层。例如，北京应该重点关注其综合用水效率与生活用水效率，上海应该重点关注其综合用水效率、工业用水效率及生活用水效率。对于这类省级行政区，不妨称为发展型省级行政区。

B类省级行政区均有1～2个指标排名较靠前，但总排名却较靠后。例如，黑龙江的农业用水效率排名15，生活用水效率排名17，但总排名却是26。注意到其综合用水效率排名仅25，因此可以认为是综合用水效率影响了其总排名。所以，对于这类省级行政区，应该着重关注其排位靠后的准则层，才能提高总的水资源利用效率。对于这类省级行政区，不妨称为制约型省级行政区。

C类省级行政区的总排名大概在各个准则层总排名的均值附近。例如，甘肃5个准则层排名分别是27、8、26、27、4，总排名是17；又如四川5个准则层排名分别是15、20、16、25、8，其总排名是19。对于这类省级行政区，可以认为5个准则层的地位相当，为了提高其水资源利用效率，应该对5个准则层保持同等关注。对于这类省级行政区，不妨称为均衡型省级行政区。

3.3.6 结论

本书在建立水资源利用效率评价准则层的基础上，构造和选取了水资源利用效率的评价指标体系，建立了基于迭代修正设想的水资源利用效率综合评价模型，以2006—2010年5年的均值为例，对全国31个省（自治区、直辖市）开展了应用研究，主要结论如下：

（1）运用迭代修正的思想，采用Spearman等级相关系数检验作为验证手段，将熵值法、离差法、均方差法三种单一评价模型进行了组合，建立了水资源利用效率的迭代修正评价模型，弥补了单一评价方法的不足，应用分析表明该模型具有较好的适用性。

（2）将迭代修正评价模型应用于全国31个省级行政区水资源利用效率的评价中，得到了各省级行政区的综合排名，其中，排名最高的是北京、天津、山西，排名最低的是宁夏、广西、新疆。

（3）对全国31个省级行政区水资源利用效率的结构进行了评价，将31个省级行政区分为三类，总结了三类地区水资源利用效率的特点，并在总结分析的基础上，为进一步提高水资源利用效率提供了建议。

3.4　循 环 修 正 组 合 评 价

3.4.1　模型构建

循环修正是通过多种组合评价方法对单一评价方法的评价结果进行组合修正，使得组

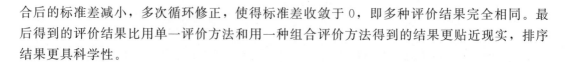

合后的标准差减小，多次循环修正，使得标准差收敛于 0，即多种评价结果完全相同。最后得到的评价结果比用单一评价方法和用一种组合评价方法得到的结果更贴近现实，排序结果更具科学性。

3.4.1.1　计算步骤

1. 算法流程

当多种单一评价方法对同一个评价对象给出不同的评价排序时，通过第 i 个被评价对象在第 j 种方法下排名的分数 s_{ij}，利用平均值法、Boarda 法和 Compeland 法三种组合方法对排名的分数 s_{ij} 进行组合排名，直至最后的三种组合评价排名通过 Spearman 一致性检验，确定第 i 个评价地区的最终排序为第 k 名，这就是循环修正的模式（迟国泰和杨中原，2009）。循环修正组合评价法的算法流程如图 3.28 所示。

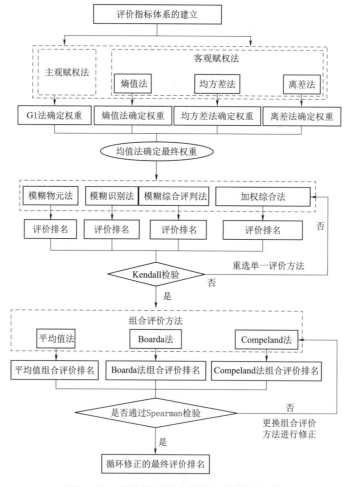

图 3.28　循环修正组合评价法的算法流程

具体计算流程如下：

（1）采用主客观结合确定各单一评价方法所采用的权重。

（2）选取模糊物元、模糊识别、多目标线性加权函数和多目标线性加权函数法 4 种单一评价方法分别进行评价，得出各种评价方法的评价排名。

（3）对流程（2）中的排名进行 Kendall 检验，若不通过，则更换单一评价方法重新评价。

（4）分别用平均值法、Boarda 法和 Compeland 法对流程（2）中得到的排名进行综合评价。

（5）对流程（4）中的排名进行 Spearman 一致性检验。

（6）如果通过一致性检验，说明各种不同评价方法的评价结果完全一致，此时得到最终的综合评价结果。如果不通过，则更换组合评价方法重新修正，直至最后的评价排名通过 Spearman 一致性检验。

2. 赋权方法

循环修正的组合评价模式采用主客观综合赋权方法共同来确定评价权重。其中主观赋权法采用 G1 法，其他三种方法均为客观确定权重法，分别为熵值法、均方差法和离差法。四种权重确定方法的数学原理参见郭亚军（2002）。G1 法主观赋权的具体步骤如下：

(1) 用 G1 法确定指标的序关系。

(2) 专家给出相邻指标重要性程度之比的理性赋值。

(3) 若专家给出了理性赋值，则准则层下第 1 个指标对该准则层的 G1 法权重为

$$v_l = \left(1 + \sum_{k=2}^{l}\prod_{i=k}^{l} h_i\right)^{-1} \tag{3.62}$$

(4) 由权重 v_{k-1} 可得第 $l-1$，$l-2$，…，3，2 个指标的权重计算公式为

$$v_{k-1} = t_k v_k \tag{3.63}$$

式中：v_{k-1} 为准则层下第 $k-1$ 个指标对该准则层的 G1 法权重；t_k 为专家给出的理性赋值；v_k 为准则层下第 k 个指标对该准则层的 G1 法权重。

G1 法赋权的特点是通过主观排序反映指标的重要程度，重要指标赋给较大权重。采用主观和客观相结合的方法进行权重确定，即将人为的判断纳入了权重确定过程中，同时又避免了强烈的主观性对权重确定的偏差。

3. 单一评价方法的选取

（1）模糊物元法。在模糊物元分析的基础上，结合欧氏贴近度的概念，提出了基于欧氏贴近度的模糊物元分析方法。在对区域水资源短缺程度进行综合评价时，将各地区水资源短缺程度作为物元的事物，以它们的各项评价指标及其相应的模糊量值构造复合模糊物元（蔡文，1994；张斌等，1997），通过计算与标准模糊物元之间的欧氏贴近度，采用上述综合权重确定法确定权重，实现对各地区水资源短缺程度的综合评价与排序。

（2）模糊识别法。水资源短缺评价是一种复杂的多目标多层次的评价过程，属于一个模糊模式识别问题。对各地区水资源短缺评价指标建立实测指标矩阵和标准矩阵（邹志红等，2005；陈守煜，2002）。根据模糊变化，得到相对隶属度集合。以加权广义权距离平方和最小为目标函数，其参数分别取海明距离和欧氏距离（陈守煜等，2002），采用上述综合权重确定法确定权重，建立水资源短缺的模糊识别评价模型，按照综合评价得分进行

排序，最终可得到每个被评价对象在该种评价方法下的排名状况。

（3）模糊综合评价法。模糊综合评价法是通过构造等级模糊子集，确定各指标隶属度，再利用模糊变换对其进行评价，将各地区水资源短缺程度评价指标和评价标注组成集合，采用上述综合权重确定法确定权重，建立模糊权向量。首先对各指标作单因素评价，求出各指标对各等级的隶属度；其次通过模糊变换，求得模糊综合评价的结果；再次利用模糊综合指数法，计算评价值；最后按照最终评价得分进行排序，最终得到每个被评价对象在该评价方法下的排名状况。

（4）加权综合法。该方法即为最简单的线性加权平均法，其算法原理如下：

1）对指标数据进行归一化处理。

2）利用加权平均得到第 i 个被评价对象的综合评价得分为

$$d_i = 100 \sum_{k=1}^{l} v_k h_{ik} \tag{3.64}$$

3）按照综合评价得分进行排序，最终可得到每个被评价对象在该种单一评价方法下的排名状况。

3.4.1.2　模型设计

1. 事前一致性检验的 Kendall 协和系数法

假设用 m 种单一评价方法对 n 个不同评价对象的水资源短缺程度进行评价，q_{ij} 表示第 i 个被评价对象在第 j 种评价方法下的排名，$1 \leqslant q_{ij} \leqslant n (i = 1, 2, \cdots, m)$。

进行事前 Kendall 检验的步骤分为以下三步：

（1）提出假设。假设 H_0：所选的评价方法不具有一致性；H_1：所选的评价方法具有一致性。

（2）构造统计量。构造统计量 χ^2 为（陈伟和夏建华等，2007）

$$\chi^2 (n-1) = m(n-1)W \tag{3.65}$$

其中

$$W = \frac{12 \sum_{i=1}^{n} q_i^2}{m^2 n(n^2-1)} - \frac{3(n+1)}{n-1}$$

$$q_i = \sum_{j=1}^{m} q_{ij}$$

（3）一致性检验。χ^2 服从自由度为 $n-1$ 的 $\chi^2(n-1)$ 分布。因此给定显著性水平 α，查得临界值 $\chi^2_{a/2}(n-1)$。当 $\chi^2(n-1)/\chi^2_{a/2}(n-1)$ 时，拒绝 H_0，接受 H_1，即认为各种评价方法在显著性水平 α 上具有一致性。反之，则需重新选择单一评价方法进行组合评价。

Kendall 协和系数检验，是检查 m 个评价方法对第 i 个评价对象的评价结果是否一致。它是通过协和系数 W 来描述样本数据中的排名分歧程度的。通过对所选不同单一评价方法的评价结果的相关程度进行检验，可保证下一步循环修正的组合评价结果的合理性。若通不过检验，则更换单一评价方法重新进行评价。

2. 组合评价方法

各单一评价方法所得出的评价结果往往不完全一致，循环修正模型引入三种组合评价

方法，对各单一评价方法所得出的评价结果进行修正，每种组合评价方法的具体步骤见表 3.37。

表 3.37　　　　　　　　　　　　各组合修正方法计算步骤

组合评价方法	平均值法	Boarda 法	Compeland 法
步骤	排名的分数转换（郭显光，1995；刘艳春，2007）用排序打分法将排名转换成分数 T_{ij}，t_{ij} 为第 i 地区在第 j 种方法下的排名	Boarda 法是一种少数服从多数的方法。若评价认为地区 i 优于 j 的个数大于地区 j 优于地区 i 的个数，记为 $s_i R s_j$	Compeland 法是一种区分"优"和"劣"的方法。若评价认为地区 i 优于地区 j，记为 $s_i R s_j$。若评价认为地区 i 劣于地区 j，记为 $s_j R s_i$。若评价认为地区 i 和地区 j 相等，记为 0
定义公式	$T_{ij} = n - t_{ij} + 1$	$b_{ij} = \begin{cases} 1, & s_i R s_j \\ 0, & \text{其他} \end{cases}$	$c_{ij} = \begin{cases} 1, & s_i R s_j \\ 0, & \text{其他} \\ -1, & s_j R s_i \end{cases}$
组合评价法得分计算公式	$\overline{T_i} = \dfrac{1}{m} \sum\limits_{j=1}^{m} T_{ij}$	$B_i = \sum\limits_{j=1}^{n} b_{ij}$	$C_i = \sum\limits_{j=1}^{n} c_{ij}$
备注	按均值法的组合评价值 $\overline{T_i}$ 的大小重新进行排名，数值大的排名高；反之，排名低	按组合评价值 B_i 的大小重新进行排名，数值大的排名高；反之，排名低。若有两个地区的组合评价值 $B_i = B_j$，标准差小者为优	按组合评价值 C_i 的大小重新进行排名，数值大的排名低；反之，排名低。若有两个地区的组合评价值 $C_i = B_j$，标准差小者为优

注　1. 若有两个地区的组合评价值 $\overline{T_i} = \overline{T_j}$，则计算不同得分的标准差。

$$\sigma_i = \sqrt{\frac{1}{m} \sum_{j=1}^{m} (T_{ij} - \overline{T_i})^2}, \quad i = 1, 2, \cdots, n$$

2. 若 $\sigma_i \neq \sigma_j$，则按照得分的标准差 σ_i 的大小进行排名，σ_i 越小则排名越高。

3. 若 $\sigma_i = \sigma_j$，则 i 和 j 两个地区的排名相同。

3. 评价结果的确定

现有组合评价研究的缺陷是：在进行一次组合评价之后，没有对评价结果进行事后一致性检验，很难保证组合评价结果满足不同评价方法对同一评价对象的评价结果保持一致性。所以采用 Spearman 方法对各组合评价法评价结果进行事后一致性检验，使得最终各组合评价法的评价结果保持一致。

（1）事后一致性检验 Spearman 方法。假设用 m 种组合评价方法对 n 个不同的地区进行评价，x_{ij} 表示第 i 个被评价地区在第 j 种组合评价方法下的排名，第 j 种组合评价方法和第 k 种组合评价方法的 Spearman 等级相关系数 γ_{jk} 表达式为（许全喜等，2014）

$$\gamma_{jk} = 1 - \frac{6 \sum\limits_{i=1}^{n} (x_{ik} - x_{ij})^2}{n(n^2 - 1)} \tag{3.66}$$

Spearman 等级相关系数方法的主要作用是检验不同组合评价方法所得到的排名结果之间的密切程度。

（2）循环修正的组合评价结果的确定。当不同组合评价结果的 Spearman 等级相关系数不全部等于 1，则说明不同组合评价方法得到的评价结果还是不一致的，则更换其他组

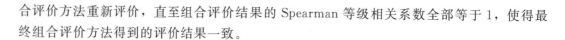

合评价方法重新评价，直至组合评价结果的 Spearman 等级相关系数全部等于 1，使得最终组合评价方法得到的评价结果一致。

3.4.2　云南省水资源短缺程度评价与分析

3.4.2.1　样本的选取

选取云南省全部 16 个地、市、州作为评价样本，包括昆明市、曲靖市、玉溪市、保山市、昭通市、丽江市、普洱市、临沧市、楚雄彝族自治州、红河哈尼族彝族自治州、文山壮族苗族自治州、西双版纳傣族自治州、大理白族自治州、德宏傣族景颇族自治州、怒江傈僳族自治州、迪庆藏族自治州。选择 2010 年作为现状水平年，16 个地、市、州所有的水资源短缺评价指标计算所需数据均来自 2011 年云南省统计年鉴、2010 年云南省水资源公报以及 2010 年云南省水利统计年鉴。

3.4.2.2　指标数据的等级划分

将指标数据按照相应的正向指标、负向指标及适中指标进行无量纲化处理，得到各评价指标的值。其中，水资源开发利用率按照适中型指标计算取国际普遍采用的 30％的水资源合理开发利用程度（雷静和张琳，2010）用 u_0 表示，即 $u_0＝30$。

根据云南省水资源短缺评价指标体系中各指标的实际情况，横向对比同期西南地区相关指标情况，并查阅相关规范和标准，将上述 23 个指标划分为四个等级，分别为基本不缺水、轻度缺水、中度缺水和严重缺水。各指标等级划分情况及参考标准见表 3.38。

表 3.38　　　　云南省水资源短缺评价指标等级划分及参考标准

序号	准则层	指标层	指标等级划分				指标等级划分参考标准
			基本不缺水	轻度缺水	中度缺水	严重缺水	
1	水资源	人均水资源量	3000	1700	1000	500	联合国衡量国家财富标准
2		干旱指数	0.5	1	1.5	2	《气象干旱等级》（GB/T 20481—2006）
3		径流系数	0.6	0.5	0.4	0.3	《水资源评价导则》（SL/T 238—1999）
4		单位面积产水量	50	30	20	10	《水资源评价导则》（SL/T 238—1999）
5	人口社会经济	人均 GDP	6135.94	24266.83	46966.65	74921.33	2011 年世界银行标准
6		城镇化率	30	45	60	75	全国文明城市测评手册
7		人口密度	10	100	150	250	中国城市等级划分标准
8		工业产值模数	20	150	300	450	《全国山洪灾害防治规划经济社会区划技术细则》
9		耕地率	10	15	25	40	《全国土地利用现状调查技术规程》全国农业区划委员会
10	工程控制	水资源利用率	30	20	10	5	国际通行标准
11		水利工程投资比	3	2.5	1.5	0.1	《水利工程概算定额》（水利部水总〔2002〕116 号文件）
12		总库容系数	50	30	10	2	《水利水电工程等级划分及洪水标准》（SL 252—2000）

序号	准则层	指标层	指标等级划分				指标等级划分参考标准
			基本不缺水	轻度缺水	中度缺水	严重缺水	
13	供水情况	人均可供水量	500	400	300	200	中国水资源短缺地域差异研究（千晓青，2001）
14		耕地有效灌溉率	70	60	50	40	《全国土地利用现状调查技术规程》全国农业区划委员会
15		农村饮用水安全人口比	80	70	60	50	全国农村饮水安全工程"十二五"规划
16	用水情况	人均用水量	1000	600	400	200	《用水指标评价导则》（SL/Z 552—2012）
17		万元 GDP 用水量	220	140	60	24	《用水指标评价导则》（SL/Z 552—2012）
18		农田灌溉亩均用水量	220	300	570	700	《用水指标评价导则》（SL/Z 552—2012）
19		万元工业增加值用水量	50	75	180	200	《用水指标评价导则》（SL/Z 552—2012）
20	水环境	工业废水排放达标率	95	90	85	80	《创建国家环境保护模范城市技术要求》国家环保总局
21		城镇生活污水处理率	95	70	60	50	全国文明城市测评手册
22		污径比	0.01	0.02	0.05	0.1	《地表水资源质量评价技术规程》（SL 395—2007）
23		水功能区达标率	90	80	70	60	《地表水资源质量评价技术规程》（SL 395—2007）

3.4.2.3 权重的确定

按照 G1 法的思路，根据赋权专家的意见，得到准则层五个子系统的主观优先排序，以及重要性程度的赋值。

通过以下几个步骤计算准则层的权重：

(1) 根据专家组的意见，得到水资源 R_1、人口社会经济 R_2、工程控制 R_3、供水情况 R_4、用水情况 R_5、水环境 R_6 等六个准则层的主观优先顺序排序及重要性程度的赋值，依次是 $R_1 > R_6 > R_3 > R_4 > R_5 > R_2$。

$$t_2 = \frac{r_1}{r_6} = 1.18, \quad t_3 = \frac{r_6}{r_3} = 1.05, \quad t_4 = \frac{r_3}{r_4} = 1.05$$

$$t_5 = \frac{r_4}{r_5} = 1.02, \quad t_6 = \frac{r_5}{r_2} = 1.02$$

(2) 把重要性程度的赋值 $t_j (j = 2, 3, 4, 5, 6)$ 代入式（3.62）、式（3.63）可得其他准则层的权重为 $v^{(5)} = 0.1546$、$v^{(4)} = 0.1584$、$v^{(3)} = 0.1717$、$v^{(2)} = 0.1798$、$v^{(1)} = 0.2412$。

(3) 指标层对准则层的权重计算。仿照步骤（2），可得指标层对准则层的 G1 权重，最终得到指标层对总目标层的 G1 权重。

分别采用 3.4.1.1 节中提到的三种客观赋权法计算各指标的权重，然后将各评价方法所得的权重求平均值，得到所有指标的平均权重及准则层最终权重。

3.4.2.4　循环修正的综合评价

1. 单一评价方法的计算结果

利用各单一评价方法计算得分并排名，见表 3.39。由表 3.39 可以看出，4 种评价方法对同一评价对象的评价结果出现了不一致的现象。

表 3.39　各单一评价方法下云南省各地市州水资源短缺评价得分、排名及排名分数

序号	云南省各地市州名称	模糊物元法		模糊识别法		模糊综合评判法		多目标线性加权函数法		各城市排名总得分 T_i
		排名 t_{i1}	排名分数 T_{i1}	排名 t_{i2}	排名分数 T_{i2}	排名 t_{i3}	排名分数 T_{i3}	排名 t_{i4}	排名分数 T_{i4}	
1	昆明市	15	2	14	3	15	2	15	2	59
2	曲靖市	13	4	11	6	10	7	10	7	44
3	玉溪市	16	1	15	2	14	3	14	3	59
4	保山市	7	10	10	7	11	6	11	6	39
5	昭通市	12	5	16	1	16	1	16	1	60
6	丽江市	6	11	5	12	3	14	4	13	18
7	普洱市	8	9	13	4	13	4	13	4	47
8	临沧市	5	12	12	5	12	5	12	5	41
9	楚雄州	14	3	9	8	9	8	9	8	41
10	红河州	10	7	6	11	6	11	6	11	28
11	文山州	9	8	4	13	2	15	2	15	17
12	西双州	4	13	3	14	4	13	3	14	14
13	大理州	11	6	8	9	7	10	7	10	33
14	德宏州	3	14	7	10	8	9	8	9	26
15	怒江州	1	16	2	15	5	12	5	12	13
16	迪庆州	2	15	1	16	1	16	1	16	5

2. 事前 Kendell 一致性检验

根据式（3.65），计算得到统计量 $\chi^2(16-1)=68.92$，在给定显著性水平 $\alpha=5\%$ 下，查表得临界值 $\chi^2_{0.05/2}(15)=27.488$。$68.92>27.488$，即在给定显著性水平 $\alpha=5\%$（置信度为 95%）的条件下拒绝原假设 H_0，接受原假设 H_1，即该 4 种评价方法具有一致性。

3. 组合评价

根据循环修正模式的评价过程，对上述得到的各单一评价结果排名进行循环修正，得到三种组合评价法的云南省水资源短缺程度排名，见表 3.40 第 3～8 列。

4. 组合评价检验

由表 3.40 第④、⑥、⑧列可以看出，三种组合评价方法对云南省各地级市水资源短

缺程度的排名是一致的，通过了 Spearman 检验，即为最终的评价结果（表 3.40 中第⑨列），其中排名越靠后，水资源短缺程度越严重。图 3.29 表示了各地级市的排名情况。

5. 准则层的循环修正评价

同理，可对 6 个准则层进行循环修正的评价，评价结果见表 3.40 第 10～16 列。

表 3.40　　　　　　　　云南水资源短缺的总排名及各准则层的评价排名

序号①	地区②	水资源短缺程度的总体循环修正排名						总排名⑨	准则层的循环修正排名					
		平均值法③	排名④	Boarda 法⑤	排名⑥	Compe-land 法⑦	排名⑧		水资源⑩	人口社会经济⑪	工程控制⑫	供水情况⑬	用水情况⑭	水环境⑮
1	昆明市	2.25	14	5	14	−50	14	14	14	16	1	9	12	15
2	曲靖市	6	12	20	12	−20	12	12	12	12	4	7	16	11
3	玉溪市	2.25	15	5	15	−50	15	15	15	14	2	10	15	14
4	保山市	7.25	9	25	9	−10	9	9	4	10	10	4	7	10
5	昭通市	2	16	4	16	−52	16	16	8	15	5	2	10	16
6	丽江市	12.5	5	46	5	32	5	5	5	5	13	15	4	5
7	普洱市	5.25	13	17	13	−26	13	13	6	11	11	3	3	12
8	临沧市	6.75	10	23	10	−14	10	10	7	13	8	6	6	13
9	楚雄州	6.75	11	23	11	−14	11	11	16	9	3	13	9	9
10	红河州	10	7	36	7	12	7	7	10	6	7	11	11	6
11	文山州	12.75	4	47	4	34	4	4	11	2	9	5	14	2
12	西双州	13.5	3	50	3	40	3	3	9	4	12	12	5	4
13	大理州	8.75	8	31	8	2	8	8	13	8	6	8	8	8
14	德宏州	10.5	6	38	6	16	6	6	2	7	14	14	1	7
15	怒江州	13.75	2	51	2	42	2	2	1	3	16	1	2	3
16	迪庆州	15.75	1	59	1	58	1	1	3	1	15	16	13	1

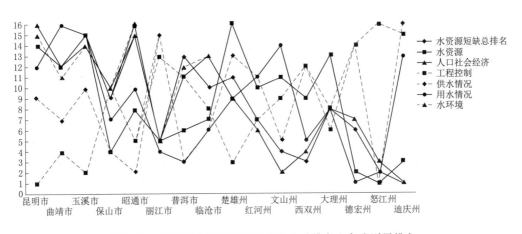

图 3.29　云南省水资源短缺程度评价总排名和各准则层排名

6. 分析与讨论

（1）滇中地区由于经济迅速发展导致其水资源短缺严重。在所有 16 个城市中，昆明市的水资源和水环境排名分别列第 14 位和第 15 位，玉溪市分别为第 15 位和第 14 位。昆明市和玉溪市位于滇中地区，在所有 16 个城市中，其人口经济社会的排名分别列第 16 位和第 14 位。经济社会发展快、人口迅猛增加、集中度高、水污染严重，导致了较为严重的水资源短缺情况，说明昆明市和玉溪市为水质-资源型复合缺水型城市。

（2）滇西北地区存在较为严重的工程性缺水现象。怒江州、迪庆州虽然在水资源短缺程度的总体排名中列最末位，分列第 15 位和第 16 位，但是其工程控制排名均较低，为典型的工程性缺水城市。这两个地区的水资源开发利用率指标分别为 0.8 和 1.1，水资源开发利用率极低。这两座城市均位于滇西北地区，地形地貌复杂，处于横断山脉和青藏高原结合部，海拔落差巨大，横亘怒江与金沙江，水量极为丰沛，但是开发利用难度很大，这也是导致近年来云南大旱中该地区水资源短缺的主要原因。

（3）滇中东部地区的用水情况亟待改善。曲靖市位于云南中东部，其用水情况排名分列最后一位，其人均用水量和万元 GDP 用水量均较高，为典型的效率型缺水。说明其经济发展模式为粗放型，应尽可能采用新技术、新工艺，提高生产效率和用水效率，转变为集约型经济增长方式，并积极倡导节水型社会建设。

（4）滇东北地区水资源短缺情况最为严峻。昭通市在云南省水资源短缺程度评价中位列最末位。昭通位于云南东北部，地处云、贵、川三省交汇处，位于国家规划的"攀西-六盘水经济开发区"腹心地带。随着经济的发展，严重的水环境污染是导致其水资源短缺的最重要原因，属于水质型缺水，其水资源列第 8 位，在云南省并不算非常充沛，更加剧了缺水情况。从 2010 年西南大旱开始，昭通市已经连续三年发生严重干旱现象。

（5）2010 年西南大旱中受灾最严重的楚雄州缺水情况。2010 年西南大旱，楚雄州是云南省受灾最严重的城市，楚雄州位于滇中地区，其水资源排名在所有 16 个城市里列最末位，可见其本地水资源量较为匮乏，供水情况列第 13 位，人均可供水量和耕地有效率指标均较低，说明其供水情况并不乐观，属于资源-效率型缺水。而在工程控制方面，楚雄州列第 3 位，水利工程投资比达到 5.07%，可见在经历了 2010 年西南大旱后，楚雄州加大了在水利工程方面的投资，缺水情况有一定的缓解。

（6）云南省著名旅游城市的水资源利用状况较为良好。在所有 16 个城市中，丽江市和大理州的用水情况和水环境状况排名均较好。这两个城市是全国著名的旅游城市，以旅游推动经济发展，对生态环境的保护较好。但是丽江市位于丽江西北部，地形地貌复杂，其水资源开发利用率指标较低，供水情况偏差，需加强水利工程设施的建设。

（7）滇西南地区的水资源短缺情况较为严峻。临沧市、普洱市、保山市位于滇西南地区，在水资源短缺程度评价中排名较靠后，存在较为严重的缺水现象，这几个地区在经济发展过程中对水环境造成了一定程度的影响，同时，水资源开发利用率也较低，在工程控制方面排名分别为第 8、11、10 位，属于水质-工程型复合缺水类型。在未来的发展过程中，应当在注重产业结构优化升级的同时加大对水资源的开发利用。

（8）云南省其他少数民族地区的水资源短缺情况。文山州和西双版纳在水资源短缺程度总体排名中位列第 4 和第 3 位，水资源短缺现象不严峻，但是其水资源开发利用率分别为4.3和6.7,存在一定的工程型缺水现象,这也是云南省普遍存在的现象。德宏州和红河州在水资源短缺程度排名中分列第6和第7位,其中红河州的水资源排名在所有16个城市中仅位列第10位,通过合理利用和保护水资源,其水资源短缺现象并不严重。但德宏州却在水资源排名第2位的情况下,因缺乏对水资源的合理开发利用,形成典型的效率-工程型复合缺水,供水和用水情况排名均列第14位。德宏州位于滇西地区,水资源开发利用难度大,需加强对水资源的开发利用。

综上所述,以昆明市和玉溪市为代表的滇中地区是云南省水资源短缺最严重的地区,该地区水资源量较少,同时经济发展迅速、集中度高、水污染严重,水资源短缺现象最为严峻。以迪庆州和怒江州为代表的滇西北地区是云南省水资源短缺程度最轻的地区,该地区江河众多,水资源量和水能都非常充沛,加之人口密度较低,经济发展较慢,缺水现象并不严重。但同时云南省众多城市都存在不同程度的工程性缺水,水资源开发利用率和人均可供水量均较低,这也是造成近三年来云南持续干旱的重要原因。从全省普遍较高的水利工程投资比重中也可以看出,云南省近年来加大了对水利工程的投资,在未来可以一定程度地缓解工程性缺水情况,对解决干旱问题将起到事半功倍的效果。

3.4.3 结论

依据所建立的水资源短缺的循环修正模式计算结果,云南省水资源短缺程度由高到低依次为昭通市、玉溪市、昆明市、普洱市、曲靖市、楚雄州、临沧市、保山市、大理州、红河州、德宏州、丽江市、文山州、西双版纳州、怒江州、迪庆州。

由各准则层循环修正计算结果可以看出,除去昆明市、玉溪市和曲靖市,云南省其他13个地(市、州)均存在不同程度的工程型缺水,其水资源利用率指标值均在5%以下。此外,昆明市和玉溪市属于典型的水质型缺水,昭通市和楚雄州属于混合型缺水。

循环修正的组合评价方法保证了对同一对象的评价结果的一致性。通过用组合评价方法对不同的单一评价方法得到的不同评价结果进行修正,保证了不同评价方法评价结果的一致性,解决了不同单一评价方法评价结果相互矛盾的问题,为区域水资源短缺评价提供了一种新的思路。

第4章 水资源产业结构优化配置

4.1 决策的基本理论

4.1.1 决策的概念与分类

4.1.1.1 决策的定义与要素

1. 决策的定义

决策有狭义和广义两种理解。狭义上，决策就是对行动的事先选择，所谓决策就是做出一种选择和决定。广义上的决策应理解为一个过程，人们对行动方案的确定要经过提出问题、确定目标、搜集资料、拟定方案、分析评价到最后的抉择等一系列过程，所谓决策是指为了实现特定的目标，根据客观的可能性，在占有一定信息和经验的基础上，借助一定的工具、技巧和方法，对影响目标实现的诸因素进行准确的计算和判断优选后，对未来行动做出决定（徐国祥，2005）。决策具有三个基本特征：未来性、选择性和实践性。

与评价一样，决策也是一项系统工程，组成决策系统的基本要素有：决策主体、体现决策主体利益和愿望的决策目标、决策对象和决策所处的环境。决策是由人做出的，决策主体既可以是单个的人，也可以是一个组织；决策是围绕目标展开的，决策目标既体现了决策主体的主观意志，又反映了客观现实；决策对象是决策的客体，决策对象所涉及的领域十分广泛，可以包括人类活动的各个方面；决策环境是指相对于主体、构成主体存在条件的物质实体或社会环境要素。例如，对于战场环境保障来说，决策对象是武器装备或者某项军事活动，决策环境是指武器装备或军事活动所处的大气海洋环境。

决策作为一种社会现象，普遍存在于人类社会的一切活动领域，是人类社会中不可缺少的一种实践活动，小到个人的日常生活，大到国家方针政策的制定都离不开决策。正确的决策能产生正确的行动，导致期望的结果；反之，错误的决策产生错误的行动，背离期望的结果。

2. 决策的要素

决策问题包括以下几个基本要素：

（1）自然状态（或条件）。一个问题所面临的几种自然状况或客观条件，简称为该问题的自然状态。

（2）方案（或策略）。决策者可能采取的不同的行动方案，简称方案（或策略），一般用 $T_1, T_2, \cdots, T_n$ 表示。

（3）益损值（效益值或风险值）。益损值即当决策者在某一自然状态下采用某一策略得到的收益或损失的数值。

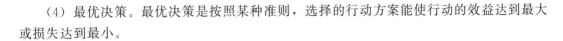

（4）最优决策。最优决策是按照某种准则，选择的行动方案能使行动的效益达到最大或损失达到最小。

4.1.1.2 决策的分类

决策的分类方法有很多，可以从不同的角度进行分类。这里只介绍几种常见的分类。

1. 决策问题信息量

按决策问题掌握信息量的不同分为确定型决策、不确定型决策与风险型决策，其中确定型决策是指可供选择方案的条件已确定；风险型决策是指决策时的条件是不确定的，并且知道各种可能情况出现的概率，可以结合概率来进行决策，但是要冒一定的风险；不确定型决策是指未知任何信息的决策。

2. 决策目标的数量

按照决策目标的数量可分为单目标决策和多目标决策，其中单目标决策是指决策要达到的目标只有一个，比如在潜艇航行区域的选择中，如果只考虑局部战术效能达到最大，如战术隐蔽效能、航行安全效能或鱼雷攻击效能当中的一个达到最大，那么这样的决策就是单目标决策；多目标决策是指决策要达到的目标不止一个的决策，海洋环境保障中很多决策问题都属于多目标决策，比如在海上突发事件的应急救援行动中，既要考虑舰船救援效能，又要考虑飞机救援效能。

3. 是否运用数学模型

按照决策过程是否运用数学模型来辅助决策可分为定性决策和定量决策，定性决策是指决策变量、状态变量和目标函数都无法量化，只能作定性的描述；反之，决策变量、状态变量和目标函数都可以量化的决策称为定量决策。定性和定量的划分是相对的，实际决策往往是定性分析和定量分析的结合。

4. 决策的整体构成

按照决策的整体构成分为单阶段决策和多阶段决策。单阶段决策是指整个决策问题只由一个阶段构成，多阶段决策也称动态决策，它具有如下特点：①决策问题是由多个不同的前后阶段的决策问题构成；②前一阶段的决策结果直接影响下一阶段的决策，是下一阶段决策的出发点；③必须分别做出各个阶段的决策，但各阶段决策结果的最优之和并不构成整体决策结果的最优。

4.1.2 决策的步骤与原则

4.1.2.1 决策的步骤

一个完整的决策过程包括以下步骤（徐国祥，2005）：

（1）确定决策目标。决策目标是在一定的环境和条件下，在预测的基础上所希望达到的结果，确定目标首先要确定问题的特点、范围，其次要分析问题产生的原因，同时还应收集与确定目标相关的信息，然后确定合理的目标。

（2）拟定备选方案。拟定备选方案必须广泛收集与决策对象有关的信息，并从多角度预测各种可能达到目标的途径及每一种途径的可能后果。

（3）方案抉择。方案抉择是指对几种可行备选方案进行评价比较和选择，形成一个最

佳行动方案的过程。

（4）方案实施。方案确定后，应当组织人力、物力及财力资源实施决策方案。在决策方案实施过程中，决策机构必须加强监督，及时将实施过程的信息反馈给决策制定者。当发现偏差时，应及时采取措施予以纠正。

4.1.2.2　决策的原则

正确的决策应遵循以下三条原则（徐国祥，2005）：

（1）可行性原则。决策是为了实现某个目标而采取的行动，决策是手段，实施决策方案并取得预期效果才是目的。因此，决策的首要原则是提供给决策者选择的每一种方案在技术上、资源条件上必须是可行的。

（2）经济性原则。通过多方案的分析比较，所选定的决策方案具有较明显的经济性，即实施这一方案能获得更好的经济效益。

（3）合理性原则。决策过程中定量分析的最优结果不一定最合理、最令人满意，因此在选择决策方案时，应兼顾定量与定性的要求，选择令人满意的方案。

4.1.3　几类决策模型

4.1.3.1　确定性决策模型

1. 线性规划

线性规划问题的一般数学模型为

$$\begin{aligned} \max \quad & z = cx, \quad x = (x_1, x_2, \cdots, x_n)^{\mathrm{T}} \\ \text{s.t.} \quad & Ax \leqslant b, \quad x \geqslant 0 \end{aligned} \tag{4.1}$$

其中 $c \in R^n$，$A \in R^{m \times n}$，$b \in R^m$，且均为已知。

线性规划具有如下特点：目标函数是未知量的线性函数，约束条件是未知量的线性等式或线性不等式，求解目标函数的极大或极小值。

2. 非线性规划

与线性规划不同，非线性规划的目标函数和约束条件的数学表达式是非线性的，或者至少其中有一项是非线性的。在实践中遇到的问题多是非线性的，有的可以直接转化为线性问题进行近似处理，有的则需非线性规划方法比较简便。

例 4.1　某总队准备新建两个弹药库 A_1、A_2 以向 B_1、B_2、B_3 三个支队级单位运送弹药，每个支队的位置［用平面坐标 (a, b) 表示，距离单位：km］及三支部队需要的弹药数 d 由表 4.1 给出。新建的弹药库储存同类弹药分别为 120 个、130 个基数。假设新建的弹药库到三支部队之间均有直线道路相连，问弹药库应建在何处以及如何安排运输，才能使得总吨公里数最小？

记部队的位置为 (a_i, b_i)，需要的弹药数为 $d_i(i = 1, 2, 3)$；弹药库的位置为 (x_j, y_j)，储存量为 $d_j(j = 1, 2)$；从弹药库 j 向部队 i 的运送量为 c_{ij}。则这个优化问题的目标函

表 4.1　三支部队的位置 (a, b) 及需要的弹药数 d

序号	a	b	d
1	1.25	1.25	50
2	8.75	0.75	45
3	0.5	4.75	55

数（总吨公里数）可以表示为

$$\min f = \sum_{j=1}^{2} \sum_{i=1}^{3} c_{ij} \sqrt{(x_j - a_i)^2 + (y_j - b_i)^2} \tag{4.2}$$

各部队的需要量必须满足，所以

$$\sum_{j=1}^{2} c_{ij} = d_i, \quad i = 1, 2, 3 \tag{4.3}$$

各弹药库的运送量不能超过储备量，所以

$$\sum_{j=1}^{2} c_{ij} \leqslant e_j, \quad j = 1, 2 \tag{4.4}$$

这个优化问题的决策变量为 c_{ij} 和 x_j、y_j。问题归结为在约束条件式（4.3）和式（4.4）及决策变量非负下，使式（4.2）最小。由于目标函数 f 对 x_j 和 y_j 是非线性的，所以上述模型是非线性规划模型。

由于实际的优化问题都是有约束条件的，本书只介绍带约束的非线性规划，它的一般形式可以描述为

$$\min z = f(x), \quad x \in R^n$$
$$\text{s. t. } h_i(x) = 0, \quad i = 1, 2, \cdots, m \tag{4.5}$$
$$g_j(x) \leqslant 0, \quad j = 1, 2, \cdots, l$$

其中 f、h_i 和 g_j 是非线性函数，是带约束的非线性规划（Nonlinear Programming，NLP）。

非线性规划（NLP）有很多种解法，如可行方向法、罚函数法、梯度投影法等。MATLAB优化工具箱使用的逐步二次规划法（Sequential Quadratic Programming，SQP），被认为是解 NLP 更有效的方法。

3. 动态规划

动态规划是解决多阶段决策过程最优化的一种数学方法，它由美国学者 Richard Bellman 在 1951 年提出的。许多问题可以用动态规划的方法处理，常比线性规划或非线性规划更有成效。特别对于离散性的问题，解析数学无法施展其术，而动态规划的方法就成为非常有用的工具。应指出，动态规划是求解某类问题的一种方法，是考察问题的一种途径，而不是一种特殊算法（如线性规划是一种算法）。因而，它不像线性规划那样有一个标准的数学表达式和明确定义的一组规则，而必须对具体问题进行具体分析处理。

由于不同的多阶段决策过程有其不同的性质，不可能像线性规划那样找到一个普遍适用的算法，但可以根据某种思想找到一个一般性的求解模型。处理这种模型的基本原理就是贝尔曼最优原理，它是动态规划的基本思想，可以用来决定多阶段行动的最优方案。贝尔曼最优原理在军事上的应用也很广泛，可以解决诸如防空武器的配置、部队设防等许多阶段决策问题。它的基本思想为：一个最优策略具有如下性质，即无论在什么样的初始条件和初始决策下，今后的决策对前面决策所形成的状态而言，都必须是最优的。所以动态规划也可以称为每一步都在考虑未来各步的一种规划方法，它的全部理论及思想都可归纳为这个与时间相关的最优原理的应用上。

4. 多目标规划

线性规划和非线性规划在处理问题时，目标函数只有一个，但在实际问题中，衡量一个方案好坏的标准却不一定是一个。例如，在确定一个导弹系统设计方案时，常常要考虑到高可靠性、高精度、省燃料、维护方便等。这时，在一系列约束条件下，目标函数就可能不止一个，而且多目标之间可能存在矛盾，最优解往往不存在。这就要求我们根据目标之间的相对重要性，分等级和权重求出相对最优解或有效解（满意解）。一般通过引入偏差变量将目标函数转化为目标约束进行求解（甘应爱和田丰，2005）。

4.1.3.2　马尔科夫决策模型

马尔科夫过程是以俄国数学家马尔科夫的名字命名的一种随机过程模型，用来刻画现实中大量存在的这样一种现象或一种随机运动系统 Σ：该系统在其随时间演化的过程中，每个时刻处于某一种状态，如果已知 $t=n$ 时刻所处的状态，则关于它在 n 时刻之前系统所处状态的补充知识，对预言系统 Σ 在 n 以后所处的状态不起作用。换言之，在知道"现在"的条件下，"将来"的发展与"过去"的历史是互不相干的。这种特性称为马尔科夫性（简称马氏性），或称无后效性或无记忆性（何春雄，2008）。例如，对目标实施火力突击，突击后的效果只与火力突击时目标所处的当前状态有关，而与其如何进入状态无关。

马尔科夫决策是一种风险型决策。马尔科夫方法的主要研究对象是一个运行系统的状态和状态的转移，应用马尔科夫方法计算分析的目的，就是根据某些变量的现在状态及其变化趋向，来预测它在未来某一特定期间可能出现的状态，从而提供某种决策的依据。马尔科夫决策的基本原理是用转移概率矩阵进行预测和决策。

1. 转移概率矩阵

转移概率矩阵模型为

$$P^{(k)} = \begin{pmatrix} P_{11}^k & P_{12}^k & \cdots & P_{1n}^k \\ P_{21}^k & P_{22}^k & \cdots & P_{2n}^k \\ \vdots & \vdots & \ddots & \vdots \\ P_{m1}^k & P_{m2}^k & \cdots & P_{mn}^k \end{pmatrix} \tag{4.6}$$

式中：P_{ij} 为概率值；P^k 为 k 步转移概率矩阵；矩阵各行表示状态 A_i 经过 k 步转移到状态 A_j 后的概率；矩阵各列概率表示 A_j 经过 k 步转移到状态 A_j 后的概率。初始状态转移概率可由过去的统计资料和动态变化概率来确定，最终系统经过多次状态转移后，马尔科夫过程逐渐趋于稳定状态，而与初始状态无关。

转移矩阵中的元素都是非负的，即 $P_{ij} \geqslant 0$，且矩阵各行元素之和等于 1，即

$$\sum_{j=1}^{n} P_{ij} = 1$$

2. 马尔科夫决策的步骤及特点

马尔科夫决策的步骤如下：

（1）建立转移概率矩阵。

（2）利用转移概率矩阵进行模拟预测。

（3）求出转移概率矩阵的平衡状态，即稳定状态。

马尔科夫决策方法的特点如下：

（1）转移概率矩阵中的元素是根据近期战场环境或影响因子的保留与得失的流向资料确定的。

（2）下一期概率只与上一期的预测结果有关，不取决于更早期的概率。

（3）利用转移概率矩阵进行决策，其最后结果取决于转移矩阵的组成，不取决于原始条件，即最初占有率。

3. 模型应用——作战方案优选

例 4.2 设某次军事行动受天气影响较大，有天气好和天气差两种状态，每种状态下有主攻和主防两种作战策略。其相应的转移概率和有效战斗力的损益值见表 4.2。给出部队在各状态下的行动策略，以使得军事行动的有效战斗力最大。

决策过程如下：令 $u_{(1)}^1$ 为天气好时采用的主攻策略，$u_{(1)}^2$ 为天气好时采用的主防策略，$u_{(2)}^1$ 为天气差时采用的主攻策略，$u_{(2)}^2$ 为天气坏时采用的主防策略。各可行决策的即时期望值见表 4.2，选取初始策略，令 $\delta_0(1)=u_{(1)}^1$，$\delta_0(2)=u_{(2)}^1$，即无论天气好坏都采用主攻策略。则 $p=\begin{bmatrix}0.5 & 0.5\\0.1 & 0.9\end{bmatrix}$，$Q=\begin{bmatrix}32\\-4\end{bmatrix}$，进行定值计算：

$$\begin{cases}v+f_1=32+0.5f_1+0.5f_2\\v+f_2=-4+0.1f_1+0.9f_2\end{cases}$$

令 $f_2=0$，解方程组得 $v^{(0)}=2$，$f_1^{(0)}=60$，$f_2^{(0)}=60$。寻求一个新的策略规则，进行策略改进。

表 4.2　　　　　　　　　　转移概率和有效战斗力损益值

状态 i	决策 $v_{(i)}^k=\delta(i)$	转移概率		战斗力损益值		即时期望值
		$p_{i1}^{\delta(i)}$	$p_{j2}^{\delta(i)}$	$r_{i1}^{\delta(i)}$	$r_{i2}^{\delta(i)}$	$q_i^{\delta(i)}$
天气好	主攻	0.5	0.5	76	-12	32
	主防	0.8	0.2	20	-34	9.2
天气差	主攻	0.1	0.9	50	-10	-4
	主防	0.6	0.4	65	0	39

对状态 1 即天气好的情况下，寻求策略 $u_{(1)}^k$，使得 $\max\{q_1^k+p_{11}^kf_1^{(0)}+p_{12}^kf_2^{(0)}-f_1^{(0)}\}$，

即
$$\max\begin{cases}32+0.5\times60+0.5\times0-60=2\\9.2+0.8\times60+0.2\times0-60=-2.8\end{cases}=2$$

选取策略 $u_{(1)}^1$，即天气好时采用主攻策略。

对状态 2 即天气差的情况下，寻求策略 $u_{(2)}^k$，使得 $\max\{q_2^k+p_{21}^kf_1^{(0)}+p_{21}^kf_2^{(0)}-f_2^{(0)}\}$，

即
$$\max\begin{cases}-4+0.1\times60+0.9\times0-0=2\\39+0.6\times60+0.4\times0-0=75\end{cases}=75$$

选取策略 $u_{(2)}^2$，即天气差时采用主防策略。

由上述计算结果可知改进后的策略与初始策略不同，因此需要进行迭代计算：

$$\begin{cases} v^{(1)}+f_1^{(1)}=32+0.5f_1^{(1)}+0.5f_2^{(1)} \\ v^{(1)}+f_2^{(1)}=39+0.6f_1^{(1)}+0.4f_2^{(1)} \end{cases}$$

令 $f_2^{(1)}=0$，解方程组得 $v^{(1)}=35.18$，$f_1^{(1)}=-6.36$，$f_2^{(1)}=0$。

寻求改进策略：

对天气好的情况，有

$$\max \begin{cases} 32-0.5\times6.36+0.5\times0+6.36=35.18 \\ 9.2-0.8\times6.36+0.2\times0+6.36=10.47 \end{cases}=35.18$$

对天气差的情况，有

$$\max \begin{cases} -4-0.1\times6.36+0.9\times0-0=-4.64 \\ 69-0.6\times6.36+0.4\times0-0=38.18 \end{cases}=35.18$$

决策结果为：由迭代结果可以看出，两种状态下选择的策略 $u_{(1)}^1$ 和 $u_{(2)}^2$ 与上一次计算完全相同，因此该策略为最优策略，即天气好时选择主攻策略，天气差时选择主防策略，且选择后的有效战斗力增益的平均值为 35.18。

4.1.3.3　贝叶斯决策模型

风险型决策方法，是根据各种事件可能发生的先验概率，采用期望值标准或最大可能性标准等来选择最佳决策方案。这样的决策具有一定的风险性，因为先验概率是根据历史资料或主观判断所确定的概率，未经试验证实。为了减少这种风险，需要通过科学实验、调查、统计分析等方法修正先验概率，确定各方案的期望损益值，以协助决策者做出正确的选择。贝叶斯定理可以用来修正先验概率，求得后验概率。利用贝叶斯定理求得后验概率，据以进行决策的方法称为贝叶斯决策方法。由此可以看出，贝叶斯决策和风险型决策的最大区别在于：前者采用的是先验概率，而后者采用的是后验概率。

1. 建模步骤

在具备先验概率的情况下，一个完整的贝叶斯决策过程包括以下步骤：

（1）进行预后验分析这个阶段的主要工作包括：估计搜集补充资料的价值、评估从补充资料可能得到的结果、最优对策的选择。

（2）搜集补充资料，取得先验概率，包括历史概率和逻辑概率，对历史概率加以检验，确定其是否适合计算后验概率。

（3）用概率的乘法定理计算联合概率，用概率的加法定理计算边际概率，用贝叶斯定理计算后验概率。

（4）用后验概率进行决策分析。

2. 贝叶斯定理

若 A_1 和 A_2 构成互斥和完整的两个事件，A_1 和 A_2 中的一个出现是事件 B 发生的必要条件，那么两个事件的贝叶斯定理为

$$p(A_1/B)=\frac{p(A_1)p(B/A_1)}{p(A_1)p(B/A_1)+p(A_2)p(B/A_2)} \tag{4.7}$$

假设存在一个完整的和互斥的事件 $A_1,A_2,\cdots,A_n$，A_i 中的某一个出现是事件 B 发生的必要条件，那么 n 个事件的贝叶斯公式为

$$p(A_i/B) = \frac{p(A_i)p(B/A_i)}{p(A_1)p(B/A_1) + p(A_2)p(B/A_2) + \cdots + p(A_n)p(B/A_n)} \tag{4.8}$$

4.2 水资源产业结构与优化

4.2.1 研究背景与研究区域

4.2.1.1 研究背景

各国学者在水资源与产业结构的综合协调方面均展开了研究工作。Mesarovic 和 Pestel（1974）在指出经济的持续健康发展需要全球性的资源分配制度，这为水资源约束下的产业结构调整研究奠定了基础。Leontie 等（1977）为研究环境与经济政策提供定量依据而建立了全球经济模型，用以计算未来世界经济发展过程中环境与经济政策的关系。国内学者沈大军等（2000）将水作为生产要素，建立数量经济模型，分析了北京市工业用水的边际效益、水的产值弹性。卞戈亚等（2008）建立了水资源优化配置模型，应用基于遗传算法的大系统总体优化求解方法，对河北省水资源配置进行了研究。

水资源系统是一个十分复杂的不确定性系统，广泛存在着随机性、模糊性、灰色性和未确知性（左其亭等，2003）。区间数规划以区间数的形式表示参数的不确定性，只需知道区间的上下限，区间范围涵盖了多种不确定性及其复杂性（Huang，1992），在实际进行决策时，可以结合新的信息、个人偏好、实际情况、经验等在这一行为区间中确定具体行动方案。达庆利和刘新旺（1999）针对目标函数和约束条件均为区间数的线性规划问题，通过对目标函数和约束条件分别处理，把区间线性规划问题转化为确定型的一般参数规划问题来解决。张吉军（2001）定义了区间数线性规划问题的保守可能解、保守必然解、冒进可能解和冒进必然解，引进了区间数线性规划问题的新的最优解。王峰等（2011）以东营市水资源优化配置为例，运用微分进化算法求解区域水资源配置的多目标规划模型。

4.2.1.2 研究区域

河北省多年平均降水量 531.7mm，降水分布不均，总的趋势是东南部多于西北部。多年平均水资源总量 204.69 亿 m^3，为全国水资源总量的 0.72%。多年人均、亩均水资源占有量仅为全国平均值的 1/7 和 1/9，水资源严重匮乏。海河流域开发利用率达 90%以上，远超国际生态警戒线。河北省多年平均地表水资源量为 120.20 亿 m^3。20 世纪 50 年代以来的持续枯水，加之 20 世纪 80 年代以来经济快速发展使得对水资源开发利用程度越来越高，人类活动引发流域下垫面条件发生变化等因素，致使地表水资源量明显减少。

《河北省国民经济和社会发展第十二个五年规划纲要》中指出，在"十二五"期间要"强力推进节能减排，坚定有序地淘汰钢铁、煤炭、水泥、玻璃、造纸、制革等行业的落后产能"，同时要"加快发展生活性服务业，大力发展高端服务业，积极发展面向农村和社区的服务业，着重抓好旅游、文化、商贸物流、金融保险、服务外包、会展等现代服务业"。

4.2.2　水资源约束条件下的多目标规划模型

4.2.2.1　模型与算法设计

区间数多目标线性优化模型的形式一般可以表示为（王红瑞等，2009）

$$\min f_k^{\pm}=C_k^{\pm}X^{\pm}, \; k=1,2,\cdots,u$$
$$\max f_l^{\pm}=C_l^{\pm}X^{\pm}, \; l=u+1,u+2,\cdots,q \tag{4.9}$$
$$\text{s. t. } A_i^{\pm}X^{\pm}\leqslant b_i^{\pm}, \; i=1,2,\cdots,m$$
$$A_j^{\pm}X^{\pm}\geqslant b_j^{\pm}, \; j=m+1,m+2,\cdots,n$$
$$X^{\pm}\geqslant0 \tag{4.10}$$

其中 $C_k^{\pm}\in R^{\pm1\times t}$，$C_l^{\pm}\in R^{\pm1\times t}$，$A_i^{\pm}\in R^{\pm u\times t}$，$A_j^{\pm}\in R^{\pm u\times t}$，$b_i^{\pm}\in R^{\pm}$，$b_j^{\pm}\in R^{\pm}$，$X^{\pm}\in R^{\pm t\times1}$

式中：$R^{\pm}$ 为全体区间数；$f_k^{\pm}$ 和 $f_l^{\pm}$ 为目标函数；C_k、C_l、$A_i^{\pm}$、$A_j^{\pm}$、$b_i^{\pm}$、$b_j^{\pm}$ 为已知系数；$X^{\pm}$ 为变量向量。

1. 目标希望水平的确定

为了给决策者提供其确定的目标函数希望水平所需要的一些信息，同时也为尽可能避免决策过程中所产生的主观性，在计算时对原来的区间数多目标线性规划模型进行分解，通过分别求解每个目标函数的个体最优解来确定每个目标的希望水平（王红瑞等，2008）。

首先，将原来的区间数多目标线性规划模型分解为多个单目标区间数线性规划模型：

$$\min f^{\pm}=C^{\pm}X^{\pm}$$
$$\text{s. t. } A^{\pm}X^{\pm}\leqslant b^{\pm}$$
$$X^{\pm}\geqslant0 \tag{4.11}$$

式中：$C^{\pm}$、$X^{\pm}$、$A^{\pm}$、$b^{\pm}$ 为区间数向量。

对分解后的每个单目标区间数模型构造子模型分别求解，假设目标函数的前 k_1 个系数为正数，其余 $n-k_l$ 个系数为负数，可以得到相应目标函数下限 f^- 的子模型，即

$$\min f^-=\sum_{j=1}^{k_l} c_j^- x_j^- + \sum_{j=k_l+1}^{n} c_j^- x_j^+$$
$$\text{s. t. } \sum_{j=1}^{k_l}|a_{ij}|+\text{sign}(a_{ij}^+)x_j^-/b_i^- + \sum_{j=k_l+1}^{n}|a_{ij}|-\text{sign}(a_{ij}^-)x_j^+/b_i^+\leqslant1$$
$$x_j^{\pm}\geqslant0, \; j=1,2,\cdots,n \tag{4.12}$$

对于目标函数上限 f^+ 的子模型，将其建立在目标函数下限子模型解 $x_{opt}^{\pm}$ 的基础上，即

$$\min f^+=\sum_{j=1}^{k_l} c_j^+ x_j^+ + \sum_{j=k_l+1}^{n} c_j^+ x_j^-$$
$$\text{s. t. } \sum_{j=1}^{k_l}|a_{ij}|-\text{sign}(a_{ij}^-)x_j^+/b_i^+ + \sum_{j=k_l+1}^{n}|a_{ij}|+\text{sign}(a_{ij}^+)x_j^-/b_i^-\leqslant1$$
$$x_j^{\pm}\geqslant0, \; j=1,2,\cdots,n$$
$$x_j^+\geqslant x_{jopt}^-, \; j=1,2,\cdots,k_l$$
$$x_j^-\leqslant x_{jopt}^+, \; j=k_l+1,k_l+2,\cdots,n \tag{4.13}$$

式中：sign(·) 为符号函数。

欲求解最大化的目标函数，可以先将其转化为求解最小化目标函数的形式，或者按照上面提到的过程的相反过程来求解。

由此可得到每个目标函数的希望水平，即为 $f^{\pm}=[f^-,f^+]$，以及目标的容忍限度值 f^+-f^-。

2. 辅助模型的建立

基于以上对目标希望水平的讨论，我们可以对每个目标引入一个辅助值 λ^+，用以衡量目标达成的满意度，然后据此建立辅助模型，用来求出能够平衡每个目标函数所需要的最终区间向量 $X^{\pm}$，并确定在这个最终区间向量条件下每个目标函数的目标值区间及其达成水平。

$$\min \sum_{k=1}^{u} P_k \lambda_k^{\pm} + \sum_{l=u+1}^{q} P_l \lambda_l^{\pm}$$

$$\text{s.t. } f_k^{\pm}(X^{\pm}) \leqslant f_k^- + \lambda_k^{\pm}(f_k^+ - f_k^-), \ k=1,2,\cdots,u$$

$$f_l^{\pm}(X^{\pm}) \geqslant f_l^+ - \lambda_l^+(f_l^+ - f_l^-), \ l=u+1,\cdots,q$$

$$A_i^{\pm} X^{\pm} \leqslant b_i^+ - \left| 1 - \sum_{k=1}^{u} \frac{\lambda_k^{\pm}}{u}(b_i^+ - b_i^-) \right|, \ i=1,2,\cdots,m$$

$$A_j^{\pm} X^{\pm} \geqslant b_j^- + \left| 1 - \sum_{k=u+1}^{q} \frac{\lambda_l^{\pm}}{q-u}(b_j^+ - b_j^-) \right|, \ j=m+1,\cdots,n$$

$$0 \leqslant \lambda_k^{\pm} \leqslant 1, \ 0 \leqslant \lambda_l^{\pm} \leqslant 1, \ X^{\pm} \geqslant 0 \tag{4.14}$$

综上所述，区间数多目标线性规划模型算法流程如图 4.1 所示。

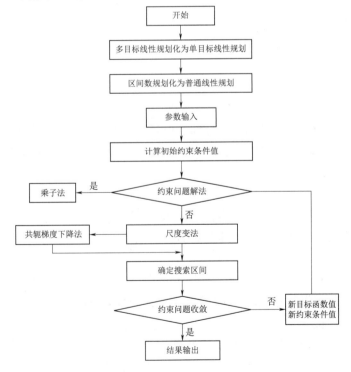

图 4.1　区间数多目标线性规划模型算法流程

4.2.2.2　模型建立

1. 决策变量

$$X^{\pm} = (x_1^{\pm}, x_2^{\pm}, \cdots, x_n^{\pm})^{\mathrm{T}} \tag{4.15}$$

式中：$X^{\pm}$ 为各部门产值规模的区间数向量。

根据河北省宏观经济水资源、水环境投入产出表选定 17 个产业部门的产值为模型决策变量，见表 4.3。

表 4.3　模型的决策变量设定

变量	变量意义	变量	变量意义
x_1	农林牧渔业产值	x_{10}	金属加工业产值
x_2	开采洗选业产值	x_{11}	机械制造业产值
x_3	食品加工业产值	x_{12}	废品废料产值
x_4	纺织服装业产值	x_{13}	能源供应业产值
x_5	木材加工业产值	x_{14}	建筑业产值
x_6	造纸印刷业产值	x_{15}	货运邮电业产值
x_7	石油加工业产值	x_{16}	商业饮食业产值
x_8	化学工业产值	x_{17}	服务业产值
x_9	非金属制品业产值		

2. 目标函数

产业结构调整的目标是通过产业增加值、总用水量和 COD 排放总量等三方面来综合体现综合效益，即通过各部门产值的合理组合，力争所有目标达到一种最优化的综合效益。

（1）产业增加值最大。

$$\max f_1^{\pm} = \max T^{\pm} X^{\pm} \tag{4.16}$$

式中：$T^{\pm}$ 为各产业部门增加值系数的区间数向量，各部门产业增加值系数区间根据 1997 年、2002 年、2005 年及 2007 年的河北省投入产出表，结合对应年份地区生产总值的变化趋势，计算得出各区间值。

（2）总用水量最小。

$$\min f_2^{\pm} = \min W^{\pm} X^{\pm} \tag{4.17}$$

式中：$W^{\pm}$ 为各产业部门万元产值用水量的区间数向量。

（3）COD 排放总量最小。

$$\min f_3^{\pm} = \min C^{\pm} X^{\pm} \tag{4.18}$$

式中：$C^{\pm}$ 为各产业部门万元产值 COD 排放量的区间数向量。

3. 约束条件

对水资源与产业结构耦合关系产生影响的因素有很多，但由于受到统计数据的限制，本书只选取在各个产业部门生产中关系密切的一些因素制定相应的约束条件，以简化计算过程，获得较为符合实际情况的计划结果。约束条件主要包括以下六个方面：地区生产总值约束、产值规模约束、供水总量约束、污水排放量约束、COD 排放量约束以及非负约束。

（1）地区生产总值约束。各产业部门的增加值之和应等于河北省地区生产总值，即河北省 GDP，根据河北省近年来各地区生产总值的最大增长速度和最小增长速度来确定约束范围：

$$GDP_{\min}^{\pm} \leqslant T^{\pm} X^{\pm} \leqslant GDP_{\max}^{\pm} \qquad (4.19)$$

式中：$GDP_{\max}^{\pm}$ 为地区生产总值上限区间 [51191.16，55181.71]；$GDP_{\min}^{\pm}$ 为地区生产总值下限区间 [31028.03，32912.42]。

本书选取 2012 年为规划水平年进行计算。

（2）产值规模约束。产值规模约束是指 i 部门可接受的产值调整范围，考虑到实际产值变化的可承受度，不能在短时间内对产业部门的产值规模做大幅度的调整，所以根据近年来河北省各产业部门的产值变化率增减相应的变动比例来确定约束范围：

$$e_i^{\pm} \leqslant t_i^{\pm} x_i^{\pm} \leqslant d_i^{\pm} \qquad (4.20)$$

式中：$e_i^{\pm}$ 为部门产值下限区间；$d_i^{\pm}$ 为部门产值上限区间。

具体决策变量对应的系数区间见表 4.4。

表 4.4　　　　　　　　　　　　　决策变量对应的系数区间

决策变量	$e_i^{\pm}$	$t_i^{\pm}$	$d_i^{\pm}$
x_1	[9.89，9.99]	[53.31，58.68]	[15.75，15.90]
x_2	[2.93，2.96]	[43.25，53.28]	[8.13，8.21]
x_3	[2.52，2.55]	[22.48，25.66]	[3.59，3.63]
x_4	[2.49，2.52]	[23.90，26.68]	[4.05，4.09]
x_5	[0.37，0.37]	[28.03，33.44]	[2.33，2.36]
x_6	[1.08，1.10]	[25.87，29.54]	[1.95，1.97]
x_7	[0.46，0.47]	[9.24，30.09]	[1.03，1.04]
x_8	[3.17，3.20]	[24.15，29.39]	[4.95，5.00]
x_9	[2.39，2.41]	[25.40，30.77]	[4.45，4.50]
x_{10}	[3.67，3.71]	[19.86，28.40]	[11.15，11.27]
x_{11}	[3.64，3.68]	[26.01，31.59]	[8.49，8.57]
x_{12}	[0.13，0.13]	[85.80，100.00]	[1.57，1.59]
x_{13}	[1.64，1.65]	[29.88，48.81]	[4.02，4.06]
x_{14}	[3.05，3.08]	[24.45，31.88]	[5.84，5.90]
x_{15}	[2.93，2.96]	[44.09，53.36]	[10.12，10.23]
x_{16}	[5.46，5.51]	[47.52，66.33]	[9.89，9.99]
x_{17}	[14.07，14.21]	[53.43，488.74]	[53.46，53.98]

（3）供水总量约束。各产业部门的用水量之和应等于河北省供水总量。根据河北省近年来供水总量变化趋势，依据水利部对河北省的用水量指标要求，推算规划年供水总量的约束范围：

$$W^{\pm} X^{\pm} \leqslant WS^{\pm} \qquad (4.21)$$

式中：$WS^\pm$ 为供水总量上限区间 [1516693.83，1760205.39]。

（4）污水排放量约束。各产业部门的污水排放量之和的约束条件是根据河北省近年来污水排放量变化趋势给出的限制条件：

$$F^\pm X^\pm \leqslant WW^\pm \tag{4.22}$$

式中：$WW^\pm$ 为污水排放量上限区间 [281839.84，367386.49]。

（5）COD 排放量约束。各产业部门的 COD 排放量之和的约束条件是根据河北省近年来 COD 排放量变化趋势给予以下限制：

$$C^\pm X^\pm \leqslant COD^\pm \tag{4.23}$$

式中：$COD^\pm$ 为 COD 排放总量上限区间 [1173140.11，1367992.19]。

（6）非负约束。各产业部门的产值不能为负数，故

$$x_i^\pm \geqslant 0, \quad i=1,2,\cdots,17 \tag{4.24}$$

4.2.3　计算结果与讨论

4.2.3.1　计算结果

由区间数单目标模型确定的目标希望水平见表 4.5。

表 4.5　　　　　　　　　　　　目 标 希 望 水 平 表

目　　标	希望水平上限	希望水平下限
产业增加值目标/亿元	6.9×10^4	3.8×10^4
总用水量目标/万 t	2.28×10^{10}	0
COD 排放量目标/t	1.8×10^6	8.9×10^5

根据设定的目标函数和约束条件以及对变量系数计算的结果，在平衡各个目标需求的前提下，运用 Lingo 软件对模型进行编程计算，得到各个产业部门产值优化后的结果，见表 4.6。

表 4.6　　　　　　　　　各产业部门可取得的产值规划范围

决策变量	产业部门	规划后下限/亿元	规划后上限/亿元
x_1	农林牧渔业	4131.917	4548.131
x_2	开采洗选业	1348.183	1660.836
x_3	食品加工业	2407.627	2748.208
x_4	纺织服装业	2288.015	2554.152
x_5	木材加工业	896.311	1023.464
x_6	造纸印刷业	271.257	341.104
x_7	石油加工业	374.784	1220.482
x_8	化学工业	2644.265	3218.011
x_9	非金属制品业	1904.214	2306.798
x_{10}	金属加工业	3168.058	4530.354

续表

决策变量	产业部门	规划后下限/亿元	规划后上限/亿元
x_{11}	机械制造业	2824.861	3430.887
x_{12}	废品废料	31.870	37.145
x_{13}	能源供应业	823.722	1345.577
x_{14}	建筑业	2345.454	3058.203
x_{15}	货运邮电业	1346.161	1629.194
x_{16}	商业饮食业	2018.032	2816.836
x_{17}	服务业	4705.767	6455.863

各个目标的目标值及其达成水平见表 4.7。

表 4.7　　　　　　　　　　　各个目标的目标值及其达成水平

目　标	上　限	下　限	达成水平上限	达成水平下限
产业增加值	55181.708 亿元	51191.163 亿元	0.66	0
总用水量	1760205.4 万 t	1516693.8 万 t		
COD 排放量	1367992.2t	1173140.1t	1	0.43

将现状年（2010 年）各部门产业值与区间数多目标规划模型得到的各产业产值的上下限进行比较，根据比较结果可以决定是否调整各部门的产业规模。各产业部门若现状年产值比重高于规划产值上限的比重，此类部门应该适当减小产业规模；若现状年产值比重低于规划产值下限的比重，此类部门应该适当增加产业规模；若现状年产值比重在规划产值区间之内，此类部门的产值规模可以基本维持不变。

4.2.3.2　产业部分调整方案讨论

优化河北省的产业结构需要同时考虑多方面因素，不仅要合理分配水资源，减少污水及污染物的排放量，还要保证社会经济的可持续发展。根据模型计算结果，结合河北省经济发展规划，由表 4.6 可知：

（1）农林牧渔业、食品加工业、木材加工业、非金属制品业、服务业、建筑业及商业饮食业等 7 个产业部门的现状产值比重低于优化后的产值比重区间的下限，尤其是农林牧渔业的产值比重变化较大，所以，对于以上几个产业部门可以给予适当的政策倾斜，以提高其产值比重，达到优化配置以适应水资源的限制约束。

（2）对于开采洗选业、金属加工业、纺织服装业、造纸印刷业及能源供应业等 5 个产业部门而言，其现状产值的比重超过了优化后的产值比重范围上限，所以，对于这几个产业部门，在未来的产业结构调整过程中，可以适当减少产值规模，特别是金属加工业和木材加工业，产值比重应有较大程度的调整，以减少排污量及用水量，适应水资源的限制约束。

（3）其余几个产业部门，主要是石油加工业、机械制造业、货运邮电业、化学工业及废品废料等五个产业部门的现状产值居于优化后的产值比重范围内，说明在目前的目标函数和约束条件下，未来几年内的产值比重可以基本维持不变，或者按照所处区间的位置只做轻微的调整，比如石油加工业的现状年产值比重更加接近规划区间产值比重的上限，那么就可以相应地略微减少这个行业的规模；而机械制造业的现状年产值比重更加接近于规划区间产值比重的下限，这说明在未来发展中，这个行业可以在综合考虑其他因素的基础上适当增加产值。

4.2.4　结论

（1）河北省产业结构优化区间数多目标规划的计算结果表明，执行调整方案后，产业增加值最高可达 55181.708 亿元，最低为 51191.163 亿元，平均值为 53186.436 亿元；用水总量可控制在 $15.17 \times 10^9 \sim 17.60 \times 10^9 t$，COD 排放量则可控制在 $11.73 \times 10^5 \sim 13.68 \times 10^5 t$。

（2）在河北省产业结构优化调整方案中，应适当扩大农林牧渔业、食品加工业、木材加工业、非金属制品业、服务业、建筑业及商业饮食业所占比重；石油加工业、机械制造业、货运邮电业、化学工业及废品废料等产业所占比重基本不变；而对于开采洗选业、金属加工业、纺织服装业、造纸印刷业及能源供应业等行业可适当减少产值规模。本书提出的产业结构优化方案与政策规划基本一致，优化方案基本可行。

（3）实例研究表明，区间数多目标规划模型与其他多目标规划相比，由于其模型解为区间值，方案更具可操作性，并可根据实际情况做灵活调整，即用区间数多目标规划模型探讨产业结构调整方面的问题是很有效的。

4.3　土地利用合理配置

4.3.1　研究背景与研究区域

4.3.1.1　研究背景

随着经济的发展和社会的不断进步，中国目前各行各业对土地数量的需求都日益增大。而目前的情况是人口多、耕地少，耕地后备资源和人均土地资源严重不足，人地矛盾十分尖锐。因此，优化土地利用结构，在保证土地利用效率最大化的约束下，解决土地供需平衡和合理分配国民经济各部门之间的土地资源，协调不同区域、不同时空下的土地供给与需求量，寻求既符合区域特点，又能在土地利用效率最大化的约束下达到最佳或最满意的土地利用决策方案，对促进土地资源的集约、高效和持续利用具有重要意义。

在社会主义市场经济条件下，如何按客观规律的要求来建立合理的土地利用结构，是土地利用总体规划的核心内容，这其中包括社会、生态环境、技术与经济等方面的问题，要把这些问题加以综合处理，使各种因素组成一个达到最优水平的完整体系，使各用地部门的用地数量和比例结合成统一协调结构，必须求助于系统优化的方法（李超等，2003）。规划过程中的系统优化方法是以数学模型为主要手段的定量分析过程。我国学者在这方面的研究大多采用单目标或确定性规划模型（李兰海等，1992；耿红和王泽民，2000；王万茂和但承龙，2003；吕永霞，2006），但许多实践表明，仅仅只有模型是不够的，把定量模型与定性分析辩证地结合是当前土地利用结构优化的唯一最佳途径（严金明，2002）。本书以四川双流区为例，提出采用区间数不确定性多目标规划模型的方法，对当地土地利用结构的调整进行定性、定量分析，并结合双流县发展规划，综合考虑自然、社会、经济、生态等因素，为当地土地利用结构优化提供依据，并提出土地结构优化调整方案，以实现土地资源科学、合理、高效、可持续的利用和土地生态系统的相对平衡，提高土地资源的利用效率和综合效益，这对解决当前土地严重紧缺问题具有重要的现实意义。

4.3.1.2 研究区域

双流县位于四川省成都市西南部，东连成都市龙泉驿区及简阳市，南接仁寿县、彭山区，西邻新津区和崇州市，北靠温江区、武侯区和锦江区，东西宽 46km，南北长 49km，总面积为 1067km²。2004 年双流县总人口为 91 万人，其中非农业人口为 32 万人。双流县经济实力雄厚，1997 年已跻身全国经济综合实力百强县，2004 年全县完成地区生产总值 173.45 亿元，人均国内生产总值 1.87 万元，地方财政收入 13.5 亿元，农民人均纯收入 4293 元。2015 年双流县改置为双流区。

双流县土地总面积为 106782.5hm²，根据土地利用结构调整的需要和数据的可操作性，全县土地可分为耕地、园地、林地、牧草地、其他农用地（如畜禽饲养地、设施农业用地、农村道路用地等）、建设用地（包括建制镇用地、农村居民点用地、交通用地和水利设施用地）、独立工矿用地、未利用土地等八个地类。各类土地利用面积见表 4.8。

表 4.8 双流县土地资源利用现状表

土地类型	现状面积/hm²	占总面积的比例/%	土地类型	现状面积/hm²	占总面积的比例/%
耕地	48728.21	45.63	其他农用地	19745.27	18.49
园地	6237.45	5.84	建设用地	15628.40	14.64%
林地	8401.35	7.87	独立工矿用地	4426.90	3.96%
牧草地	503.41	0.47	未利用土地	3311.58	3.10%

第二轮土地规划实施期间，双流县城镇化与经济发展速度在四川省甚至西部地区中均处于领先地位，社会经济发展速度远远超过了原规划编制中的预测值，建设用地扩展占用耕地超过预期，基本农田保护任务面临严峻形势，耕地面积从 1996 年的 54916.91hm² 下降为 2004 年的 49267.10 hm²，耕地保有量已接近原定的 48340 hm² 的基本农田保护任务。随着华阳组团和东升航空港组团的发展建设，以及市、县重点建设项目的实施，耕地面积减少趋势不可避免，双流县已无力承担、无法落实上轮规划的基本农田保护任务，需要将具有粮食综合生产能力的优质园地划补为基本农田，为经济发展拓展一定的发展空间。并且由于建设用地需求增加，原土地利用总体规划确定的用地指标与现实需要之间会出现较大的供需矛盾，建设用地已严重不足，满足不了县域经济乃至省市经济的高速发展。

在新形势下，双流县将加大产业结构调整力度，加快产业升级，进一步推进"三个集中"（工业向集中发展区集中、土地向规模经营集中、农民向城镇集中），倾力打造两区（西航港开发区、空港物流园区），突出建设两城（东升现代空港园林城市、华阳成都城市副中心），加快建设三走廊（东山快速通道生态观光走廊、双黄路文化休闲走廊、华龙路高档住宅休闲娱乐走廊），着力构筑成都经济南部增长极。在这种背景下，双流县的发展已不能局限于原有的规划概念。上轮土地利用规划中确定的新增城镇建设用地主要依托原有的城镇发展状况而确定，目前双流县各类建设项目选址与原来规划划定的用地范围存在较大的冲突，用地结构调整难度较大，原规划目标已不适应新形势下成都市及双流县社会经济发展的现实需要，用地数量结构与空间布局结构需要进行调整。因此，进行双流县土地利用结构调整研究具有重要意义。

4.3.2　土地利用的区间数多目标不确定规划模型

随机规划和模糊规划是解决多目标规划中不确定性问题的常用方法，但是随机规划应用中须考虑变量参数的概率分布，这是十分困难的一步，模糊规划只能解决模型约束条件右边项的不确定性问题，而不能解决技术参数的不确定性问题（Atanu 等，2001），此外，模糊多目标规划也需要确定有关隶属度函数的信息，这些也对其应用造成了一定的难度（郭怀成等，1999；Hiroaki，1996；陈世联，2001）。

本书中所述的区间数多目标规划方法可以有效避免上述方法中的缺陷，它在普通多目标规划模型中引入代表不确定性信息的区间数，而无需考虑参数的概率分布和隶属度信息，因此在数据获取、算法实现上比原有的方法有明显的优越性（魏权龄和应玫茜，1980；刘新旺和达庆利，1999；Stefan 和 Dorota，1996）。区间数多目标规划模型在建模过程中将实际系统中的不确定性因素直接反映在模型中，通过模型的求解可以得到一组行为区间，在实际进行决策时，可以结合新的信息、个人偏好、实际情况、经验等在这一行为区间中确定具体行动方案。这种方法得到的方案更具有可操作性（Wang 和 Wang，1997）。基于以上考虑，本书尝试将区间数多目标规划模型应用到四川省双流县的土地利用规划中。

4.3.2.1　模型与算法设计

区间数多目标线性规划模型的一般形式可以表示为（胡宝清，2004）

$$
\left.
\begin{aligned}
&\min f_k^{\pm} = C_k^{\pm} X^{\pm}, \quad k=1,2,\cdots,u \\
&\max f_l^{\pm} = C_l^{\pm} X^{\pm}, \quad l=u+1,u+2,\cdots,q \\
&\text{s.t. } A_i^{\pm} X^{\pm} \leqslant b_i^{\pm}, \quad i=1,2,\cdots,m \\
&\quad A_j^{\pm} X^{\pm} \geqslant b_j^{\pm}, \quad j=m+1,m+2,\cdots,n \\
&\quad X^{\pm} \geqslant 0
\end{aligned}
\right\}
\tag{4.25}
$$

式中，$C_k^{\pm} \in R^{\pm 1 \times t}$，$C_l^{\pm} \in R^{\pm 1 \times t}$，$A_i^{\pm} \in R^{\pm u \times t}$，$A_j^{\pm} \in R^{\pm u \times t}$，$b_i^{\pm} \in R^{\pm}$，$b_j^{\pm} \in R^{\pm}$，$X^{\pm} \in R^{\pm t \times 1}$，$R^{\pm}$ 表示区间数全体。

1. 目标希望水平的确定

为向决策者提供其确定目标希望水平所需的信息，尽可能避免决策的主观性，在此对原区间数多目标规划模型进行分解，求解每个目标的个体最优解作为各目标的希望水平。

可将原区间数多目标线性规划模型分解为多个如下的单目标区间数线性规划模型：

$$\left.\begin{aligned}
&\min f^{\pm}=C^{\pm}X^{\pm}\\
&\text{s.t. } A^{\pm}X^{\pm}\leqslant b^{\pm}\\
&\quad X^{\pm}\geqslant 0
\end{aligned}\right\} \tag{4.26}$$

式中：$C^{\pm}$、$X^{\pm}$、$A^{\pm}$、$b^{\pm}$ 均为区间数向量。

对于每个单目标区间数线性规划模型构造子模型求解，设目标中前 k_l 个系数为正，其余 $n-k_l$ 个为负，相应于目标函数下限的子模型为

$$\left.\begin{aligned}
&\min f^{-}=\sum_{j=1}^{k_l}c_j^{-}x_j^{-}+\sum_{j=k_l+1}^{n}c_j^{-}x_j^{+}\\
&\text{s.t. } \sum_{j=1}^{k_l}|a_{ij}|+\text{sign}(a_{ij}^{+})x_j^{-}/b_i^{-}+\sum_{j=k_l+1}^{n}|a_{ij}|-\text{sign}(a_{ij}^{-})x_j^{+}/b_i^{+}\leqslant 1\\
&\quad x_j^{\pm}\geqslant 0,\ j=1,2,\cdots,n
\end{aligned}\right\} \tag{4.27}$$

对于目标上限 f^{+} 的子模型建立在下限子模型的解 $x_{opt}^{\pm}$ 的基础上：

$$\left.\begin{aligned}
&\min f^{+}=\sum_{j=1}^{k_l}c_j^{+}x_j^{+}+\sum_{j=k_l+1}^{n}c_j^{+}x_j^{-}\\
&\text{s.t. } \sum_{j=1}^{k_l}|a_{ij}|-\text{sign}(a_{ij}^{-})x_j^{+}/b_i^{+}+\sum_{j=k_l+1}^{n}|a_{ij}|+\text{sign}(a_{ij}^{+})x_j^{-}/b_i^{-}\leqslant 1\\
&\quad x_j^{\pm}\geqslant 0,\ j=1,2,\cdots,n\\
&\quad x_j^{+}\geqslant x_{jopt}^{-},\ j=1,2,\cdots,k_l\\
&\quad x_j^{-}\leqslant x_{jopt}^{+},\ j=k_l+1,k_l+2,\cdots,n
\end{aligned}\right\} \tag{4.28}$$

如果是求解最大化目标，可将其转化为最小化目标的形式，或者依照以上过程的相反过程求解。

由此，可以得到各个目标的希望水平 $f^{\pm}=[f^{-},f^{+}]$ 以及容忍限 $f^{+}-f^{-}$。

2. 辅助模型的建立

基于以上讨论，对每个目标引入一个度量目标达成的满意度的量 $\lambda^{\pm}$，在此建立辅助模型求出平衡各个目标函数需要后的最终解 $X^{\pm}$，以及在这个最终解下各个目标的值及其达成水平（郭均鹏等，2003）。

$$\left.\begin{aligned}
&\min \sum_{k=1}^{u}P_k\lambda_k^{\pm}+\sum_{t=u+1}^{q}P_t\lambda_t^{\pm}\\
&\text{s.t. } f_k^{\pm}(X^{\pm})\leqslant f_k^{-}+\lambda_k^{\pm}(f_k^{+}-f_k^{-}),\ k=1,2,\cdots,u\\
&\quad f_l^{\pm}(X^{\pm})\geqslant f_l^{+}-\lambda_l^{+}(f_l^{+}-f_l^{-}),\ l=u+1,\cdots,q\\
&\quad A_i^{\pm}X^{\pm}\leqslant b_i^{+}-\left|1-\sum_{k=1}^{u}\frac{\lambda_k^{\pm}}{u}(b_i^{+}-b_i^{-})\right|,\ i=1,2,\cdots,m\\
&\quad A_j^{\pm}X^{\pm}\geqslant b_j^{-}+\left|1-\sum_{t=u+1}^{q}\frac{\lambda_l^{\pm}}{q-u}(b_j^{+}-b_j^{-})\right|,\ j=m+1,\cdots,n\\
&\quad 0\leqslant\lambda_k^{\pm}\leqslant 1,\ 0\leqslant\lambda_l^{\pm}\leqslant 1,\ X^{\pm}\geqslant 0
\end{aligned}\right\} \tag{4.29}$$

上述辅助模型的解可由求下面两个子模型 1 和子模型 2 的解得到。

（1）子模型 1。

$$\min \sum_{k=1}^{u} P_k \lambda_k^+ + \sum_{l=u+1}^{q} P_l \lambda_l^-$$

$$\text{s.t. } f_k^+(X^+) \leqslant f_k^- + \lambda_k^+(f_k^+ - f_k^-), \quad k=1,2,\cdots,u$$

$$f_l^+(X^+) \geqslant f_l^+ - \lambda_l^-(f_l^+ - f_l^-), \quad l=u+1,\cdots,q$$

$$\sum_{s=1}^{t} |a_{is}| - \text{sign}(a_{is}^\pm) x_s^+ \leqslant b_i^+ - \left|1 - \sum_{k=1}^{u} \frac{\lambda_k^+}{u}\right|(b_i^+ - b_i^-), \quad i=1,2,\cdots,m$$

$$\sum_{s=1}^{t} |a_{js}| - \text{sign}(a_{js}^\pm) x_s^+ \geqslant b_i^- + \left|1 - \sum_{l=u+1}^{q} \frac{\lambda_l^-}{q-u}\right|(b_i^+ - b_i^-), \quad j=m+1,\cdots,n$$

$$0 \leqslant \lambda_k^+ \leqslant 1, \quad 0 \leqslant \lambda_l^- \leqslant 1, \quad X^\pm \geqslant 0$$

$$\text{(4.30)}$$

（2）子模型 2。

$$\min \sum_{k=1}^{u} P_k \lambda_k^- + \sum_{l=u+1}^{q} P_l \lambda_l^+$$

$$\text{s.t. } f_k^-(X^-) \leqslant f_k^- + \lambda_k^-(f_k^+ - f_k^-), \quad k=1,2,\cdots,u$$

$$f_l^-(X^-) \geqslant f_l^+ - \lambda_l^+(f_l^+ - f_l^-), \quad l=u+1,\cdots,q$$

$$\sum_{s=1}^{t} |a_{is}| + \text{sign}(a_{is}^\pm) x_s^- \leqslant b_i^+ - \left|1 - \sum_{k=1}^{u} \frac{\lambda_k^+}{u}\right|(b_i^+ - b_i^-), \quad i=1,2,\cdots,m$$

$$\sum_{s=1}^{t} |a_{js}| + \text{sign}(a_{js}^\pm) x_s^- \geqslant b_i^- + \left|1 - \sum_{l=u+1}^{q} \frac{\lambda_l^+}{q-u}\right|(b_i^+ - b_i^-), \quad j=m+1,\cdots,n$$

$$0 \leqslant \lambda_k^- \leqslant 1, \quad 0 \leqslant \lambda_l^+ \leqslant 1, \quad X^\pm \geqslant 0$$

$$\text{(4.31)}$$

4.3.2.2 模型建立

土地利用结构优化的目标最终是要通过土地利用的经济效益、社会效益和生态环境效益来综合体现的，即通过各种土地类型的合理组合，力争所有目标达到一种最优化的综合效益（刘彦随，1997；Liu 等，2003）。

使有限的土地尽可能生产较多的产品和提供较多的服务永远是土地利用结构优化追求的主要目标，因此首先要确定经济效益目标。从经济效益出发，要求各种类型土地的产出达到尽可能大。土地利用结构优化的合理性包括对生态环境改善的自然要求。任何一种土地利用方式都必然与生态环境发生交流，生态环境作为人类的共有资源而存在，因而在充分考虑土地利用带经济效益的同时，不可忽视生态效益，所以确定第二个目标是生态效益目标，要求各种土地利用方式对生态环境所产生的不利影响尽可能小。另外，从节约用水的角度考虑增加用水量目标，要求土地利用结构调整后尽可能降低用水量。

1. 经济目标函数

确定的第一个目标函数是经济收益最大化，从优先级别上来说也最高，经济目标函数是

$$\max f_1^\pm = \max C_1^\pm X^\pm \tag{4.32}$$

式中：$C_1^\pm$ 为各种土地单位面积产值的区间数向量；$X^\pm$ 为由土地的面积变量所组成的区

间数向量。

2. 生态环境目标函数

在尽可能减少对生态环境影响的前提下，令经济收益最大化，促进地区的可持续发展。所以第二个目标是生态目标函数：

$$\max f_2^{\pm} = \max C_2^{\pm} X^{\pm} \tag{4.33}$$

式中：$C_2^{\pm}$ 是使用专家打分法对每种土地利用方式对生态环境所产生的影响的评价，对自然生态越有好处，分值越高，所以生态目标也是最大化目标。

3. 用水量目标函数

虽然双流县的水资源较为充沛，给土地资源的利用开发提供了很大便利，但无节制地使用水资源也会造成水资源紧缺。根据双流县环境的具体情况，对用水量做目标规划，以当地平均总供水量的区间数 $SYS^{\pm}$ 为目标，$d_1^{\pm}$ 表示用水量相对于目标水量的正偏离，$d_2^{\pm}$ 表示负偏离，此目标就是令 $d_1^{\pm}$ 与 $d_2^{\pm}$ 之和最小，也就是令实际用水量与目标水量偏离最小，所以，第三个目标函数即用水量目标是

$$\min f_3^{\pm} = d_1^{\pm} + d_2^{\pm} \tag{4.34}$$

4. 约束条件

（1）土地总面积约束。

各类土地利用面积之和应等于全县土地面积总和，由于未开发利用土地的存在，所以此约束中土地总面积的区间数上限是全县土地面积总和，下限是全县面积减去未开发利用土地之后的值，$SL^{\pm} = [103470.9, 106782.5]$。

（2）人口总量约束。

$$JZP^{\pm}(x_6 + x_7) + NCP^{\pm}\left(\sum_{i=1}^{5} x_i\right) \leqslant SP^{\pm} \tag{4.35}$$

其中　　$JZP^{\pm} = [12.61, 20]$，$NCP^{\pm} = [4.5, 6]$，$SP^{\pm} = [930004, 984673]$

式中：$JZP^{\pm}$ 为建设用地上人口密度区间数；$NCP^{\pm}$ 为农村人口密度的区间数；$SP^{\pm}$ 为预测的人口总量可能达到的区间范围。

（3）宏观计划约束。

首先，农业用地总量不得低于现状面积 $XZL^{\pm}$。

$$x_1 + x_2 + x_3 + x_4 + x_5 + x_6 + x_7 \geqslant XZL^{\pm} \tag{4.36}$$

其次，各主要建设用地的面积应以宏观控制为标准，独立工矿用地以及建筑用地的总和用地稍高于现状用地面积 $XGL^{\pm}$。

$$x_6 + x_7 \geqslant XGL^{\pm} \tag{4.37}$$

（4）农业产品需求。

单位面积粮食单产 $LDC^{\pm}$ 与耕地面积 x_1 之积应大于全国对农产品总的需求量 $LZX^{\pm}$，其中 $LDC^{\pm} = [5000, 8000]$，$LZX^{\pm} = [139500600, 232501000]$。

$$LDC^{\pm} x_1 > LZX^{\pm} \tag{4.38}$$

（5）劳动力资源约束。

各种土地上所需要的劳动力数量之和应该不大于总的劳动力数量。

首先是农业劳动力数量的约束，设各种农业用地单位面积的劳动力数量为 $LD_n^{\pm}$，总

的农业劳动力数量为 $NLD^{\pm}$。

$$LD_1^{\pm} \cdot x_1 + LD_2^{\pm} \cdot x_2 + LD_3^{\pm} \cdot x_3 + LD_4^{\pm} \cdot x_4 + LD_5^{\pm} \cdot x_5 \leqslant NLD^{\pm} \qquad (4.39)$$

其中　$LD_1^{\pm} = [3, 4]$，$LD_2^{\pm} = [1.5, 2.4]$，$LD_3^{\pm} = [1, 1.8]$，

$$LD_4^{\pm} = [1, 1.5]，LD_5^{\pm} = [0.5, 1.2]$$

其次是非农业劳动力的约束，总的非农业劳动力数量为 $FLD^{\pm}$。

$$LD_6^{\pm} x_6 + LD_7^{\pm} x_7 \leqslant FLD^{\pm} \qquad (4.40)$$

其中　$LD_6^{\pm} = [1.0537, 4.0537]$，$LD_7^{\pm} = [15, 20]$，$FLD^{\pm} = [291430，375096.16]$

（6）目标约束。

由于用水量目标为规划目标，令偏离量最小，则对应于此目标有约束：

$$NYS^{\pm} \cdot (x_1 + x_2 + x_3 + x_4 + x_5) + YYS^{\pm} \cdot (x_6 + x_7) - d_1 + d_2 = SYS^{\pm} \qquad (4.41)$$

其中　$NYS^{\pm} = [69.363, 210]$，$YYS^{\pm} = [142.38, 324.24]$，

$$SYS^{\pm} = [6.8 \times 10^6, 3.2167 \times 10^7]$$

式中：$NYS^{\pm}$ 为农用地单位面积用水量的区间数；$YYS^{\pm}$ 为建筑用地单位面积用水量区间数；d_1 为正偏离；d_2 为负偏离；$SYS^{\pm}$ 为当地平均总供水量的区间数。

（7）数学模型要求约束。

$$x_i \geqslant 0，i = 1, \cdots, 7 \qquad (4.42)$$

4.3.3　计算结果与分析

4.3.3.1　模型优化结果

首先由区间数单目标模型确定的目标希望水平见表 4.9。

表 4.9　目标希望水平表

目　标	希望水平上限	希望水平下限	目　标	希望水平上限	希望水平下限
经济目标/万元	0.28×10^{11}	9.30×10^9	用水量目标/t	1.11×10^7	0
生态环境目标/万元	0.46×10^{10}	4.88×10^8			

根据当地发展的需要和双流县政府的政策，在多目标规划中，不同的目标有不同优先级，经济目标为第一优先级，生态环境目标和用水量目标为第二优先级，在平衡各个目标需求的前提下，规划每种土地利用类型应取得的面积见表 4.10。

表 4.10　各类土地利用类型可取得的规划面积值

土地类型	规划后上限 /hm²	规划后下限 /hm²	土地类型	规划后上限 /hm²	规划后下限 /hm²
耕地 x_1	50000.10	17437.57	其他农用地 x_5	22197.68	100000.00
园地 x_2	34719.91	13645.12	建设用地 x_6	16385.45	15741.92
林地 x_3	8401.35	7800.00	独立工矿用地 x_7	7738.48	7738.48
牧草地 x_4	612.00	503.41			

在平衡各目标需求后，各目标的目标值及其达成水平见表4.11。

表 4.11 各目标的目标值及达成水平

目　　　标	上　　限	下　　限	达成水平下限	达成水平上限
经济目标/万元	1.30×10^{10}	6.21×10^{9}	0	0.65
生态环境目标/万元	1.21×10^{10}	1.98×10^{9}	0.47	1
用水量的偏离/t	0	3.13×10^{4}	0.44	1
用水量/t	3.22×10^{7}	6.77×10^{6}		

4.3.3.2　土地利用结构调整方案的讨论

（1）据优化计算结果，耕地可调整的范围为17437.57～50000.1hm²，因为国家政策规定的耕地面积下限为48340hm²，所以调整范围应在48340～50000.1hm²，现状48728.21hm²已经落在此范围内，因此，不作调整或稍微扩大耕地面积都是可以选择的方案。

（2）园地面积的最优调整范围为13645.12～34719.91hm²，园地的现状面积为6237.45hm²，小于最优调整范围的下限，说明在目前的目标函数和约束条件下，当地政府应扩展园地的面积，大力发展包括果园、桑园、茶园和其他园地的相关产业。

（3）林地面积的调整范围为7800～8401.35hm²，林地现状面积为8401.35hm²，是调整范围的上限，所以对于林地，可以考虑稍做缩减的调整方案。

（4）牧草地可在503.41～612hm²范围内调整，现状503.41hm²是调整范围的下限。因此，可以选择不作调整。为了达到更好的经济、生态、用水量目标值，也可稍扩大一些。

（5）其他农用地的调整范围为10000～22197.68hm²，现状19745.27hm²落在这个范围内，说明现在的其他农用地分配较为合理，但这个值与下限还有较大的距离，所以，对于田埂、水井等其他农用地的整理缩减还是有一定空间的，但其他农用地不可无限制减少，否则就会限制农村经济的发展，对于设施农业、农村道路、养殖水面、农田水利等用地应该有所保证。

（6）建设用地的调整范围为15741.92～16385.45hm²，现状15628.4hm²略低于调整范围的下限，说明当地政府还需继续发展交通水利等的建设。

（7）独立工矿用地的优化结果上下限相等为7738.48hm²，大于现状面积4426.9hm²，所以平衡当地对于经济、生态环境、用水量三个目标函数的需要后，独立工矿用地还可再扩大。

4.3.4　结论

（1）双流县土地利用区间数不确定性多目标规划的计算结果表明，执行该规划后，土地利用的经济效益最高可达1.30×10^{10}万元，至少为6.21×10^{9}万元，平均值为9.62×10^{9}万元；产生的生态环境效益最高为1.21×10^{10}万元，最低为1.98×10^{9}万元，平均值为7.04×10^{9}万元；用水量则可控制在6.77×10^{6}～3.22×10^{7}t。

（2）据优化计算结果，耕地现状面积为 48728.21hm²，可不作调整或稍微扩大面积；园地面积的最优调整范围为 13645.12～34719.91hm²，园地的现状面积为 6237.45hm²，小于最优调整范围的下限，所以应扩展园地的面积；林地面积的调整范围为 7800～8401.35hm²，林地现状面积为 8401.35hm²，是调整范围的上限，所以对于林地，可以考虑稍做缩减的调整方案；牧草地可在 503.41～612hm² 范围内调整，现状 503.41hm² 是调整范围的下限，所以可以选择不作调整或稍扩大一些；其他农用地的调整范围为 10000～22197.68hm²，现状 19745.27hm² 落在这个范围内，说明现在的其他农用地分配较为合理，也可适当缩减；建设用地的调整范围为 15741.92～16385.45hm²，现状 15628.4hm²略低于调整范围的下限，说明当地政府还需继续发展交通水利等的建设；独立工矿用地的优化结果上下限相等为 7738.48hm²，大于现状面积 4426.9hm²，所以独立工矿用地还可再扩大。

（3）利用区间数多目标规划模型研究和探讨土地利用规划中的不确定性问题是十分有意义的，本书的实例研究也表明其应用的有效性。

4.4　土地利用结构多目标优化

4.4.1　研究背景及区域

4.4.1.1　研究背景

受首都建设与发展的直接影响，丰台区土地利用变化规模、速度都比较大，区内土地利用状况极为复杂。"十五"期间，随着城市化、工业化进程不断加快，丰台区建设用地增加速度惊人，现已超越农用地，建设用地增加面积也已超过规划同期建设用地的增加面积，成为丰台区土地利用的主要类型。未来 20 年，北京市政府将丰台区定位为国际国内知名企业代表处聚集地、北京南部物流基地和知名的重要旅游地区。丰台区作为北京西南板块的核心区域，必须承担中心城区人口和产业转移的任务，也是大兴和房山两个规划新城与中心城市的连接纽带。社会经济的发展、人口的膨胀以及丰台区特殊的定位，将使丰台区土地利用中的矛盾更加突出。

从丰台区社会经济和城市化迅速发展的实际出发，研究丰台区各种功能用地的比例和空间结构及两者相互影响、相互作用的关系，提出土地利用结构调整的方案，成为新一轮土地利用总体规划修编的重要组成部分。

4.4.1.2　研究区域

丰台区是首都北京的西南大门，其东邻朝阳区，东南、西南与大兴县、房山区接壤，北与东城、西城、海淀、石景山、门头沟区相邻。2004 年丰台区实现地区生产总值 261.1亿元，人均 GDP 为 35176 元，城镇居民人均可支配收入 13920.5 元，农村居民人均纯收入 8480.6 元。

丰台区土地总面积为 30580.1hm²，根据土地利用结构调整的需要和数据的可操作性，全区土地可分为耕地、园地、林地、其他农用地（如畜禽饲养地、设施农业用地、农村道路用地等）、农村居民点用地、城镇用地、独立工矿用地、特殊用地、交通和水利设施用地等 9 个类别。各类土地利用面积见表 4.12。目前，丰台区土地利用中存在着城市建设用地规模扩张迅速、耕地面积逐年减少、独立工矿用地比例较大、农村居民点用地布局分散、土地集约利用水平较低等问题。同时，由于北京市绿化隔离带的建设和丰台区城市化进程的快速推进，用地矛盾日益突出，土地利用结构的调整势在必行。

表 4.12　　　　　　　　　丰台区土地资源利用现状表（2004 年）

土地类型	现状面积/hm²	占总面积的比例/%	土地类型	现状面积/hm²	占总面积的比例/%
耕地 x_1	3840.0	12.6	城镇用地 x_6	3340.70	10.92
园地 x_2	963.7	3.1	独立工矿用地 x_7	7714.77	25.23
林地 x_3	3180.8	10.4	特殊用地 x_8	2948.36	9.64
其他农用地 x_4	865.9	2.8	交通和水利设施用地 x_9	2515.1	8.22
农村居民点用地 x_5	2823.56	9.23			

4.4.2　模型构建

目前关于土地利用结构调整的研究中，系统化的方法应用较多，规划过程中的系统优化方法是以数学模型为主要手段的定量分析过程。我国学者在这方面的研究大多采用单目标或确定性规划模型（王红瑞等，2009；李超等，2003），但许多实践表明，仅仅只有模型是不够的，把定量模型与定性分析辨证的结合是当前土地利用结构优化的最佳途径（王万茂和但承龙，2003）。

土地利用结构优化的目标，最终是要通过土地利用的经济效益、社会效益和生态环境效益三个方面来综合体现，即通过各种土地类型的合理组合，力争达到一种最优化的综合效益（王万茂和但承龙，2003）。

4.4.2.1　目标函数

目标函数的构建原则和表达式详见 4.3.2.2 节，分别是经济目标函数、生态目标函数和用水量目标函数。首先，经济效益最大化应该是排在第一位的目标；其次，经济效益最大化的前提是将生态环境的影响降到最低，实现当地经济的可持续发展；最后，丰台社会经济发展目前进入高速发展时期，但是水资源却明显贫乏，制约着社会经济的发展。考虑丰台区的具体情况，用水量目标函数的构建详见 4.3.2.2 节。

4.4.2.2　约束条件

1. 土地总面积约束

各土地利用类型面积之和应等于全县土地面积总和，由于未开发利用土地的存在，所以此约束中土地总面积的区间数上限是全县土地面积总和，下限是全县面积减去未开发利用土地之后的值，$SL^{\pm} = [28192.7, 30580.1]$。

2. 人口总量约束

$$JZP^{\pm} \left(\sum_{i=6}^{9} x_i \right) + NCP^{\pm} \left(\sum_{i=1}^{5} x_i \right) \leqslant SP^{\pm}$$

其中 $JZP^{\pm}=[47，51]$，$NCP^{\pm}=[12，15]$，$SP^{\pm}=[990000，1100000]$

式中：$JZP^{\pm}$ 为建设用地上人口密度区间数；$NCP^{\pm}$ 为农村人口密度的区间数；$SP^{\pm}$ 为预测的人口总量可能达到的区间范围。

3. 宏观计划约束

由于北京城市扩展的需要，城区向南扩展，丰台区面临着快速城市化的要求，建设用地扩展需要占用较多的农用地，而农业结构调整也要占用一部分农田，因此未来 15 年内农用地面积将大大减少，但是基本农田要保持目前的水平。所以未来农用地规划面积应该大于目前基本农田面积、园地、林地和其他农用地面积的总和 $XZL^{\pm}$，即 $x_1+x_2+x_3+x_4 \geqslant XZL^{\pm}$，其中 $XZL^{\pm}=[6344.4，+\infty]$。

4. 农产品需求约束

随着丰台区城市化进程的不断推进，丰台区的耕地面积、粮播比例和粮食自给率都不断下降，因此未来 15 年内要满足以下要求：

$$LDX^{\pm} \cdot FZH^{\pm} \cdot LBB^{\pm} \cdot x_1/LZJ^{\pm} \geqslant LZX^{\pm}$$

式中：$LDC^{\pm}$ 为单位面积粮食单产；$FZH^{\pm}$ 为复种指数；$LBB^{\pm}$ 为粮播比；$LZJ^{\pm}$ 为粮食自给率；$LZX^{\pm}$ 为未来北京对丰台区农产品总的需求量。据预测可确定 $LDC^{\pm}=[6300，6500]$，$FZH^{\pm}=[1.5，1.6]$，$LBB^{\pm}=[0.46，0.48]$，$LZJ^{\pm}=[0.012，0.018]$，$LZX^{\pm}=[9800000，12200000]$。

5. 市场经济约束

适应市场经济发展要求和城市化发展的需要，城镇用地、交通用地和水利设施用地面积一般大于现状面积；特殊用地涉及部队驻军用地以及军事工业用地等，按照目前的需要来看用地面积应保持不变；另外，根据丰台区节约集约用地的需求，独立工矿和农村居民点用地面积要小于现状面积，即

$$x_6+x_9 \geqslant XGL^{\pm}，x_5+x_7<10538.33，x_8=2948.36，XGL^{\pm}=5855.8$$

6. 目标约束

由于用水量目标为目标规划，令偏离量最小，则对应于此目标的约束条件是：

$$NYS^{\pm} \cdot (x_1+x_2+x_3+x_4)+YYS^{\pm} \cdot (x_5+x_6+x_7+x_8+x_9)-d_1+d_2=SYS^{\pm}$$

其中 $NYS^{\pm}=[69.36，210]$，$YYS^{\pm}=[142.38，324.24]$，

$$SYS^{\pm}=[1.63 \times 10^5，3.43 \times 10^5]$$

式中：$NYS^{\pm}$ 为农用地单位面积用水量的区间数；$YYS^{\pm}$ 为建筑用地单位面积用水量区间数；d_1 为正偏离；d_2 为负偏离；$SYS^{\pm}$ 为当地平均总供水量的区间数。

7. 非负约束

$$x_n \geqslant 0，i=1,\cdots,9$$

4.4.3 结果与分析

4.4.3.1 优化结果

首先，由区间数单目标模型确定的目标希望水平见表 4.13。

表 4.13　　　　　　　　　　　　　　**目标希望水平表**

目　标	希望水平下限	希望水平上限	目　标	希望水平下限	希望水平上限
经济目标/万元	5.78×10^7	8.26×10^6	用水量目标/t	1.84×10^5	0
生态环境目标/万元	3.98×10^6	4.38×10^5			

　　根据丰台区发展的需要和丰台区政府的相关政策，在多目标规划中，不同的目标有不同的优先级，经济目标为第一优先级，生态环境目标和用水量目标为第二优先级，平衡各个目标的需要、规划后，每种土地利用类型应取得的面积见表 4.14。

表 4.14　　　　　　　　　　　　**各类土地利用类型可取得的规划面积值**

土地类型	规划后下限 /hm²	规划后上限 /hm²	土地类型	规划后下限 /hm²	规划后上限 /hm²
耕地 x_1	2156.8	2938.3	城镇用地 x_6	7102.5	8809
园地 x_2	963.7	1125	独立工矿用地 x_7	4480.5	5001.5
林地 x_3	3940.5	6438.5	特殊用地 x_8	2948.36	2948.36
其他农用地 x_4	636.6	865.9	交通和水利设施用地 x_9	2515.1	2752.21
农村居民点用地 x_5	1415.5	2150.5			

　　在平衡各目标需求后，各个目标的目标值及其达成水平见表 4.15。

表 4.15　　　　　　　　　　　　　**各个目标的目标值及达成的水平**

目　标	上　限	下　限	达成水平下限	达成水平上限
经济目标/万元	2.21×10^7	5.28×10^6	0	0.65×10^7
生态环境目标/万元	3.21×10^6	2.90×10^5	0.47×10^6	1×10^6
用水量/t	3.43×10^5	1.73×10^5		

4.4.3.2　分析与讨论

　　(1) 据优化计算结果，耕地可调整的范围为 2156.8～2938.3hm²，现状 3840.0hm² 超出了上限范围，因此，结构调整后耕地的面积应该适当减少。

　　(2) 园地面积的最优调整范围为 963.7～1125hm²，园地的现状面积为 963.7hm²，等于最优调整范围的下限，说明在目前的目标函数和约束条件下，园地的面积可以基本保持不变或者略有增加。

　　(3) 林地面积的调整范围为 3940.5～6438.5hm²，林地现状面积为 3180.4hm²，低于调整范围的下限，所以对于林地，可以考虑作适当增加的调整方案。

　　(4) 其他农用地的调整范围为 636.6～865.9hm²，现状 865.9hm² 等于调整范围的上限，说明现在的其他农用地可适当减少，所以对于田埂、水井等其他农用地的整理缩减还是有一定空间的，但其他农用地不可无限制减少，否则就会限制农村经济的发展，对于设施农业、农村道路、养殖水面、农田水利等用地应该有所保证。

　　(5) 农村居民点用地的调整范围为 1415.5～2150.5hm²，现状 2823.56hm² 高于调整范围的上限，说明未来土地利用结构调整过程中应适当减少农村居民点的用地面积。

（6）城镇用地的调整范围为 7102.5～8809hm²，现状 3340.7hm² 低于调整范围的下限，说明未来土地利用结构调整过程中，城镇用地的面积可以适当增加，以适应城市化发展的需要。

（7）独立工矿用地的调整范围为 4480.5～5001.5hm²，现状 7714.77hm² 高于调整范围的上限，说明未来土地利用结构调整过程中应当减少独立工矿用地的面积，且目前丰台区独立工矿用地的集约利用程度较低，有必要提高其集约利用程度，适当减少其利用面积。

（8）目前丰台区的特殊用地面积较大，且布局较分散，对丰台区的土地集约利用水平的提高有一定程度的影响。因此，将来若无特殊需要，特殊用地的面积可保持现状 2948.36hm² 不变。

（9）交通和水利设施用地的调整范围为 2515.1～2752.2hm²，现状 2515.1hm²，等于调整范围的下限，说明目前丰台区交通和水利设施用地面积较为合理，但是随着城市建设的不断发展，交通和水利设施的用地需求会不断增大，所以未来土地利用结构调整中可以适当增加交通和水利设施用的面积。

4.4.4　结论

（1）丰台区土地利用区间数不确定性多目标规划的计算结果表明，执行该规划后，土地利用的经济效益最高可达 2.21×10^7 万元，最低为 5.28×10^6 万元，平均值为 1.37×10^7 万元；产生的生态环境效益最高为 3.21×10^6 万元，最低为 2.90×10^5 万元，平均值为 1.75×10^6 万元；用水量则可控制在 $1.73 \times 10^5 \sim 3.43 \times 10^5$ t。

（2）在丰台区未来的土地利用结构调整方案中，应适当扩展园地的面积，林地面积也可稍作增加，其他农用地面积不变或稍作缩减，需要继续减少农村居民点的用地面积，同时扩大城镇用地面积以适应城市化发展的需要，进一步减少独立工矿用地的面积，特殊用地的面积可保持现状 2948.36hm² 不变，交通和水利设施用地可以适当增加。

（3）实例研究表明，区间数多目标规划模型所得的方案与其他多目标模型相比，由于给出的解是一区间值，则其方案更具有可操作性，并且模型的建立可以根据实际情况灵活调整，即利用区间数多目标规划模型研究和探讨土地利用规划中的不确定性问题是很有效的。

第 5 章　水资源风险分析理论

5.1　风　险　与　不　确　定　性

"风险"一词的英文是"risk"，来源于古意大利语"riscare"，意味着"to dare"（敢），实指冒险，是利益相关者的主动行为。"风险"一词最早出现在 19 世纪末西方经济学领域中，现在已经广泛运用于社会、经济、环境、自然灾害等多个学科领域。风险的定义角度有很多种，如美国风险问题学者威特雷认为"风险是有关不愿发生事件发生的不确定性的客观体现"；中国学者郭明哲认为"风险是指决策面临的状态为不确定性产生的后果"；Lirer 等（2001）认为风险与期望损失有关；Kaplan 等（1981）认为风险包括两个基本的维度：不确定性和后果。由此可以看出上述有关风险的描述中既有仅强调不确定性，也有仅强调后果，还有强调不确定性和发生后果两个方面，本书首先从不确定性的角度给出国内外研究中有关风险的定义。

5.1.1　不确定性的含义

不确定与确定是特定时间下的概念。在《韦伯斯特新词典》中，"确定"的一个解释是"一种没有怀疑的状态"。不确定是确定的反义词，对于不确定性，本书作如下理解：对于未来活动或事件发生的可能性、发生的时间、发生的后果等事先无法精确预测，即持一种怀疑的态度。刘新立（2006）认为不确定描述的是一种心理状态，它是存在于客观事物与人们认识之间的一种差距，反映了人们由于难以预测未来活动和事件的后果而产生的怀疑状态，并把不确定性的水平分成三级如图 5.1 所示。

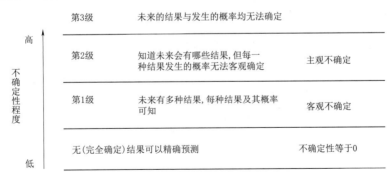

图 5.1　不确定性的水平

5.1.2　不确定性的种类

王清印等（2001）认为不确定性主要分为随机不确定性、模糊不确定性、灰色不确定性以及未确知性，并给出这四种不确定性的定义。

（1）随机不确定性。随机不确定性指由于客观条件不充分或偶然因素的干扰，使得人们已经明确的几种结果在观测中出现偶然性，在某次试验中不能预知哪一个结果发生，这种试验中的不确定性被称为随机不确定性。

（2）模糊不确定性。由于事物的复杂性，其元素特性界限不分明，使其概念不能给出确定性的描述，不能给出确定的评定标准，这种不确定性被称为模糊不确定性。

（3）灰色不确定性。由于事物的复杂性，由于信道上各种噪声的干扰以及接收系统能力的限制，使得人们只能获得事物的部分信息或信息量的大致范围，这种部分已知部分未知的不确定性即为灰色不确定性。

（4）未确知性。在进行决策时，某些因素和信息可能既无随机性又无模糊性，但是决策者纯粹由于条件的限制而对它认识不清，这种纯主观上、认识上的不确定性称为未确知性。

5.1.3　风险与不确定性之间的关系

不确定性是风险事件的本质特征，如果对某项活动的结果是准确预知的，那么就不存在风险，因此风险的含义与不确定性概念是密切相关的。但是不确定性并不等同于风险，它们之间既有联系也有区别。不确定性属于人们主观心理上的一种认识，是指人们对某事件发生结果所持的怀疑态度，即人们对未来某事物的发生与否、发生时间、发生的后果等事先难以预测。这种不确定性导致的后果既有损失的一面，也有盈利的一面。在风险管理研究中，不能说不确定性事件就是风险事件，只有那些可能导致损失的不确定性事件才是风险事件。刘新立（2006）认为风险中的不确定性指的是图 5.1 中第一级和第二级的不确定。

5.1.4　风险的不确定性来源

刘新立（2006）认为风险的不确定性主要来源于以下几个方面：

（1）与客观过程本身的不确定有关的客观不确定性，如水资源系统是一个复杂的巨系统，广泛存在各种不确定性。

（2）无法找到一个能准确反映系统真实物理行为的模型，只能选择一个模拟模型，造成了模型的不确定性，如水文模型。

（3）模型参数估计和优化过程中带来的不确定性。

（4）数据观测、数据处理过程中存在的不确定性，样本数据的缺乏导致的不确定性。

5.2　风险的定义

不确定性有多种，目前有关风险的定义中有些仅考虑了一种不确定性，如随机性、模糊性或灰色性，也有些考虑了两种不确定性，如随机性和模糊性、随机性和灰色性等。下面简要介绍这些风险定义。

5.2.1 基于不确定性的风险定义

5.2.1.1 随机性风险定义

Lowrance 和 Klerer（1976）定义风险为不利事件或影响发生的概率和严重程度的一种度量；Kaplan 等（1981）认为风险是一个三联体的完备集，可以表示为以下形式：

$$Risk = \{(s_i, p_i, x_i)\}, \ i = 1, 2, \cdots, N \tag{5.1}$$

式中：$Risk$ 为风险；s_i 为第 i 种情景；p_i 为第 i 种情景发生的可能性；x_i 为第 i 种情景的结果，即损失的度量。

风险是某个事件发生的概率和发生后果的结合（钱龙霞等，2015），ISDR（2004）定义风险是由于自然灾害或人为因素导致的不利影响或期望损失发生的概率。

Aven（2010）将这类风险统一表示成

$$Risk = (A, C, P) \tag{5.2}$$

式中：A 为危险事件；C 为事件 A 的后果；P 为事件 A 发生的概率。

5.2.1.2 模糊性风险定义

黄崇福（2001）认为风险系统往往十分复杂，仅用概率推理方法不足以很好地对系统加以认识，因为概率风险要以大样本为基础，对概率分布进行不适当假设可能导致总体方向上的错误，模糊风险也就作为更适应于实际条件的方法而被采用。黄崇福给出灾害模糊风险的定义如下：

设灾害指标论域为 $L = \{l\}$，T 年灾害超越 l 的概率是可能性分布 $\pi(l, x)$，$x \in [0, 1]$，且 $\exists x_0$ 使 $\pi(l, x) = 1$，称

$$R_T = \{\pi(l, x) | l \in L, x \in [0, 1]\} \tag{5.3}$$

为 T 年内的灾害可能性分布，称 $\pi(l, x)$ 为可能性风险。

Davidson 等（2006）认为当已有样本和信息不足以用概率来估计风险中的不确定性时，需要建立模糊不确定性来代替风险中的随机不确定，用模糊关系来估计风险发生的概率。

5.2.1.3 模糊随机性风险定义

Karimi 等（2007）在风险评价模型中考虑了两种不确定性：一是灾害发生的可能性和强度的不确定性，二是灾害参数和损失之间关系的不确定性，并且称这两种不确定性为随机性和模糊性，用模糊概率来表示风险。Suresh 等（2004）将风险事件看成是一个模糊事件，将风险定义为模糊事件发生的概率。王红瑞等（2009）考虑了风险系统的模糊不确定性和随机不确定性，认为水资源短缺风险是指在特定的环境条件下，由于来水和用水存在模糊不确定性与随机不确定性，使区域水资源系统发生供水短缺的概率以及由此产生的损失。

5.2.1.4 灰色性风险定义

左其亭等（2003）分别给出灰色概率、灰色风险率以及灰色风险度的表达式。灰色概

率 $P(\hat{A})$ 的表达式为

$$P(\hat{A}) = \int_U \frac{\underline{\mu}(x) + \overline{\mu}(x)}{2} \mathrm{d}p = E\left(\frac{\underline{\mu}(x) + \overline{\mu}(x)}{2}\right) \quad (5.4)$$

当灰色事件 $\hat{A}$ 为"安全事件"时，则 $\hat{A}$ 的灰色风险率为

$$FP(\hat{A}) = P(\hat{A}) \quad (5.5)$$

当灰色事件 $\hat{A}$ 为"失事事件"时，则 $\hat{A}$ 的灰色风险率为

$$FP(\hat{A}) = 1 - P(\hat{A}) \quad (5.6)$$

5.2.1.5　灰色随机性风险定义

胡国华和夏军（2001）基于概率论和灰色系统理论方法，针对系统的随机不确定性和灰色不确定性，定义了灰色概率、灰色概率分布、灰色概率密度、灰色期望、灰色方差等基本概念。

总结以上风险的定义，不难看出不确定性均体现在发生概率或可能性的角度上，在后果中并没有体现出不确定性。黄崇福（2008）认为风险是与某种不利事件有关的一种未来情景，因此不利事件产生的后果也应该是不确定的。Kaplan（1981）考虑了后果的不确定性，并给出一般化的表达式：

$$R = \{<s_i, p_i(f_i), z_i(x_i)>\} \quad (5.7)$$

式中：s_i 为第 i 个有害事件；f_i 为第 i 个事件发生的频率，即可能性；$p_i(f_i)$ 为第 i 个有害事件发生的可能性为 f_i 的概率；x_i 为第 i 个事件的结果；$z_i(x_i)$ 为第 i 个事件结果为 x_i 的概率。

此外，有关后果不确定的风险定义还有很多，如风险是指行动或事件的不确定性（Chapman，2012）；风险是指一种情景或者事件，在这种情景下，人或物处于危险之中，且产生的结果是不确定的（Rosa，1998）；风险就是事件或后果与相关不确定性的结合（Aven，2007）；风险是不利事件发生的不确定性及产生后果的严重程度（Aven，2009）。

5.2.2　基于其他特性的风险定义

Haimes（2009）从系统论的方法和角度提出了一种复杂的风险定义，他认为：①系统的性能是状态向量的函数；②系统的脆弱性和可恢复性向量是系统输入、危险发生的时间和系统状态的函数；③危险造成的结果是危险的特征和发生时间、系统的状态向量以及系统的脆弱性和可恢复性的函数；④系统是时变的且充满各种不确定性；⑤风险是概率和后果严重性的度量。

Aven（2011）认为 Haimes 的风险定义存在不足，并针对这些不足提出了新的风险定义。他认为风险包括以下成分：不利事件 A 和这些事件造成的影响或后果 C；相关的不确定性 U（A 是否发生以及什么时候会发生、影响或后果 C 会有多大），风险是不利事件后果的严重程度以及不确定性。

5.3　风险的种类与划分

不同的风险具有不同的特性，为便于科学研究和风险管理，可从不同的角度对风险进行分类。风险分类之前，应对风险进行考察，不仅需了解风险源和风险影响范围，而且应建立对风险的考察和研究机制，这是对风险进行有效管理的关键所在。由于分类标准不同，风险有许多种不同的分类。

5.3.1　宏观风险分类

1. 基本风险与特定风险

按照风险的起源以及影响范围不同，风险可以分为基本风险与特定风险。基本风险是由非个人的或至少个人往往不能阻止的因素所引起的且损失通常波及很大范围的风险，如与社会、政治有关的战争、失业、罢工等，以及地震、洪水等自然灾害都属于基本风险。特定风险是由特定的社会个体所引起的，通常是由某些个人或者某些家庭来承担损失的风险，如由于火灾、爆炸、盗窃、恐怖袭击等所引起的风险都属于特定风险。

2. 纯粹风险与投机风险

按照风险导致的后果不同，可以将风险分为纯粹风险与投机风险。纯粹风险是指只有损失机会而无获利机会的风险，它导致的后果只有两种：损失或无损失。纯粹风险没有获利的可能性，如火灾、疾病、死亡等。投机风险是指那些既存在损失可能性，也存在获利可能性的风险，它所导致的结果有三种可能：损失、无损失也无获利、获利，如博彩、炒股票等。

5.3.2　专业风险分类

1. 按导致风险损失的原因分类

按导致风险损失的原因可将风险分为自然风险、社会风险、经济风险、政治风险、技术风险。

自然风险是指由于自然力的不规则变化所导致财产或其他损失的风险，如风暴、地震、泥石流、海啸等；社会风险是指由于个人的行为反常或不可预料的团体行为所导致损失的风险，如盗窃、抢劫、玩忽职守及故意破坏等；经济风险一般是指在商品的生产相销售过程中，由于经营不善、市场预测失误、价格波动、消费需求变化等因素引起经济损失的风险，同时也包括因通货膨胀、外汇行市的涨落而导致的经济损失；政治风险是指由于政局变化、政权的更替、战争、罢工、恐怖主义活动等带来的各种损失；技术风险是指由于科技发展的副作用而带来的种种损失，如各种污染环境的物质、核泄漏和核辐射、车祸、噪声等所导致的损失。

需要注意的是，自然风险、社会风险、经济风险和政治风险是相互联系、相互影响的，有时很难明确区分。例如，由于人的行为引起的风险，以某种自然现象表现出来，则风险本身属于自然风险，但由于它是人们行为的反常所致，因此又属于社会风险。又如，由于价格变动引起产品销售不畅，利润减少，这本身是一种经济风险，但价格变动导致某

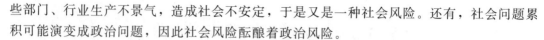

些部门、行业生产不景气，造成社会不安定，于是又是一种社会风险。还有，社会问题累积可能演变成政治问题，因此社会风险酝酿着政治风险。

2. 按风险的潜在损失形态分类

按风险的潜在损失形态可将风险分为财产风险、人身风险和责任风险。

财产风险是指导致财产发生毁损、灭失和贬值的风险，如建筑物遭受地震、洪水、火灾等损失的风险，飞机坠机的风险，汽车碰撞的风险，船舶沉没的风险，财产价值因经济因素而遭受贬值的风险等。

人身风险是指由于人的生、老、病、死而导致损失的风险。人身风险通常又分为生命风险和健康风险两类。

责任风险是由于社会个体（经济单位）的侵权行为造成他人财产损失或人身伤亡，按照法律负有经济赔偿责任，以及无法履行契约致使对方蒙受损失应负的契约责任风险。与财产风险和人身风险相比，责任风险更为复杂并难以识别与控制，尤以专业技术人员如医师、律师、会计师、理发师、教师等职业的责任风险为甚。

3. 按承受能力分类

按承受能力可将风险分为可承受风险和不可承受风险。可承受风险是指预期的风险事故的最大损失程度在单位或个人经济能力和心理承受能力的最大限度之内。不可承受风险是指预期的风险事故的最大损失程度已经超过了单位或个人承受能力的最大限度。

4. 按照风险控制程度分类

按风险控制程度可将风险分为可控风险和不可控风险。可控风险是指人们能比较清楚地确定形成风险的原因和条件，能采取相应措施控制产生的风险。不可控风险是由于不可抗力而形成的风险，人们不能确定这种风险形成的原因和条件，表现为束手无策或无力控制。

5. 按损失的环境分类

按损失的环境可将风险分为静态风险（static risk）和动态风险。

静态风险是指由于自然力的不规则作用，或者由于人们的错误或失当行为而招致的风险，如洪灾，火灾，海难，人的死亡、残废、疾病、盗窃、欺诈、呆账、破产等。静态风险是在社会经济正常情况下存在的一种风险，故谓为"静态"。

动态风险是指以社会经济的变动为直接原因的风险，通常由人们欲望的变化、生产方式和生产技术以及产业组织的变化等所引起，如消费者爱好转移、市场结构调整、资本扩大、技术改进、人口增长、利率变化、环境改变等。静态风险与动态风险的区别主要在于：第一，静态风险的风险事故对于社会而言一般是实实在在的损失，而动态风险的风险事故对社会而言并不一定都是损失，即可能对部分社会个体（经济单位）有益，而对另一部分个体则有实际的损失；第二，从影响的范围来看，静态风险一般只对少数社会成员（个体）产生影响，而动态风险的影响则较为广泛；第三，静态风险对个体而言，风险事故的发生是偶然的，不规则的，但就社会整体而言，可以发现其具有一定的规律性，然而动态风险则很难找到其规律。

6. 依照承担风险的主体

依照承担风险的主体，风险可分为个人风险、家庭风险、企业风险、国家风险，其中

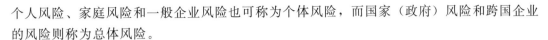

个人风险、家庭风险和一般企业风险也可称为个体风险，而国家（政府）风险和跨国企业的风险则称为总体风险。

7. 按照风险所涉及的范围分类

按照风险所涉及的范围，风险可分为局部风险和全局风险。局部风险是指在某一局部范围内存在的风险。全局风险是一种涉及全局、牵扯面很大的风险。

8. 按风险存在的方式分类

按风险存在的方式，可将风险分为潜在风险、延缓风险和突发风险。潜在风险是一种已经存在风险事故发生的可能性，且人们已经估计到损失程度与发生范围的风险；延缓风险是一种由于有利条件增强而抑制或改变了风险事故发生的风险；突发风险是由偶然发生的事件引起的人们事先没有预料到的风险。

专业风险分类的结果见表5.1。

表 5.1 　　　　　　　　　　　　专 业 风 险 分 类 结 果

分类标准	分 类 结 果
风险因素	自然风险，社会风险，经济风险，政治风险，技术风险
风险损失形态	财产风险，人身风险，责任风险
风险承受能力	可承受风险，不可承受风险
风险控制程度	可控风险，不可控风险
风险损失环境	静态风险，动态风险
承担风险的主体	个人风险，家庭风险，企业风险，国家风险
风险涉及的范围	局部风险，全局风险
风险存在的方式	潜在风险，延缓风险，突发风险

5.3.3 其他风险分类

国际风险管理理事会（IRGC）依据人们对风险形成过程的理解程度把风险分为简单风险、复杂风险、不确定风险和模糊风险四类。黎鑫（Aven，2010）从风险的致灾原因考虑，把南海—印度洋海域海洋环境风险分为固有风险和现实风险，其中固有风险也称自然风险，指"一些固有的致灾因子对承灾体所产生的风险，具体指由于自然地理特征、气象水文灾害等自然因素造成的无法回避的风险"；而现实风险也称人为风险，指"由于人为因素如恐怖袭击、海盗活动、主权争端等造成的风险"。

除了以上分类标准外，还有很多其他分类标准，这里就不再赘述了。另外这些风险分类的界定也不是一成不变的，它们随着时代和观念的改变而改变。

5.4 风险的要素及形成机制

5.4.1 风险要素

研究风险的形成机制，从系统论的角度似乎更容易理解。描述未来可能出现灾害或不利状态的系统称为风险系统。风险系统的基本组成要素可归纳为以下几个方面。

5.4.1.1 风险源

风险产生和存在与否的第一个必要条件是要有风险源。风险源不但在根本上决定某种风险是否存在，而且决定着该种风险的大小（章国材，2009）。风险源是指促使损失频率和损失幅度增加的要素，是导致事故发生的潜在原因，是造成损失的直接或间接的原因，如导致股市风险的政治、经济及社会环境因素等。以气候变化风险为例，其风险源也称为风险因子，主要包括由于全球气候变化引发的不利事件。当气候系统的一种异常过程或超常变化达到某个临界值时，风险便可能发生，这种过程或变化的频度越大，对社会经济系统造成破坏的可能性就越大；过程或变化的超常程度越大，对社会经济系统造成的破坏就可能越强烈，因此社会经济系统承受的来自该风险源的风险就可能越高。总之，不同领域的风险因素其表现形式会有差异。根据性质进行划分，风险因素一般包括自然风险因素、经济风险因素、政治风险因素、物理风险因素、道德风险因素及心理风险因素。

风险源的这种性质通常被描述为危险性（苏桂武和高庆华，2003），用下式表示：

$$H = f(In, P) \tag{5.8}$$

式中：H 为风险源的危险性；In 为风险源的变异强度；P 为不利事件发生的概率。

上述公式中只是说明危险性是强度和概率的函数，并没有给出函数的表达式。根据作者的研究（钱龙霞等，2011），本书定义危险性为"研究系统处于不同强度失事状态下的概率"，并用下式表示危险性：

$$T(x) = \int_0^x D(t) f(t) \mathrm{d}t \tag{5.9}$$

$$D(x) = \begin{cases} 0, & 0 \leqslant x \leqslant W_{\min} \\ \dfrac{x - W_{\min}}{W_{\max} - W_{\min}}, & W_{\min} < x < W_{\max} \\ 1, & x \geqslant W_{\max} \end{cases} \tag{5.10}$$

式中：x 为自变量，如自然灾害中的震级、风力、温度及降水等；$D(x)$ 为这些因变量的变异强度，用来描述研究系统的模糊性；$f(t)$ 为自变量的概率密度函数，用来描述系统的随机性。

5.4.1.2 承险体

承险体是风险的承受者，即致险因子的作用对象。对于区域人类社会而言，承险体可划分为人员、财产及经济活动和生态系统三个部分（葛全胜等，2008）。比如海洋战略风险的承险体包括我国周边广大海域、海洋资源、海峡水道、近海及远洋船舶、沿海地区及岛屿的人口、经济、设施等。承险体的特征一般用脆弱性和风险防范能力来表示，用来描述承险体的暴露性、敏感性和可恢复性，用以表示承险体种类、范围、数量、密度、价值等。在国外，风险承险体的脆弱性被统一表示为"Vulnerability"，用下式表示：

$$V = f(p, e, \cdots) \tag{5.11}$$

式中：V 为脆弱性；p 为人口；e 为经济。

1. 脆弱性定义

关于脆弱性的定义目前学术界还没有统一的认识，Chambers（2010）引入了一个更加系统的脆弱性定义："脆弱性是人类社会遭受意外事故、压力和困难时的暴露性"，还提出了关于脆弱性的外在和内在的性质：面对外部打击和压力的暴露性及无法完全避免损失的防御能力。ISDR（2004）将脆弱性定义为"由于自然、社会、经济和环境因素引起的一系列状况和过程，这些状况会增加一个团体对灾害冲击的易损程度"和"一种状态，这种状态决定于一系列能够导致社会群体对灾害影响的敏感性增加的自然、社会、经济和环境因素或过程"。Fukuda - Parr（2004）将脆弱性定义为"自然、社会、经济和环境等因素而导致的人群的状况和过程决定了人群受害的可能性和程度"。Alexander（2000）将脆弱性定义为"伤亡、毁灭、损害、破坏或其他形式的潜在损失"。Dilley 等（2005）将脆弱性界定为"当面对某个特定的危险时，自然和社会系统表现出一种明显的脆弱"。

2. 水资源脆弱性定义

关于水资源脆弱性的定义，学术界也没有统一的定论，如刘绿柳（2002）认为水资源脆弱性是指"水资源系统易于遭受人类活动、自然灾害威胁和损失的性质和状态，受损后难于恢复到原来状态和功能的性质"。吕彩霞等（2012）认为脆弱性有三层含义：脆弱性是水资源系统自然属性的一种外在表现；脆弱性容易受气候变化、水资源开发利用等外在因素的影响；水资源系统具有一定自我恢复能力。2011 年 IPCC 特别报告（IPCC，2012）中将脆弱性与暴露度结合起来，认为脆弱性是人员、生计、环境服务和各种资源、基础设施以及经济、社会或文化资产受到不利影响的可能性或趋势。Qian 等（2014）将水资源供需风险脆弱性定义为"供水不足带来的潜在损失，包括破坏程度和经济损失"。

总结以上各种定义，不难发现脆弱性的定义主要有以下几种：

（1）当一个不利事件引发一种灾害时系统表现出的一种特殊的条件和状态，经常用一些指标来描述系统的这种状态，如敏感性、局限性和控制能力等。

（2）某个特定危险所带来的直接后果。

（3）当系统面对与某个危险有关的外部事件时，发生不利后果的概率或可能性，可以用潜在损失（如伤亡人数、经济损失或个人和群体抵抗某种困难的可能性）来表示。

3. 风险防范能力

风险防范能力是指风险承受者应对风险所采取的方针、政策、技术、方法和行动的总称，一般分为工程性防范措施和非工程性防范措施两类。防范能力决定了风险是否发生以及风险的大小，一般表示为

$$R = f(c_e, c_{ne}) \tag{5.12}$$

式中：R 为防范能力；c_e 为工程性防范措施；c_{ne} 为非工程性防范措施。

工程性防范措施是人类为了抵御风险主动进行的工程行为，如为了防御风暴潮、保护城市和农田而筑起的防浪堤；非工程性防范措施包括灾害监测预警、防灾减灾政策、组织实施水平和应急预案策略以及公众的抗风险意识和知识能力等方面。

5.4.1.3 风险损失

在水资源风险评价中往往注重研究风险后果即风险损失。水资源风险损失评价方法主

要有指数法和水资源定价模型法。有关指数法的研究，如 Hashimotod 等（1982）用缺水量的期望值来度量水资源短缺风险损失；阮本清等（2005）认为不同缺水量的缺水事件是同频率的，用缺水量的平均值来度量水资源系统失事损失的严重程度；王红瑞等（2008）首次提出了基于模糊概率的水资源短缺风险模型，构建隶属函数来评价水资源短缺风险损失；钱龙霞等（2011，2014）用脆弱性度量水资源风险经济损失，并建立了脆弱性函数模型。有关水资源定价模型法的研究，韩宇平和阮本清（2007）采用影子价格法对水资源短缺风险的经济损失进行计算；王红瑞等（2001）采用水资源模糊定价模型来探讨水资源紧缺对 GDP 增长带来的不利影响和损失；郭鹏等（2012）建立了基于 DHGF 算法的水资源定价模型来评价水资源短缺风险造成的损失；边豪等（2013）建立水价模糊综合评价模型来评价水资源价值和风险损失。

5.4.2　风险的形成机制

风险是风险源的危险性、承险体的脆弱性和防范能力综合作用的结果，一般表示成危险性和脆弱性的数学模型（张继权和李宁，2007），其中危险性与致险因子的强度、频率、作用范围等因素有关，故致险因子的危险性大小可表达为（张继权等，2006）

$$H = f(M, P) \tag{5.13}$$

式中：H 为危险性大小；M 为致险因子的变异强度；P 为致险因子出现的频率。

单个承险体的脆弱性主要与其承险体对致险因子的敏感程度有关。区域承险体脆弱性的大小与承险体的种类、数量、密度、价值以及区域社会应对风险的能力有关（张继权和李宁，2007）。区域承险体的脆弱性可表示为

$$V = f(E, R, S), E = f(e_p, e_f, e_r), R = f(r_p, r_f, r_r), S = S(s_p, s_f, s_r) \tag{5.14}$$

式中：V 为区域脆弱性大小；E 为区域承险体的暴露程度，反映了承受体在一定强度致险因子的影响下，可能遭受损失的承险体的数量，可表示为人口数量（e_p）、财产数量（e_f）及自然资源损失数量（e_r）的函数；R 为区域应对风险的能力，表示为可以降低风险的人力资源（r_p）、财力资源（r_f）和物力资源（r_r）的函数；S 为风险区内人员、财产及自然资源等对风险损失的敏感性，可表示为人员敏感性（s_p）、财产敏感性（s_f）和资源敏感性（s_r）的函数。

本书认为风险由风险源的危险性、承险体的脆弱性和防范能力三要素相互作用而形成的。

5.5　风险的数学模型

风险可以用风险度来表达，国内外学者提出很多种数学表达式。

Maskrey（1989）提出的风险表达式为

$$风险度 = 危险度 + 易损度 \tag{5.15}$$

式（5.15）将风险度表达为危险度和易损度的线性函数，即风险不仅与致险因子的自然属性有关，而且与承险体的社会经济属性有关。然而，风险是由风险源与承险体之间的非线性相互作用产生的，将风险源的危险度与承险体的易损度线性叠加，会造成极不合理

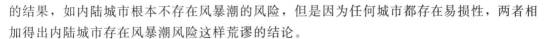

的结果，如内陆城市根本不存在风暴潮的风险，但是因为任何城市都存在易损性，两者相加得出内陆城市存在风暴潮风险这样荒谬的结论。

Simith（1996）提出的风险表达式为

$$风险度＝概率×损失 \tag{5.16}$$

Deyle 等（1998）以及 Hurst（1998）提出的风险表达式为

$$风险度＝概率×结果 \tag{5.17}$$

式（5.16）和式（5.17）将灾害发生的概率与灾害造成的损失（结果）有机地联系起来。

Nath（1996）等提出的风险表达式为

$$风险度＝概率×潜在损失 \tag{5.18}$$

Tobin 和 Montz（1997）提出的风险表达式为

$$风险度＝概率×易损度 \tag{5.19}$$

式（5.18）和式（5.19）实质上是相同的。将损失改为潜在损失或期望损失，是一个很大的进步，体现出风险是损失的可能性，对风险本质的把握更加准确。

联合国人道主义事务部（United Nations，1991）提出的自然灾害风险表达式为

$$风险度＝危险度×易损度 \tag{5.20}$$

该表达式基本上反映了风险的本质特征，其中危险度反映了灾害的自然属性，是灾害规模和发生频率（概率）的函数；易损度反映了灾害的社会属性，是承灾体人口、财产、经济和环境的函数。这一评价模式目前已得到国内外众多学者的认同。

ISDR（2004）从危险性和脆弱性的角度提出风险的数学表达式如下：

$$风险＝f(危险性，脆弱性) \tag{5.21}$$

式中，f 为危险性和脆弱性之间的函数，最简单的函数形式是危险性和脆弱性的乘积。

Alexander（2000）定义风险是各种损失（可预测的人员伤亡和经济损失等）之和与危险性和脆弱性的乘积，表达式为

$$风险＝(各种风险损失的和)×危险性×脆弱性 \tag{5.22}$$

目前一些文献在风险的表达式中加入其他一些项，如控制能力、暴露性以及缺乏度等，表达式如下：

$$风险＝\frac{危险性×脆弱性}{应对能力} \tag{5.23}$$

式中，应对能力为人员或组织承受或控制风险的能力。

对于脆弱性，减灾学会提出一个有趣的表达式（White 等，2005）：

$$脆弱性＝\frac{暴露性×敏感度}{应对能力} \tag{5.24}$$

Dilley 等（2005）指出风险是危险性、暴露性和脆弱性三个量的乘积，其中危险性是威胁发生的强度和频率等，脆弱性是指系统的固有性质。Hahn 和 Hidajat（2003）建立了一种风险模型，其表达式为

$$风险＝危险性＋暴露性＋脆弱性－应对能力 \tag{5.25}$$

张继权等（2006）提出气象灾害风险的表达式为

$$\text{气象灾害风险度} = \text{危险性} \times \text{暴露性} \times \text{脆弱性} \times \text{防灾减灾能力} \tag{5.26}$$

从理论上讲，风险是概率分布函数曲线与损失函数曲线围成的面积，即风险是定积分（黄崇福，2011）。王红瑞等（2009）从模糊概率的角度定义风险，将水资源短缺风险表示成概率密度函数和损失函数乘积的定积分，其表达式为

$$R = \int_0^{+\infty} \mu_w(x) f(x) \mathrm{d}x \tag{5.27}$$

式中：$\mu_w(x)$ 为变量 x 的隶属函数，表征系统的模糊不确定性，用来刻画风险造成的损失程度；$f(x)$ 为变量 x 的概率密度函数，表征系统的随机不确定性，用来刻画风险发生的概率。

Tsakiris（2014）将风险定义成概率密度函数、脆弱性函数和后果函数乘积的定积分。

综上所述，风险的表达式有多种形式，但总结起来有以下三类：

（1）第一类表达式从风险的定义出发，认为风险是概率和损失（结果）的函数，函数的形式多为乘积的形式。

（2）第二类表达式从风险的指标出发，认为风险是危险性和脆弱性的函数，有些表达式中增加了暴露性、控制能力等变量，函数的形式比较简单，乘积或加减的形式，这也是目前学术界比较公认的函数形式。

（3）另外一些人提出了风险的积分模型，在一定程度上丰富和改进了风险的数学模型。

风险是由风险源的危险性和承险体的脆弱性相互作用而形成的，这是一个复杂的非线性过程，将风险表示成危险性与脆弱性的和会造成信息失真，甚至会得出极不合理的风险评价结果（Smith，1996）。乘法公式过于简单，无法准确刻画风险和指标之间复杂的定量关系，数学表达式的准确性值得商榷（Nath 等，1996）。积分模型的提出在一定程度上丰富和改进了风险的函数模型，但是由于水资源系统是一个多属性的复杂系统，涉及水文因子、水资源量因子、可供水量因子、需水量因子、水环境因子等多个方面，而这些因子之间又有着极其复杂的联系，因此，风险的积分模型应该是多维的，而不是一维的。

总的来说，以上风险数学模型只能用来解决某个特定的问题，且没有建立相应的检验标准，因此目前还没有一个确定的数学模型可以用来定义风险。

5.6　风险分析的流程与方法

5.6.1　风险分析的流程

一个完整的风险分析过程可以归纳为风险辨识（风险识别）、风险评价、风险决策和残余风险评价与处置。风险分析的一般过程如图 5.2 所示。

5.6.2　风险辨识

5.6.2.1　风险辨识的含义

风险辨识是发现、识别系统中存在着风险源的工作，是风险分析的基础，也是风险分

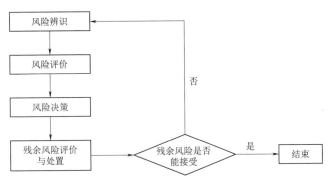

图 5.2　风险分析的过程

析过程中最为重要的一项工作内容。由于目前许多风险目标规模庞大、技术复杂、综合性强，风险源又是"潜在的"不安全因素，有一定的隐蔽性，故风险的辨识工作是一项既重要又困难的任务。风险辨识的内容包括确定风险的种类和特征、识别主要的风险源及预测可能出现的后果。

5.6.2.2　风险辨识的原则

1. 完整性原则

完整性原则是指应全面完整地识别出研究系统存在的所有风险。风险识别方法很多，可以采用多种风险识别方法，从多个角度进行分析和识别，可以避免遗漏风险。

2. 系统性原则

系统性原则就是要求从全局的角度系统地识别风险。系统性主要表现为按照事件的内在流程、顺序、内在结构关系识别风险。

3. 重要性原则

风险识别应有所侧重，体现在两个方面：一是从节约成本和保证风险识别的效率出发，仅识别重要风险，即期望风险损失较大的风险，忽略影响小或损失较小的风险；二是风险载体，那些对整个活动目标都有重要影响的工作结构单元，必然是风险识别的重点。

5.6.2.3　风险辨识的方法

风险辨识目前尚无固定、普适的方法。常用的辨识方法包括以下几种。

1. 头脑风暴法

头脑风暴法也称集体思考法，是以专家的创造性思维来索取未来信息的一种直观预测和识别方法，由美国人奥斯本于 1939 年首创，从 20 世纪 50 年代起就得到了广泛应用，70 年代末在我国受到广泛的重视和采用。头脑风暴法首先召集一些专家召开会议，以"宏观智能结构"为基础，发挥专家的创造性思维来获取未来信息。会议主持人需要不断激起专家们的思维"灵感"。基于设置的一系列问题，专家之间进行问题探讨和交流，相互启发，产生"思维共振"，以达到互相补充并产生"组合效应"，获取更多的未来信息，提高预测和识别的准确度。我国 20 世纪 70 年代末开始引入头脑风暴法，并受到广泛的重视和采用。

2. 德尔菲法

20 世纪 50 年代初美国兰德公司研究美国受前苏联核袭击风险时提出德尔菲法，又称专家调查法。它依靠专家的直观能力进行风险识别，广泛应用于经济、社会、工程技术等各领域。主要步骤如下：项目风险小组遴选项目相关领域的专家，并建立直接的函询联系，收集、整理专家意见，再匿名反馈给各位专家，再次征询意见。这样反复经过四至五轮，使得专家的意见趋向一致，作为最后识别的根据。

3. 情景分析法

1972 年美国 SllELL 公司提出情景分析法，70 年代中期以来在国外得到了广泛应用，并衍生出目标展开法、空隙添补法、未来分析法等具体应用方法。情景分析法根据发展趋势的多样性，通过对系统内外相关问题的系统分析，设计出多种可能的未来前景，然后用类似于撰写电影剧本的手法，对事物发展态势进行情景和画面的描述。情景风险法适用于项目持续时间较长、影响因素较多的风险识别，主要表现在以下方面：评估某种措施或政策可能引起的风险或危机性的后果，评估风险的影响范围，关键性因素的识别，某种技术的发展带来的未知风险的识别。情景分析法首先假定关键影响因素的发生，构造出多种不同的情景，提出多种未来的可能结果，以便采取风险调控的措施。

4. 等级全息建模

等级全息建模（Hierarchical Holographic Modeling，HHM）是一种全面的思想和方法论，目的在于捕捉和展现一个系统（在其众多的方面、视角、观点、维度和层次中）内在的不同特征和本质。该方法的核心是不同全息模型间的重叠，这些模型是根据目标函数、约束变量、决策变量及系统的输入输出之间的关系建立的。HHM 在对大规模的、复杂的、具有等级结构的系统进行建模时非常有效，HHM 的多视角、多方位使风险分析变得更加可行。

5.6.3　风险评价

风险评价也称安全评价，它是以实现安全为目的，综合运用有关风险评价原理和方法、专业理论知识和工程实践经验，在对保障目标或系统中存在的危险源进行辨识的基础上，研究危险发生的可能性及其产生后果的严重程度，并进行分类排序，从而为进一步制定风险控制措施与策略提供依据。风险评价方法多种多样，归纳起来，大致可分为定性风险评价、定量风险评价及定性与定量相结合的综合风险评价方法。

5.6.3.1　定性评价方法

定性风险评价方法主要是依据研究者的知识和经验、历史教训、政策走向及特殊案例等非量化资料对风险状况做出判断的过程。典型的定性分析方法有专家调查打分法、层次分析法、事故树分析法、因素分析法、逻辑分析法、历史比较法等。定性评价法具有很多优点，如可以挖掘出一些蕴含很深的思想，评价的结论更全面、更深刻，但它又存在人为主观操作痕迹过强、对评价者要求高等不足。这里只详细介绍专家调查打分法和事故树分析法的数学原理。

1. 专家调查打分法

专家调查打分法是一种最常用、最简单易用的方法。它的应用由两步组成：首先，辨

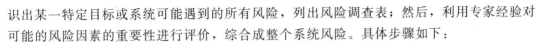

识出某一特定目标或系统可能遇到的所有风险，列出风险调查表；然后，利用专家经验对可能的风险因素的重要性进行评价，综合成整个系统风险。具体步骤如下：

（1）选择一种定性赋权法。确定每项风险因素或属性的权重，以表征各种因素对风险的影响程度。

（2）确定每个风险因素的等级值，一般分为可能性很大、比较大、中等、不大、较小5个等级，取值分别为1.0、0.8、0.6、0.4和0.2。

（3）将每个风险因素的权重与等级值相乘，获取每项风险因素的得分，相加获得风险值。

2. 事故树分析法

事故树分析法是一种演绎推理法，将系统可能发生的某种风险与导致该风险发生的各种原因之间的逻辑关系用树形图表示，通过定性与定量分析，挖掘风险发生的主要原因，为制定风险防范对策提供决策依据，以达到风险预警与预防的目的。其分析步骤如下：

（1）准备阶段。

1）确定系统。明确风险系统的主要特征、外界环境及其边界条件，确定风险的影响范围，明确影响风险发生的主要因素。

2）熟悉系统。对风险系统进行深入调查研究，收集有关数据与资料，包括系统的结构、性能、工艺流程、运行条件、事故类型、维修情况、环境因素等。

3）明确可能发生的风险。收集、调查所分析系统已经发生过的风险和未来可能发生的风险，调查、分析本单位与外单位、国内与国外同类系统曾发生的所有风险。

（2）事故树的编制。

1）确定事故树的顶事件。确定顶事件是指确定所要分析的对象事件。根据风险调查报告分析风险损失或影响的大小和风险发生频率，选择易于发生且后果严重的风险作为事故树的顶事件。

2）调查与顶事件有关的风险源。从人、机、环境和信息等方面调查与事故树顶事件有关的所有风险源，确定风险原因并进行影响分析。

3）编制事故树。采用一些规定的符号，按照一定的逻辑关系，把事故树顶事件与引起顶事件的风险源，绘制成反映因果关系的树形图。

（3）事故树定性分析。

事故树定性分析主要是按事故树结构，求取事故树的最小割集或最小径集，以及基本事件的结构重要度，根据定性分析的结果，确定预防风险的安全保障措施。

（4）事故树定量分析。

事故树定量分析主要是根据引起风险发生的致险因子发生的概率，计算事故树顶事件发生的概率，并定量评估顶事件造成的影响或后果。根据定量分析的结果以及风险发生以后可能造成的危害，对系统进行风险分析，以确定规避风险的措施。

5.6.3.2 定量评价方法

典型的定量风险评价方法主要有概率统计法、模糊风险分析方法、灰色随机风险分析方法等。定量风险评价方法的优点是用直观的数据来表述评价的结果，使研究成果更科

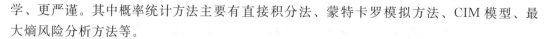

学、更严谨。其中概率统计方法主要有直接积分法、蒙特卡罗模拟方法、CIM 模型、最大熵风险分析方法等。

1. 概率统计方法

（1）直接积分法。

直接积分法是通过对荷载和抗力的概率密度函数进行解析和数值积分得到风险评价结果。这种方法理论性强，只适用于处理线性的、变量为独立同分布且影响因素个数较少的简单系统，但影响因素较多时，无法求解系统的失事概率，因此直接积分法适用性不强。

（2）蒙特卡罗模拟方法。

蒙特卡罗模拟（Monte Carol Simulation）方法又称为随机模拟法或统计实验法，其基本数学原理如下：先制定各影响因素的操作规则和变化模式；然后利用随机数生成的办法，人工生成各因素的数值并进行计算，从大量的计算结果之中找出风险的概率分布。它是估计经济风险和工程风险常用的一种方法。在研究不确定因素问题的决策中，通常只考虑最好、最坏和最可能三种估计，如敏感性分析方法。如果不确定性很多，只考虑这三种估计便会使决策发生偏差，而蒙特卡罗方法的应用可以避免这些情况的发生，使在复杂情况下的决策更为合理和准确。其基本过程如下：

1）编制风险清单。通过结构化方式，把已辨识出的影响目标或系统的重要风险因素构造成一份标注化的风险清单。这份清单能充分反映出风险分类的结构和层次性。

2）采用专家调查法确定风险因素的影响程度和发生概率。这一步可以编制出风险评价表。

3）采用模拟技术，确定风险组合。这一步是对上一步专家的评价结果加以定量化。在对专家观点的评价统计中，可以采用模拟技术评价专家调查中获得的主观数据，最后在风险组合中表现出来。

4）分析与总结。通过模拟技术可以得到项目总风险的概率分布曲线。从曲线中可以看出项目总风险的变化规律，据此确定风险防范措施。

蒙特卡罗模拟法精度高，但是该方法的结果依赖于样本容量和抽样次数，且对变量分布的假设很敏感，因此其计算结果表现出不唯一性。

（3）CIM 模型。

当多项风险因素影响系统目标时，就会涉及概率分布的叠加，CIM 模型是解决这一技术点的有效方法，该方法的特点是用直方图替代变量的概率分布，用和代替概率函数的积分，并按串联或并联响应模型进行概率叠加。

（4）最大熵风险分析方法。

1929 年，匈牙利科学家 L. Szilard 首先提出了熵与信息不确定的关系，使信息科学应用熵成为可能，1948 年，贝尔实验室的 C. Shannon 创立了信息论，他把通信过程中信源信号的平均信息量称为熵。最大熵方法的基础是信息熵，此熵定义为信息的均值，它是对整个范围内随机变量不确定性的度量。风险分析的依据是风险变量的概率特征，因此首先根据所获得的一些先验信息设定先验分布，利用最大熵原理设定风险因子的概率分布，实质是将问题转化为信息处理和寻优问题，而许多致灾因子的随机特征都无先验样本，只能获得它的一些数字特征，如均值。然而它的概率分布有无穷多个，要从中选择一个分布作

为真分布，就要利用最大熵准则。模型的数学原理如下：

设致灾强度为随机变量 x（假定为连续型变量），则

$$\max S = -\max \int_R f(x) \ln f(x) \mathrm{d}x$$

$$\text{s. t.} \int_R f(x) \mathrm{d}x = 1$$

$$\int_R x^i f(x) \mathrm{d}x = M_i, \; i = 1, 2, \cdots, m$$

$$x > b \text{ 或 } x < b \tag{5.28}$$

式中：$f(x)$ 为 x 的概率密度函数，正是模型所要求的解；M_i 为样本的第 i 阶原点矩；b 为保证变量有意义的值，模型的约束条件为 $m+2$ 个。

模型的求解是一个泛函条件极值问题。根据变分法引入拉格朗日乘子可得出最大熵概率密度函数的解析形式如下：

$$f(x) = \exp\left(\lambda_0 + \sum_{i=1}^m \lambda_i x^i\right) \tag{5.29}$$

其中参数 λ_0，λ_1，$\cdots$，λ_m 可采用非线性优化方法求出，如遗传算法、粒子群算法、量子遗传算法等。

2. 模糊风险分析方法

黄崇福和王家鼎（1995）认为：由于概率风险评价模型没有描述系统的模糊不确定性，在应用于实际评价时，可行性和可靠性仍存在问题。而客观世界中许多概念的外延存在着不确定性，对立概念之间的划分具有中间过渡阶段，这些都是典型而客观存在的模糊现象，需要运用模糊集理论去研究。模糊风险评价模型包括模糊综合评判模型、模糊聚类分析模型、信息扩散模型及内集-外集模型等。信息扩散模型可以用于小样本资料条件下的风险评价，通过构建一个合理、有效的扩散函数，进行信息的分配和传递，常用的扩散函数包括正态信息扩散函数和非均匀信息扩散函数。黄崇福和王家鼎（1995）模仿分子扩散，推导得出了正态信息扩散函数，其二维形式为

$$q = \frac{1}{2\pi h_x h_y} \exp\left(-\frac{x^2}{2h_x^2} - \frac{y^2}{2h_y^2}\right) \tag{5.30}$$

式中：h_x、h_y 为扩散系数。

基于"平均距离模型"和"两点择近原则"可以简化计算扩散系数，扩散系数的大小与样本的数量和取值范围有关。若令 $x' = \dfrac{x}{\sqrt{2}h_x}$，$y' = \dfrac{y}{\sqrt{2}h_y}$，即除去量纲和单位的影响，二维正态信息扩散函数可变为

$$q = \frac{1}{2\pi h_x h_y} \exp\left[-(x^2 + y^2)\right] \tag{5.31}$$

该函数的指数部分是圆方程，这表明在去掉量纲和单位的影响后，各个样本点上的信息向各个方向均匀扩散。

正态信息扩散表现的是一种均匀信息扩散过程，但在实际应用中，所获取的不完备样本各要素间可能存在某些非对称的结构或规律，如变量间的不规则正比关系，即随着自变

量增加，因变量呈非线性增加。对某些不完备样本进行信息扩散时需要考虑不同方向的扩散速度和扩散方式，即考虑信息的非均匀扩散（张韧等，2012）。对此，张韧等（2012）以"圆"特征向周围均匀扩散的正态函数进行改进和发展，将其扩展为更广义的"椭圆"非均匀信息扩散函数，扩散快的方向与椭圆的长轴对应，慢的方向与椭圆的短轴对应，由此得到以下形式的扩散函数：

$$q = \frac{1}{2\pi h_x h_y} \exp\left\{-\frac{1}{k^2+1}\left[\frac{1}{\lambda}\left(\frac{x}{\sqrt{2}h_x} + k\frac{y}{\sqrt{2}h_y}\right)^2 + \left(k\frac{x}{\sqrt{2}h_x} - \frac{y}{\sqrt{2}h_y}\right)^2\right]\right\} \quad (5.32)$$

式中：k 为椭圆长轴的斜率（调节方向）；λ 为椭圆长轴与短轴比的平方，这里定义为伸缩系数（用以调节椭圆的"胖瘦"，当 $\lambda=1$ 时，即为常规的"圆"均匀信息扩散函数）。

3. 灰色随机风险分析方法

Jon（1994）在处理复杂系统的风险评价中将不确定性分为随机不确定性和主观不确定性，并认为前者的产生源于系统的特性，而后者的产生则源于对系统认识的信息的缺乏。胡国华等（2001）将源于对系统认识的缺乏所产生的主观不确定性归结为灰色不确定性。所谓灰色随机风险分析方法就是综合考虑系统的随机不确定性和灰色不确定性，用灰色-随机风险率来量化系统失效的风险性。灰色随机风险分析方法代表了风险分析的一个方向，但其理论体系尚需进一步完善。

4. 新型评价方法

概率统计法和灰色随机风险分析法的本质均是模拟风险的分布，只不过概率统计模型中只考虑系统的随机不确定性，而灰色随机风险分析模型中考虑了随机性和灰色性两种不确定性。模糊风险分析方法的几种模型的思路为建立风险度或风险等级与风险指标之间的函数关系。以上方法都是传统的风险评价方法，随着评价理论与技术的发展，涌现了一批新型风险评价方法，主要有数据包络分析法和投影寻踪方法。

（1）数据包络分析法。数据包络分析（DEA）法是一种非参数估计方法，适于处理多指标数据，并且不需要数据本身满足一个明确的函数形式，只需评判者给出评判对象（称为决策单元）作为一个具有反馈性质的封闭系统的"投入"和"产出"向量，即可获得对应的相对效率评判值。此方法不受人为主观因素的影响，相对于一般方法存在一定的优越性，尤其适用于缺乏相关专业知识或不方便给指标赋予权重的评判者。DEA 法的原理与应用流程详见 3.2 节。

（2）投影寻踪法。投影寻踪法是分析和处理非正态高维数据的一类新兴探索性统计方法。它的基本方法是把高维数据投影到低维子空间上，对于投影到的构形，采用投影指标函数来衡量投影暴露某种结构的可能性大小，寻找出使投影指标函数达到最优的投影值，然后根据该投影值来分析高维数据的结构特征或根据该投影值与研究系统的输出值之间的散点图构造数学模型以预测系统的输出。设风险等级及其评价指标分别为 $y(i)$ 及 $\{x*(j,i)|j=1\sim p\}\ (i=1\sim n)$，其中 n、p 分别为样本个数和指标个数。设风险最低等级为 1，最高等级为 N。建立风险综合评价模型就是建立 $\{x*(j,i)|j=1\sim p\}$ 与 $y(i)$ 之间的数学关系。投影寻踪方法算法原理已经在 3.1 节作了详细介绍，这里就不再赘述了。

5.6.3.3 综合风险评价方法

与定性或定量风险评价方法相比，定性与定量相结合的综合风险评价方法可以取长补

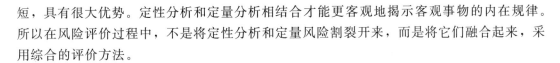

短，具有很大优势。定性分析和定量分析相结合才能更客观地揭示客观事物的内在规律。所以在风险评价过程中，不是将定性分析和定量风险割裂开来，而是将它们融合起来，采用综合的评价方法。

5.6.4 风险决策

1. 风险决策的定义

所谓决策就是指为了实现特定的目标，根据客观的可能性，在占有一定信息和经验的基础上，借助一定的工具、技巧和方法，对影响目标实现的诸因素进行准确的计算和判断优选后，对未来行动作出决定（徐国祥，2005）。风险决策也是决策，从决策的定义出发我们很容易得到风险决策的定义，即根据风险管理的目标和宗旨，在风险评价的基础上，借助决策的理论与方法合理地选择风险管理工具，进而制定风险管理方案和行动措施，即对几个备选风险管理方案进行比较筛选，选择一个最佳方案，从而制定出处置风险的总体方案。

2. 风险决策的内容

风险决策应包含四个基本内容（范道津和陈伟珂，2010）：①信息决策过程，即了解和识别各种风险的存在、风险的性质，估计风险的大小；②方案计划过程，即针对某一具体的客观存在的风险，拟定风险处理方案；③方案选择过程，即根据决策的目标和原则，运用一定的决策手段选择某一最佳处理方案或几个方案的最佳组合；④风险管理方案评价过程。

3. 风险决策的原则

风险决策也是决策，因此决策遵循的原则同样适用于风险决策，决策遵循下列三条原则（徐国祥，2005）：

（1）可行性原则。决策时为实现某个目标而采取的行动。决策是手段，实施决策方案并取得预期效果才是目的。因此决策的首要原则是提供决策者的方案在技术上、资源条件上必须是可行的。

（2）经济性原则。经济性原则要求所选定的方案与其他备选方案相比具有较明显的经济性，实施选定的方案后能获得更好的经济效益。

（3）合理性原则。影响决策的因素往往很复杂，有些可以进行定量分析，有些因素（如社会、政治和心理等因素）虽不能或较难进行定量分析，但对事物的发展却有举足轻重的影响，因此在决策时，要将定量分析和定性分析相结合。因此，遇到这类复杂的问题时，仅仅从定量的角度选择"最优方案"并不合理，应该兼顾定量与定性的要求，选择既令人满意又合理的方案。

4. 风险决策的方法

风险决策的方法有很多，如风险型决策方法、贝叶斯决策方法、不确定型决策方法及多目标决策方法等。其中风险型决策方法主要有效用概率决策方法、决策树方法及马尔科夫决策方法等；多目标决策方法主要有层次分析法、多属性效用决策方法、模糊决策方法、理想解方法（TOPSIS）等，其中层次分析法适用于决策因素是定性的情况。有关风险型决策方法、层次分析法、多属性效用决策方法及模糊决策法的数学原理在决策的参考

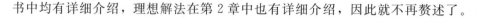

书中均有详细介绍，理想解法在第 2 章中也有详细介绍，因此就不再赘述了。

5.6.5　残余风险评价与处置

在风险理论中，残余风险是指对风险源的危险性后果采取应急措施或减灾对策后仍可能残存的风险。因为风险评价与风险决策并不能完全消除风险，而只是降低或减小风险。因此，在风险分析中要正确识别和科学评价残余风险，这既是对所采取的应急处置策略效果的检验，也是风险控制与善后处置的必然要求。本书中的残余风险指承险体进行风险防御后仍可能具有的残存风险。根据风险评价的结果，通过风险决策选择一个最佳的风险管理方案进行风险防御，此时对承险体的风险需要进行重新评价和动态修正，这样的过程称为残余风险评价。

1. 残余风险评价流程

（1）评价准备阶段。本阶段主要是前期的准备和计划工作，包括明确评价目标、确定评价范围、组建评价管理团队，对救援业务、组织结构、规章制度和信息系统等进行初步调研，科学确定风险评价方法，组织制定风险评价方案。

（2）目标识别阶段。准备阶段完成之后，将依照准备阶段确定的风险分析实施方案进行评价。首先进行致险因子与承险体等风险目标的特征识别，如资产价值、危险性和脆弱性识别；验证已有安全控制措施的有效性，进而为下阶段的风险分析收集必要的基础数据。

（3）风险分析阶段。识别阶段之后，基于获取的评价系统风险基本数据，包括资产价值、危险性、脆弱性和安全控制措施等，根据被评价对象的实际情况制定出一套合理、清晰的残余风险等级判据。然后根据这些判据，对主要危险场景进行分析，描述和评价各主要危险场景的潜在影响及其残余风险，最后提交残余风险分析报告和进一步的风险控制建议。

2. 残余风险处置原则

基于风险评价与风险等级划分，在采取适宜的应急响应措施进行风险防范与控制之后，若残余风险评价结果达到可接受的阈值范围，则可认为应急响应行动所实施的风险控制基本达到目标；若残余风险仍处于不可接受的范围和水平，则表明所实施的应急响应行动力度或降险对策尚不到位，未达到预定的风险控制目标，残余风险仍具有危险性或灾害性，此时必须针对性地制定出进一步的风险防范和风险控制方案，以使风险进一步降低至可接受范围之内。

残余风险评价应依照国际和国家的风险评价准则和等级划分标准（一般为五级）开展，若残余风险为 5 级～4 级，表明虽然经过应急响应降险措施，但仍存在较大风险，必须立刻采取行动以进一步防范和降低风险；若残余风险为 3 级，表明经应急响应降险措施之后，风险得到了一定程度的抑制，但仍具有一定的潜在危险性，应继续保持或强化风险防范与处置措施，使残余风险等级进一步降低；若残余风险评定为 2 级～1 级，表明风险得到了有效控制，可暂不采取进一步处理措施，但应密切关注事态发展。需注意的是，在具体案例中，除了参照上述残余风险评价规范标准外，应充分考虑具体风险对象和风险案例的复杂性和特殊性，将原则性与灵活性有机结合。

第6章 水资源风险评价建模与应用

6.1 北京市水资源风险评价与分析

北京市位于华北平原西部，属暖温带半干旱半湿润性季风气候，由于受季风影响，雨量年季节分配极不均匀，夏季降水量约占全年的 70% 以上，全市多年平均降水量 575mm。北京市属海河流域，从东到西分布有蓟运河、潮白河、北运河、永定河、大清河五大水系。北京市是世界上严重缺水的大城市之一，当地自产水资源量仅 39.99 亿 m^3，多年平均入境水量 16.50 亿 m^3，多年平均出境水量 11.60 亿 m^3，当地水资源的人均占有量约 300m^3，是世界人均的 1/30，远远低于国际公认的人均 1000m^3 的下限，属重度缺水地区。

6.1.1 水资源短缺风险评价

借鉴 Kaplan 的定义，本书认为水资源短缺风险是指在特定的环境条件下，由于来水和用水存在模糊不确定性与随机不确定性，使区域水资源系统发生供水短缺的概率以及由此产生的损失。基于上述认识，本书设计了基于模糊概率的水资源短缺风险评价模型。

6.1.1.1 风险概念模型构建

对于一个供水系统来说，所谓失事主要是供水量 W_S 小于需水量 W_N，从而使供水系统处于失事状态。基于水资源系统的模糊不确定性，构造一个合适的隶属函数来描述供水失事带来的损失。定义模糊集 W_c 如下：

$$W_c = \{ x : 0 \leqslant \mu_w(x) \leqslant 1 \} \tag{6.1}$$

其中
$$x = W_n - W_s$$

式中：x 为缺水量；$\mu_w(x)$ 为缺水量在模糊集 W_c 上的隶属函数；W_s、W_n 分别为供水量和需水量。

$\mu_w(x)$ 的构造如下：

$$\mu_w(x) = \begin{cases} 0, & 0 \leqslant x \leqslant W_a \\ \left(\dfrac{x - W_a}{W_m - W_a} \right)^p, & W_a < x < W_m \\ 1, & x \geqslant W_m \end{cases} \tag{6.2}$$

式中：W_a 为缺水系列中最小缺水量；W_m 为缺水系列中最大缺水量；p 为大于 1 的正整数。

本书将水资源短缺风险定义为模糊事件 A_f 发生的概率，即模糊概率，具体定义见式（6.3）：

$$P(A_f) = \int_{R_n} \mu_{A_f}(y) \mathrm{d}P \tag{6.3}$$

式中：R_n 为 n 维欧氏空间；$\mu_{A_f}(y)$ 为模糊事件 A_f 的隶属函数；P 为概率测度。

如果 $dP = f(y)dy$，则

$$P(A_f) = \int_{R_n} \mu_{A_f}(y) f(y) dy \tag{6.4}$$

式中：R_n 为 n 维欧氏空间；$f(y)$ 为随机变量 y 的概率密度函数。

水资源短缺风险的定义如式（6.5）所示：

$$R = \int_{W_a}^{+\infty} \mu_w(x) f(x) dx \tag{6.5}$$

从式（6.4）和式（6.5）可知：上述风险定义将水资源短缺风险存在的模糊性和随机性联系在一起，其中，随机不确定性体现了水资源短缺风险发生的概率，而模糊不确定性则体现了由于水资源短缺风险造成的损失。依据概率密度函数 $f(x)$ 和隶属函数的形式计算水资源短缺风险 R。

1. 概率分布模拟

模拟系列的概率分布一般有 MC（蒙特卡罗）、MFOSM（均值一次两阶矩）法、SO（两次矩）法、最大熵风险分析方法、AFOSM（改进一次两阶矩）法以及 JC 法等，这些模拟方法在实际应用时可能会存在一些问题，如对因变量分布的假设过于敏感、计算结果不唯一、模型精度低、收敛性不能得到证明、理论体系不完善等（刘涛等，2005；王栋等，2001）。而 Logistic 回归方法具有对因变量数据要求低、计算结果唯一、模型精度高等优点，本书采用 Logistic 回归模型来模拟缺水量系列的概率分布。

Logistic 回归模型可以直接预测观测量相对于某一事件的发生概率，如果只有一个自变量，回归模型可写为

$$P = \frac{1}{1 + e^{-(b_0 + b_1 x)}} \tag{6.6}$$

式中：P 为概率；b_0、b_1 分别为自变量的系数和常数。

包含一个以上自变量的模型如式（6.7）所示：

$$P = \frac{1}{1 + e^{-z}} \tag{6.7}$$

其中　　　　　　　　　$z = b_0 + b_1 x_1 + b_2 x_2 + \cdots + b_p x_p$

式中：p 为自变量的数量；$b_0, b_1, b_2, \cdots, b_p$ 分别为 Logistic 回归系数。

2. 参数估计

利用极大似然法进行参数估计，假设风险是否发生的样本为 $y_1, y_2, \cdots, y_n$，则 $P(y_i) = p_i^{y_i}(1 - p_i)^{1-y_i}$，作似然函数

$$L(b) = \prod_{i=1}^{n} p_i^{y_i} (1 - p_i)^{1-y_i} \tag{6.8}$$

对上式取对数得

$$\ln L(b) = \sum_{i=1}^{n} \left[y_i \left(b_0 + \sum_{j=1}^{m} x_{ij} b_j \right) - \ln(1 + e^{b_0 + \sum_{j=1}^{m} x_{ij} b_j}) \right] \tag{6.9}$$

分别对 $b_0, b_1, b_2, \cdots, b_m$ 偏导，然后令其为零，即

$$\frac{\partial L}{\partial b_0} = \sum_{i=1}^{n} \left[y_i - \frac{\exp\left(b_0 + \sum_{j=1}^{m} x_{ij} b_j\right)}{1 + \exp\left(b_0 + \sum_{j=1}^{m} x_{ij} b_j\right)} \right] = 0$$

$$\frac{\partial L}{\partial b_j} = \sum_{i=1}^{n} \left[y_i - \frac{\exp\left(b_0 + \sum_{j=1}^{m} x_{ij} b_j\right)}{1 + \exp\left(b_0 + \sum_{j=1}^{m} x_{ij} b_j\right)} \right] x_{ij} = 0, \quad j = 1, 2, \cdots, m \tag{6.10}$$

解上述方程组即可求得未知参数 $b_0, b_1, b_2, \cdots, b_m$。

3. 拟合优度检验和系数检验

建立 Logistic 函数后，常用 Hosmer–Losmerχ^2 统计量进行模型的拟合优度检验，其表达式为

$$Chi - square = \sum_{1}^{n} \frac{(x_s - x_y)^2}{x_y} \tag{6.11}$$

式中：x_s 和 x_y 分别为实际观测值和预测值。

检验的原假设和备择假设为

H_0：方程对数据的拟合良好；H_1：方程对数据的拟合不好。

对于较大样本的系数检验，常用基于 χ^2 分布的 Wald 统计量进行检验，当自由度为 1 时，Wald 值为变量系数与其标准误比值的平方，对于两类以上的分类变量来说，其表达式如下：

$$W = B'V^{-1}B \tag{6.12}$$

式中：B 为极大似然估计分类变量系数的向量值；V^{-1} 为变量系数渐近方差-协方差矩阵的逆矩阵。

其检验的原假设和备择假设为

H_0：回归模型的系数等于 0；H_1：回归模型的系数不等于 0。

4. 聚类分析

为了直观地说明水资源短缺风险程度，利用快速样本聚类对风险进行聚类（卢纹岱，2006）。快速样本聚类需要确定类数，利用 k 均值分类方法对观测量进行聚类，根据设定的收敛判据和迭代次数结束聚类过程，计算观测量与各类中心的距离，按距离最小的原则把各观测量分派到各类中心所在的类中去。事先选定初始类中心，根据组成每一类的观测量，计算各变量均值，每一类中的均值组成第二代迭代的类中心，按照这种方法迭代下去，直到达到迭代次数或达到中止迭代的数据要求时，迭代停止，聚类过程结束。

对于等间隔测度的变量一般用欧式距离（Euclidean distance）计算，对于计数变量一般用 χ^2 测度来表征变量之间的不相似性，它们的表达式如下：

$$EUCLID(x, y) = \sqrt{\sum_i (x_i - y_i)^2} \tag{6.13}$$

$$CHISQ(x, y) = \sqrt{\frac{\sum_i [x_i - E(x_i)]^2}{E(x_i)} + \frac{\sum_i [y_i - E(y_i)]^2}{E(y_i)}} \tag{6.14}$$

5. 判别分析

判别分析（卢纹岱，2006）可用于识别影响水资源短缺风险的敏感因子，它是根据观测或测量到的若干变量值，判断研究对象所属的类别，使得判别观测量所属类别的错判率最小。判别分析能够从诸多表明观测对象特征的自变量中筛选出提供较多信息的变量，且这些变量之间的相关程度低。线性判别函数的一般形式如下：

$$y = a_1 x_1 + a_2 x_2 + \cdots + a_n x_n \qquad (6.15)$$

式中：y 为判别分数；$x_1, x_2, \cdots, x_n$ 为反映研究对象特征的变量；$a_1, a_2, \cdots, a_n$ 为各变量的系数，也称判别系数。

常用的判别分析方法是距离判别法（Mahalanobis 距离法），即每步都使得靠得最近的两类间的 Mahalanobis 距离最大的变量进入判别函数，其计算公式如下：

$$d^2(x, Y) = (x - y_i)' \sum_{i=1}^{k}{}^{-1} (x - y_i) \qquad (6.16)$$

式中：x 为某一类中的观测量；Y 为另一类观测量。

式（6.16）可以求出 x 与 Y 的 Mahalanobis 距离。

综上所述，水资源短缺风险评价模型的建模与计算步骤如图 6.1 所示。

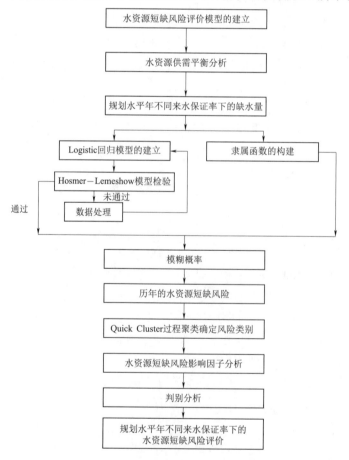

图 6.1　水资源短缺风险评价的算法流程

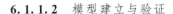

6.1.1.2 *模型建立与验证*

依据北京市 1979—2005 年的可利用水资源量、地下水位埋深、用水总量、工农业用水量、污水排放总量等基础资料来研究北京水资源短缺风险及其变化。

1. 水资源短缺风险影响因子分析

北京市水资源开发利用中存在的问题主要有：①上游来水衰减趋势十分明显；②长期超采地下水导致地下水位下降；③水污染加重了水危机；④人口膨胀和城市化发展加大了生活用水需求等。因此，导致北京水资源短缺的主要类型包括资源型缺水和水质型缺水等（吴玉成，1999）。影响北京水资源短缺风险的因素可归纳为以下两个方面：

（1）自然因素，具体包括：①人口数；②入境水量；③水资源总量；④地下水位埋深。

（2）社会经济环境因素，具体包括：①污水排放总量；②污水处理率；③COD 排放总量；④生活用水量；⑤农业用水量。

2. 水资源短缺风险评价模型构建与验证

（1）Logistic 回归模型的建立。

建立 Logistic 回归模型，将 1979—2005 年的用水总量、可利用水资源总量等系列代入模型，模拟短缺风险的概率分布。对构建的模型进行 Hosmer - Losmer 检验，检验结果见表 6.1，模型的预测效果见表 6.2，模型中各变量的相关统计量见表 6.3。

表 6.1   **Hosmer - Lemeshow 检验表**

步骤	卡方统计量	自由度	显著性水平
1	5.858	8	0.663

由表 6.1 可知，Hosmer - Losmer 检验的显著性水平是 0.663＞0.001，检验通过，接受原假设，即建立的 Logistic 回归模型对数据拟合良好。

表 6.2   **最终观测量分类结果**

观 测 值		预 测 值		
		缺 水		正确百分比
		0	1	
缺水	0	2	2	50
	1	0	26	100
总百分比				93.3

由表 6.2 可知，26 个发生缺水的年份都被该模型正确估计出来，正确率为 100%；只有 2 个未缺水的年份被估计为缺水，那么总的正确判断率为 93.3%。由此可知，所建立的回归方程可以付诸应用。

表 6.3   **最 终 模 型 统 计 量**

项 目	系 数	标准误差	Wald 统计量	自由度	显著性水平
缺水量 x	0.308	0.159	3.733	1	0.053
常数	203.403	180.631	1.268	1	0.26

根据表 6.3 中的系数，Logistic 回归模型如下：

$$f(x) = \frac{1}{1 + e^{-(203.403 + 0.308x)}} \tag{6.17}$$

式中：x 为缺水量。

（2）风险评价模型验证与分析。

1）水资源短缺风险计算分析。

根据式（6.2）、式（6.5）和式（6.17）建立水资源短缺风险评价模型，得到北京市 1979—2005 年水资源短缺风险的计算结果如图 6.2 所示。

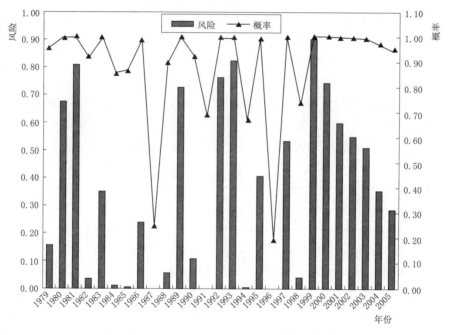

图 6.2　北京市 1979—2005 年水资源短缺风险

由图 6.2 可以看出，1987 年、1991 年和 1996 年均没有发生水资源短缺风险，且水资源短缺风险模拟值均为 0，其中 1987 年和 1996 年风险发生的概率均不到 30%，这与实际情形是吻合的；1991 年风险发生的计算概率为 70%，这一年的实际情况是水资源总量仅为 42.29 亿 m³，但实际总用水量已达到 42.03 亿 m³，已处于风险的边缘状态。对图 6.2 进一步分析可知，只要真实风险存在（缺水发生），描述风险发生的概率均超过了 70%，以 1999 年为例，1999 年是枯水年，水资源短缺风险模拟计算值最大，描述风险发生的概率接近 100%。以上分析说明模型的计算结果与实际情形是吻合的，可以付诸应用。

2）水资源短缺风险分类。

利用 Quick Cluster 对 1979—2005 年北京市水资源短缺风险进行聚类，各类风险最终的类中心和特征见表 6.4，分类结果如图 6.3 所示。图 6.3 中横坐标表示年降雨量，纵坐标表示历年水资源短缺风险值，5 种标记表示 5 种风险等级。

表 6.4 水资源短缺风险类别与特性

水资源短缺风险类别	类中心	风险特性	水资源短缺风险类别	类中心	风险特性
低风险	0.02	可以忽略的风险	较高风险	0.57	比较严重的风险
较低风险	0.20	可以接受的风险	高风险	0.79	无法承受的风险
中风险	0.37	边缘风险			

如图 6.3 所示，高风险、较高风险以及中风险基本都集中发生在降雨量少的年份，较低风险以及低风险都集中在降雨量大的年份。以 1999 年和 1994 年为例：1999 年的降雨量是历年中最少的，风险值也是最大的，属于高风险；1994 年的降雨量是历年中最大的，风险值接近于 0，属于低风险。进一步，从图 6.3 中的拟合线可以看出，水资源短缺风险与降雨量是高度负相关的。

3）敏感因子分析。

根据 6.1.1.1 节中的判别分析模型，利用 Mahalanobis 距离法筛选出水资源短缺风险敏感因子，见表 6.5。

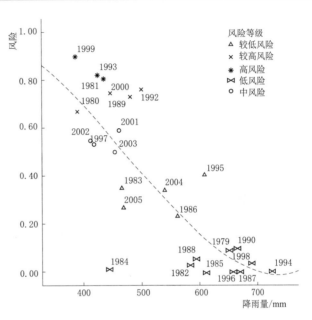

图 6.3 北京市 1979—2005 年水资源短缺风险分类结果

表 6.5 敏 感 因 子 筛 选 表

步骤		容许度	移除概率	最小马氏距离的平方	组间
1	污水排放总量	1.000	0.089		
2	污水排放总量	0.681	0.020	0.186	2 and 5
	水资源总量	0.681	0.000	0.237	1 and 4
3	污水排放总量	0.392	0.028	0.847	1 and 5
	水资源总量	0.679	0.000	0.722	2 and 4
	农业用水量	0.461	0.034	1.227	2 and 4
4	污水排放总量	0.251	0.037	6.550	1 and 5
	水资源总量	0.328	0.000	1.386	2 and 4
	农业用水量	0.122	0.003	1.243	2 and 5
	生活用水量	0.102	0.023	2.965	2 and 5

从表 6.5 中第 3 栏可以看出，水资源总量、污水排放总量、农业用水量、生活用水量在步骤 1、2、3、4 中移出模型的概率均小于 0.1，同时在每步中这 4 个变量均使得最近的两类间的 Mahalanobis 距离最大，因此，这 4 个变量是影响北京地区水资源短缺风险的

敏感因子。

上述北京地区水资源短缺风险的验证计算分析表明了本书设计的基于模糊概率的水资源短缺风险模型的适用性。

3. 2025 年水资源短缺风险评价

根据上述水资源短缺风险评价模型，对 2025 水平年分三种情景讨论，分别是平水年（50%）、偏枯年（75%）、枯水年（95%），得出 2025 年北京市水资源短缺风险评价结果见表 6.6。

表 6.6 北京市 2025 水平年水资源短缺风险评价结果

规划水平年		风险发生的概率	风险	风险等级
2025	50%	0.95	0.93	高风险
	75%	0.98	0.97	高风险
	95%	0.99	0.98	高风险

由表 6.6 可知，2025 水平年在三种情景下都处于高风险水平，可见水资源供需状况极度紧张。2003 年以来，北京市一直在加大再生水利用量，极大缓解了北京市水资源短缺的紧张局面，北京市再生水利用和规划情况如图 6.4 所示，其中 2025 年的再生水利用量是利用长期短期记忆网络（LSTM）进行预测的。计算 2025 年北京地区水资源短缺风险，结果见表 6.7。

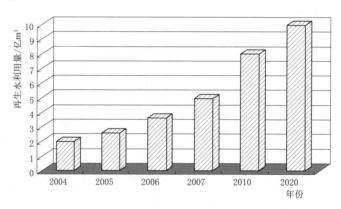

图 6.4 北京市逐年再生水利用量

表 6.7 再生水回用对北京市水资源短缺风险的情景分析

规划水平年		风 险		风险降低程度	风 险 等 级	
		再生水回用前	再生水回用后		再生水回用前	再生水回用后
2025	50%	0.95	0.80	16%	高风险	高风险
	75%	0.98	0.81	17%	高风险	高风险
	95%	0.99	0.87	12%	高风险	高风险

由表 6.7 可以看出：再生水回用后，2025 年北京市在不同保证率下的水资源短缺风险均呈现不同幅度的降低，由此可见再生水回用不失为降低北京地区水资源风险的有效途

径之一。但是即便如此，2025 年北京市水资源短缺风险仍均处于高风险水平。

4. 南水北调对北京市水资源保障的情景分析

利用神经网络模型预测 2025 年外调水量约为 7 亿 m^3，调水后北京市水资源短缺风险评价结果见表 6.8。

表 6.8　　　　　　　　南水北调对北京市水资源短缺风险的情景分析

规划水平年		风　险		风险降低程度	风险等级	
		调水前	调水后		调水前	调水后
2025	50%	0.95	0.75	21%	高风险	较高风险
	75%	0.98	0.85	13%	高风险	高风险
	95%	0.99	0.87	12%	高风险	高风险

由表 6.8 可以看出：调水后 2025 年所有可能的风险虽有不同程度降低，但面临的风险仍处于很高的水平。

由表 6.7 和表 6.8 可知，仅利用再生水或外来水源虽能在一定程度上缓解水资源短缺的紧张局面，但是仍不能从根本上解决北京市水资源供需紧张的问题。因此，需要同时利用再生水和外调水，那么同时利用再生水和外调水后的风险计算结果见表 6.9。

表 6.9　　　　同时利用外源水和再生水后北京市水资源短缺风险的情景分析

规划水平年		风　险		风险等级	
		措施前	措施后	措施前	措施后
2025	50%	0.95	0.01	高风险	低风险
	75%	0.98	0.01	高风险	低风险
	95%	0.99	0.02	高风险	低风险

由表 6.9 可知，采取再生水回用和调水措施后，2025 年北京市在各类保证率下的水资源短缺风险均由措施前的中高风险降至低风险水平。因此，再生水回用和南水北调是解决北京市水资源总量不足的根本措施。

6.1.1.3　区县风险评价与分析

1. 风险评价

根据 2008 年的区县划分情况，北京市共划分为 16 区、2 县：其中东城区、西城区、崇文区、宣武区、朝阳区、丰台区、石景山区、海淀区为中心城区；门头沟区、房山区、通州区、顺义区、昌平区、大兴区、平谷区、怀柔区属于近郊区；密云县、延庆县为远郊县。

根据 6.1.1 节中建立的水资源短缺风险评价模型，在不考虑利用污水、雨水及跨流域调水等非传统水资源的情况下分三种情景讨论，分别是平水年（50%）、偏枯年（75%）、枯水年（95%），得出北京市各区县在不同情景下的水资源短缺风险评价结果，如图 6.5 所示。

由图 6.5 可知，北京各区县在 95% 保证率下水资源短缺风险值最大，75% 次之，50% 最小。在 50% 的保证率下，除了门头沟区、密云县和平谷区外，其他区县的风险值

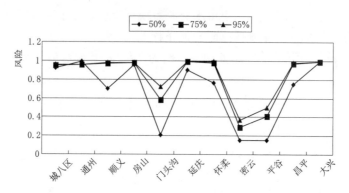

图 6.5 北京市各区县在 50％、75％及 95％的保证率下的水资源短缺风险值

均超过了 0.6，其中通州和大兴的风险值最大；在 75％的保证率下，除了密云县和平谷区的风险值不足 0.5 以外，其他区县的风险值均超过了 0.7，其中通州和大兴的风险值最大；在 95％的保证率下，除密云县的风险不足 0.5 以外，大部分区县的风险均超过了 0.9。

2. 风险分析

风险评价的结果与密云县、平谷区及门头沟区的实际情形是吻合的，这是因为：密云县 95％以上为水源保护区，全境水资源较为丰富，境内水域总面积 2.3 万 hm²，占全县总面积 10.1％，其中大中小河流、小溪 200 多条，大中小型水库 24 座；平谷区平原地区地下水尚有开发潜力，水质较好，基本无污染；门头沟区多年平均可利用水资源量 2400 万 m³。根据 1991 年、1995 年以及 2002 年的北京市用水调研与需水预测研究报告可知，密云县、平谷区和门头沟区的总用水量呈现减少的趋势，其中密云县、平谷区总用水量减少的主要原因是农村用水量大量减少，而门头沟区的总用水量减少的主要原因是近几年产业结构的调整使得工业用水量明显减少，农业用水量也有一定幅度的下降。总用水量的减少一定程度上缓解了水资源源供需紧张的局面，减少了水资源短缺风险。

城八区、通州区、房山区和大兴区的风险评价结果与这四个区的实际情形是吻合的，这是因为：根据 1991 年、1995 年以及 2002 年的北京市用水调研与需水预测研究报告可知，城八区的生活用水量增长趋势十分明显，工业用水量下降，而 1999 年以来连续 9 年干旱，大、中型水库蓄水量急剧减少，同时由于大量超采地下水，许多地区的地下水位持续下降，含水层较薄的地区，地下水趋于疏干或半疏干状态，水资源紧缺形势严峻；通州区地下水可开采资源 2.10 亿 m³，而地表水资源量仅有 0.04 亿 m³，2000 年地下水开发利用程度为 120.1％，整体而言已处于严重超采状态，而全区工业和城镇生活用水量总体上呈增长态势，农村用水量呈下降态势，需水量还将不断地增加，供水形势严峻；房山区的可利用水资源量为 3.67 亿 m³，2000 年工农业和城镇生活实际用水量为 3.80 亿 m³，已超过地区可利用水资源量，该区基本无可利用的地表水资源，地下水开采资源为 2.6 亿 m³，根据 1991 年、1995 年以及 2002 年的北京市用水调研与需水预测研究报告，该区的工业用水量减少，而城镇生活用水量不断提高，农村用水量也大幅度增加。

怀柔区、昌平区、顺义区和延庆县的风险评价结果与实际情形也是吻合的，这是因为：怀柔区水资源分布不均，山区部分缺水严重，而山区面积占全区总面积的89％，根据1991年、1995年以及2002年的北京市用水调研与需水预测研究报告可知，全区总用水量呈逐年增长趋势，水资源供需矛盾突出；昌平区在保证率为75％时的水资源可利用总量为2.35亿m³，主要为地下水，且地下水开采不均一，部分地区地下水严重超采，另一方面，全区城镇生活用水量正在快速增长，其中2000年城镇生活用水量比1991年增长了84.77％；顺义区现有可利用的平均地表水量仅0.43亿m³，地下水多年平均可开采量为4.3亿m³，地表用水量逐年下降，总用水量呈增长趋势；延庆县地下水可开采量10000m³，平原区开采程度不均，全县总用水量呈增长趋势，其中工业和生活用水量基本趋于平稳，2000年农村用水量站总用水量的88.42％，而种植业用水占农村总用水量的84.2％，但种植业用水定额偏高，水的利用效益低。

6.1.1.4　结论

（1）对北京市1979—2005年水资源短缺风险进行实例分析，结果表明了本书所建立的基于模糊概率的水资源短缺风险评价模型是有效可行的。

（2）水资源总量、污水排放总量、农业用水量以及生活用水量是北京市水资源短缺的主要致险因子。

（3）2025年北京市在50％、75％和95％的保证率下均处于高风险水平，可见水资源供需状况极度紧张。

（4）再生水回用和南水北调工程可使北京市2025年在不同保证率的水资源短缺风险均降至低风险水平。因此，在加快南水北调进京工程的同时，大力发展再生水回用，是解决北京地区水资源短缺风险的根本措施。

（5）北京市各区县在不同情景下的风险评价结果如下：密云县、平谷区在50％、75％和95％保证率下均处于中等以下风险水平；门头沟区除了在95％保证率下处于较高风险水平，其他情景下均处于中等以下风险水平；城八区、通州区、房山区和大兴区在各类情景下均处于较高风险或高风险水平；怀柔区、昌平区、顺义区和延庆县在各类情景下均处于中等以上风险水平。

6.1.2　水资源短缺风险损失评价

6.1.2.1　水资源短缺风险损失模型

1. 风险损失理论模型

本书认为水资源短缺风险损失表示供水不足带来的潜在经济损失，即供水不足导致少产生的经济价值，其定义如下：

$$\begin{cases} L(x) = x \cdot E' \cdot \overline{P} \\ E' = \sum_{i=1}^{3} w_i e_i \end{cases} \tag{6.18}$$

式中：x 为单位时间内的缺水量；$\overline{P}$ 为每方水的平均价格；E' 为每供单方水所产生的综合用水效益系数；$e_i (i=1, 2, 3)$ 分别为农业用水效益系数、工业用水效益系数和第三产业用水效益系数；w_i（$i=1，2，3$）分别为农业用水、工业用水、第三产业用水的权重。

由于未来来水和用水的不确定性，水资源短缺风险期望损失为

$$E_L = \int_a^b f(x)L(x)\mathrm{d}x \tag{6.19}$$

式中：$f(x)$ 为缺水量 x 的概率密度函数；a 和 b 分别为缺水量的最小值和最大值。

2. 缺水量系列概率分布模拟

1865 年克劳修斯在对热力学的研究中首次提出熵的概念；1948 年 C E Shannon 把熵引入信息论，提出信息熵的概念，认为熵反映了信息源状态的不确定程度；Jaynes（1957）在信息熵的基础上提出了最大熵原理。其定义为：在所有满足给定的约束条件的众多概率密度函数中，信息熵最大的概率密度函数就是最佳的概率密度函数，其数学原理（王栋和朱元甡，2001）如下：

$$\max S(x) = -\int_a^b f(x)\ln f(x)\mathrm{d}x$$

$$\mathrm{s.t.} \int_a^b f(x)\mathrm{d}x = 1$$

$$\int_a^b x^n f(x)\mathrm{d}x = \mu_n, \ n=1,2,\cdots,N \tag{6.20}$$

式中：μ_n 为第 n 阶原点矩；N 为原点矩的阶数。

这是一个泛函条件极值问题，可根据变分法引入拉格朗日乘子 $\lambda_0+1,\lambda_1,\lambda_2,\cdots,\lambda_n$，求解得最大熵概率密度函数表达式为

$$f(x) = \exp\left(\lambda_0 + \sum_{n=1}^N \lambda_n x^n\right) \tag{6.21}$$

式中：$\lambda_0,\lambda_1,\lambda_2,\cdots,\lambda_N$ 为待定参数，由式（6.20）中的第一约束条件可得

$$\lambda_0 = -\ln\left[\int_a^b \exp\left(\sum_{n=1}^N \lambda_n x^n\right)\mathrm{d}x\right] \tag{6.22}$$

由式（6.20）中的第二约束条件可得

$$\mu_n = \frac{\int_a^b x^n \exp\left(\sum_{j=1}^N \lambda_j x^j\right)\mathrm{d}x}{\int_a^b \exp\left(\sum_{j=1}^N \lambda_j x^j\right)\mathrm{d}x}, \ n=1,2,\cdots,N \tag{6.23}$$

设样本矩分别为 $M_1,M_2,\cdots,M_N$，则残差分别为

$$R_n = 1 - \frac{\int_a^b x^n \exp\left(\sum_{j=1}^N \lambda_j x^j\right) \mathrm{d}x}{M_n \int_a^b \exp\left(\sum_{j=1}^N \lambda_j x^j\right) \mathrm{d}x}, \quad n = 1, 2, \cdots, N \tag{6.24}$$

求解 $\min \sum_{n=1}^N R_n^2$ 即可得到参数 $\lambda_1, \lambda_2, \cdots, \lambda_N$ 的值，这是一个非线性优化问题。当 $|R_n| \leqslant \varepsilon$ 时（ε 是一个非常小的数，人为给定），即认为式（6.24）是收敛的。最后将 λ_1，$\lambda_2, \cdots, \lambda_N$ 代入式（6.22）进行积分，即可得到 λ_0。

3. 用水效益系数的计算模型

（1）DEA 模型。

数据包络分析（DEA）方法（杜栋等，2008）是一种非参数估计方法，适于处理多指标数据，并且不需要数据本身满足一个明确的函数形式，只需评判者给出评判对象（称为决策单元）作为一个具有反馈性质的封闭系统的"投入"和"产出"向量，即可获得对应的相对效益评价值。设有 n 个决策单元 $DMU_j (j = 1, 2, \cdots, n)$，每个决策单元有 m 项投入 $X_j = (x_{1j}, x_{2j}, \cdots, x_{mj})^{\mathrm{T}}$ 和 s 项产出 $Y_j = (y_{1j}, y_{2j}, \cdots, y_{sj})^{\mathrm{T}}$，可构建如下最优化模型：

$$\max e_{j0} = \frac{\sum_{r=1}^s u_r y_{rj0}}{\sum_{i=1}^m v_i x_{ij0}}$$

$$\mathrm{s.\,t.} \quad \frac{\sum_{r=1}^s u_r y_{rj}}{\sum_{i=1}^m v_i x_{ij}} \leqslant 1, \quad j = 1, 2, \cdots, n$$

$$V = (v_1, v_2, \cdots, v_m)^{\mathrm{T}} \geqslant 0$$

$$U = (u_1, u_2, \cdots, u_m)^{\mathrm{T}} \geqslant 0 \tag{6.25}$$

式中：目标函数表示第 j_0 个决策单元 $DMU_{j0} (1 \leqslant j_0 \leqslant n)$ 的用水效益系数，其值越大表明第 j_0 个决策单元能够用相对较少的输入得到相对较多的输出；约束条件表示所有决策单元 $DMU_j (j = 1, 2, \cdots, n)$（含第 j_0 个决策单元）的用水效益系数均小于等于 1；$V = (v_1, v_2, \cdots, v_m)^{\mathrm{T}}$ 为投入的权向量，$U = (u_1, u_2, \cdots, u_s)^{\mathrm{T}}$ 为产出的权向量。由于式（6.25）为分式规划问题，在实际应用中根据对偶规划理论构建带有非阿基米德无穷小量 ε 的模型：

$$\min\{e - \varepsilon(\bar{e}^{\mathrm{T}} s^- + e^{\mathrm{T}} s^+)\} = W(\varepsilon)$$

$$\mathrm{s.\,t.} \sum_{j=1}^n X_j \lambda_j + s^- = \theta X_0, \quad j = 1, 2, \cdots, n$$

$$\sum_{j=1}^{n} Y_j \lambda_j - s^+ = Y_0$$

$$\lambda_j \geqslant 0, \ j=1,2,\cdots,n$$

$$s^- \geqslant 0, \ s^+ \geqslant 0 \tag{6.26}$$

式中：X_j、Y_j、X_0、Y_0 为可获得的数据向量；$\lambda_j(j=1,2,\cdots,n)$、$s^-$、$s^+$、$e$ 均为模型的输出结果向量；e 为用水效益系数。

DEA 模型的一般流程与步骤如图 6.6 所示。

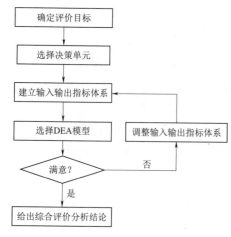

图 6.6　数据包络分析的应用流程

（2）用水效益投入和产出指标。

水资源充斥于国民经济生产和消费的各个环节，在生产和消费过程中投入一定数量多的生产要素（水）可产出一定数量的"产品"（经济效益）。因此，本书认为用水效益投入指标分别为农业用水总量、工业用水总量、生活用水总量，产出指标分别为农业生产总值、工业生产总值、第三产业生产总值。

（3）投入产出指标的预测。

指标预测的方法很多，如线性拟合法、生长曲线法、双向差分法等，但这些方法一般需要较多的历史数据，且对数据可靠性和完整性要求较高，而灰色预测方法对数据的要求不是很高（路正南等，2013）。等维灰数递补动态预测模型（王学萌等，2001）能及时补充和利用新的信息，提高灰色区间的白化度，且每预测一步就对灰参数做一次修正，使模型得到改进，精度得到提高。

综上所述，水资源短缺风险损失评价模型的建模与计算步骤如图 6.7 所示。

6.1.2.2　模型建立及验证

1. 缺水量系列概率分布的模拟

首先对北京市 1979—2012 年的缺水量进行标准化处理，代入式（6.24）并求解 $\min \sum_{n=1}^{N} R_n^2$，可得 $|R_n|(n=1, 2, 3)$ 的值分别为 2.0×10^{-15}、1.0×10^{-14} 和 1.8×10^{-14}，可以看出残差非常小，因此模型的精度很高，可以付诸应用。最大熵概率密度函数表达式为

$$f(x)=0.279\exp[-0.901-0.011(x-8.385)-0.04(x-8.385)^2+0.0003(x-8.385)^3] \tag{6.27}$$

缺水量概率密度函数如图 6.8 所示。

2. 用水效益系数的计算

农业用水效益 DEA 模型中投入指标为 1988—2012 年及 2020 年的农业用水量，产出指标为 1988—2012 年及 2020 年的农业生产总值；工业用水效益 DEA 模型中投入指标为

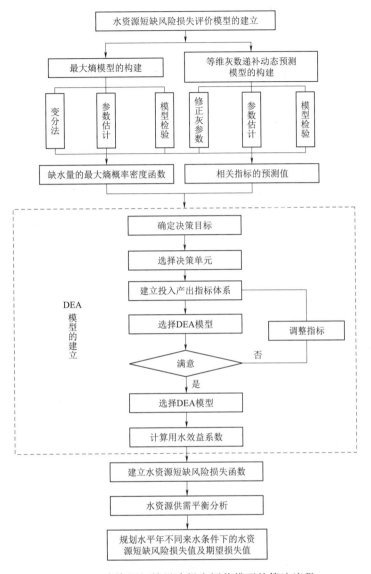

图 6.7 水资源短缺风险损失评价模型的算法流程

1988—2012 年及 2020 年的工业用水量，产出指标为 1988—2012 年及 2020 年的工业生产总值；第三产业用水效益 DEA 模型中投入指标为 1988—2012 年及 2020 年的生活用水量，产出指标为 1988—2012 年及 2020 年的第三产业生产总值，各产业用水量和产值如图 6.9 和图 6.10 所示。

由图 6.9 可知，工业用水和农业用

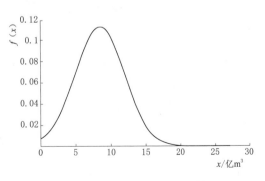

图 6.8 缺水量概率密度函数

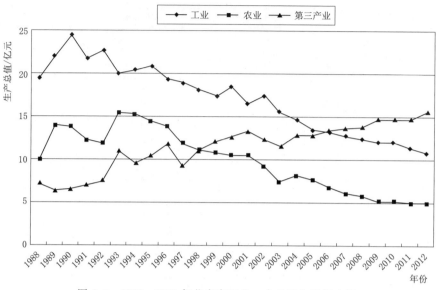

图 6.9　1988—2012 年北京市工业、农业和生活用水量

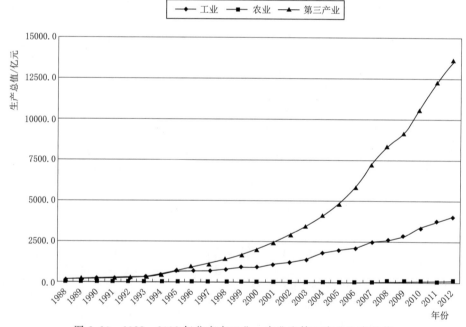

图 6.10　1988—2012 年北京市工业、农业和第三产业生产总值

水具有下降的趋势，生活用水具有上升的趋势。分别将 1988—2012 年北京市工业用水量和工业生产总值、农业用水量和农业生产总值、生活用水量和第三产业生产总值代入式（6.26），可以得到 1988—2012 年北京市工业用水效益系数、农业用水效益系数和第三产业用水效益系数（图 6.11），再利用神经网络模型预测 2025 年的工业用水效益系数。

　　由图 6.11 可知，1988—2012 年工业、农业和第三产业用水效益系数逐年增加。利用

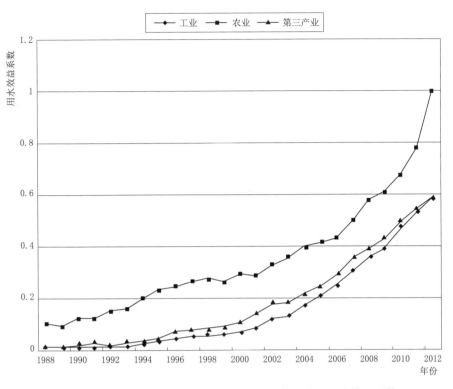

图 6.11 1988—2012 年北京市工业、农业和第三产业用水效益系数

变异系数法可得到工业用水效益系数、农业用水效益系数和第三产业用水效益系数的权重，分别为 0.41、0.23 和 0.36。

3. 模型验证与分析

以 2010 年的水资源短缺风险期望损失为例对本书提出的模型进行验证，由图 6.10 可知，2010 年北京市工业、农业和第三产业用水效益系数分别为 0.47、0.67 和 0.50，则综合用水效益系数为 0.53，将 2010 年平均水价、综合用水效益系数、缺水量的最小最大值及式（6.27）代入式（6.19）得到 2010 年北京市水资源短缺风险期望损失值为 23.97 亿元，与韩宇平和阮本清（2007）计算的结果（23.84 亿元）比较接近，由此说明本书提出的模型可以付诸应用。

6.1.2.3 2025 年风险损失评价

1. 水资源供需平衡分析

水资源供需平衡分析采用长系列逐月调算，供水序列为北京市 1956—2012 年（57 年）的来水资料（不包括外调水和再生水），需水序列为 2025 年的用水需求预测，得出 2025 年在 57 种来水条件下的缺水量。

2. 水资源短缺风险损失评价

当不考虑利用外调水和再生水时，将相应的缺水量系列数据、用水效益系数及权重、北京市水资源平均水价（表 6.10）代入式（6.18），得到 2025 年北京市在不同来水条件下水资源短缺风险损失值，如图 6.12 所示。

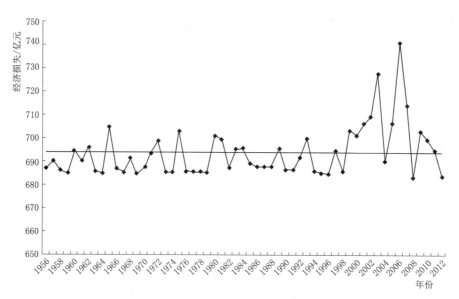

图 6.12　北京市 2025 年在不同来水条件下的水资源短缺风险损失值

注：不考虑南水北调水和再生水。

表 6.10　　　　　　　　　　　　　北京市居民和非居民用水销售价格

用户	居民	行政事业	工商业	洗车业、纯净水业	洗浴业
水价/元	4.00	5.80	6.21	61.68	81.68

注　资料来源于 http：//bj. bendibao. com/cyfw/2012730/82057. shtm。

由图 6.12 可知，北京市水资源短缺风险损失在 2006 年的来水条件下将达到最大，约为 724 亿元；北京市水资源短缺风险损失在 2008 年的来水条件下将达到最小，约为 667 亿元。图 6.12 中的横线表示在 1956—2012 年的来水条件下北京市水资源短缺风险损失的平均值，为 678 亿元。

根据水资源供需平衡分析的结果可知，最大缺水量为 22.7 亿 m^3，代入式（6.19）可得水资源短缺风险期望损失为

$$E_L = \int_0^{22.7} f(x)L(x)\mathrm{d}x$$

$$= 8.892 \int_0^{22.7} x\exp[-0.901 - 0.011(x - 8.385) - 0.04(x - 8.385)^2 + 0.0003(x - 8.385)^3]\mathrm{d}x$$

$$\approx 268.9$$

由此可知 2025 年北京市短缺风险期望损失约为 269 亿元，远低于在 1956—2012 年的来水条件下北京市水资源短缺风险损失的平均值。进一步可以说明，在对水资源短缺风险损失进行评价时，不能将不同缺水量事件看成是同频率的，需要模拟缺水量系列的概率分布。

3. 情景分析

南水北调中线调水工程是从资源性角度缓解北京市水资源不足的重大举措。利用 6.1.1.2 节预测的 2025 年再生水利用量和调水量，根据式（6.18），得到 2025 年利用外

调水和再生水后北京市在不同来水条件下的水资源短缺风险损失值，如图 6.13 所示。

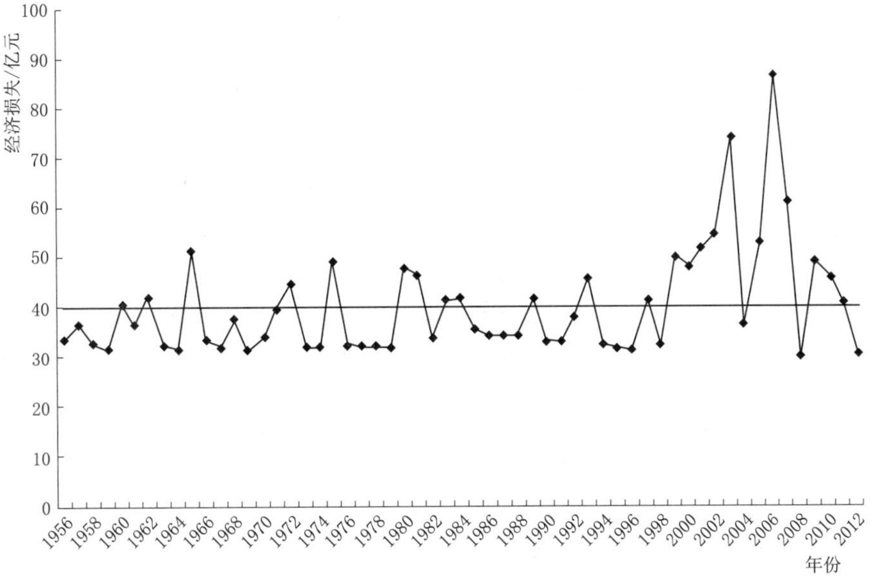

图 6.13　北京市 2025 年在不同来水条件下的水资源短缺风险损失值

注：考虑南水北调水和再生水。

由图 6.13 可知，利用南水北调水和再生水后，北京市水资源短缺风险损失在 2006 年的来水条件下将达到最大，约为 61 亿元；北京市水资源短缺风险损失在 2008 年的来水条件下将达到最小，约为 4 亿元。北京市水资源短缺风险损失的平均值为 15 亿元。

将相应数据代入式（6.19）可得利用南水北调水和再生水后，水资源短缺风险期望损失为

$$E_L = \int_0^3 f(x) L(x) \mathrm{d}x$$

$$= 8.892 \int_0^3 x \exp[-0.901 - 0.011(x - 8.385) - 0.04(x - 8.385)^2 + 0.0003(x - 8.385)^3] \mathrm{d}x$$

$$\approx 3.28$$

由此可知，利用南水北调水和再生水后，2025 年北京市在不同来水条件下的水资源短缺风险损失均有大幅度的降低，而且水资源短缺风险期望损失只有 0.9 亿元，说明再生水回用和南水北调工程是缓解北京市水资源短缺的根本措施。

6.1.2.4　结论

（1）本书建立了基于 MEP 和 DEA 的水资源短缺风险损失模型，该模型不仅能体现水资源与经济效益的投入产出关系，而且可以模拟缺水量系列的概率分布函数，能对不同来水条件下的水资源短缺风险损失进行评价。

（2）2025 年北京市水资源短缺风险损失在 2006 年的来水条件下将达到最大，约为 724 亿元；在 2008 年的来水条件下将达到最小，约为 667 亿元。2025 年北京市水资源短缺风险期望损失约为 269 亿元，远低于在 1956—2012 年来水条件下北京市水资源短缺风

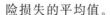

险损失的平均值。

（3）利用南水北调水和再生水后，北京市在不同来水条件下的水资源短缺风险损失值和期望损失值均有大幅度的降低。

6.1.3 水资源供需风险评价

6.1.3.1 水资源供需风险评价指标体系

经典的风险理论认为，风险是某个客体遭受某种伤害、损失、毁灭或不利影响的可能性以及造成的可能损失。Renfore 等（2002）认为风险评价应该包括两个主要方面：危险性评价和脆弱性评价，Mileti（1999）及 Dilley 等（2005）认为自然灾害风险评价指标为：危险发生的概率 P、暴露性 E 和脆弱性 V。综合考虑 Hashimoto 建立的水资源系统性能评价体系和 Mileti 等建立的自然灾害风险指标，本书认为风险是致险因子的危险性和承险体的暴露性、脆弱性共同作用的结果，所谓危险性是指某种危险发生的可能性或概率；暴露性表示某客体对某种危险表现出的易于受到伤害和损失的性质，是风险发生的必要条件；脆弱性表示某种危险所带来的潜在损失。

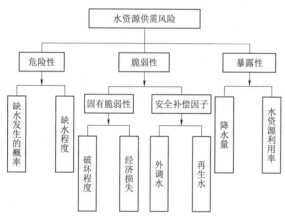

图 6.14 水资源供需风险评价指标体系

对于一个供水系统来说，所谓失事主要是指供水量小于需水量，从而使供水系统处于失事状态，根据本书对风险的定义建立水资源供需风险评价指标体系如图 6.14 所示。

1. 危险性 T

本书认为危险性表示供水系统处于不同强度失事状态下的概率，包括缺水程度 D 和缺水发生的概率 P 两个指标，这两个指标均为缺水量的函数。记供水量为 S，需水量为 N，则缺水量 $x = S - N$，D 的定义如下：

$$D(x) = \begin{cases} 0, & 0 \leqslant x \leqslant W_{\min} \\ \dfrac{x - W_{\min}}{W_{\max} - W_{\min}}, & W_{\min} < x < W_{\max} \\ 1, & x \geqslant W_{\max} \end{cases} \tag{6.28}$$

式中：$W_{\min}$ 为最小年缺水量；$W_{\max}$ 为最大年缺水量。

若 $f(x)$ 为缺水量 x 的概率密度函数，则 $P = f(x)$。因此，危险性的定义如下：

$$T(x) = \int_0^x D(t) f(t) \mathrm{d}t \tag{6.29}$$

2. 暴露性 E

暴露性表示供水系统易于失事的敏感性，包括降水量 P 和水资源利用率 U 两个指标。

降水是水资源的主要补给来源，降水量不仅决定了地表径流量和地表水资源量，也会影响地下水的补给和可开采量；水资源利用率 U 反映了水资源的总体开发利用程度，其定义如下：

$$U = \frac{地表水可供水量 + 地下水可供水量}{水资源总量} \tag{6.30}$$

3. 脆弱性 V_r

脆弱性 V_r 包括固有脆弱性 V_i 和安全补偿因子两个三级指标。固有脆弱性表示在没有采取任何风险减缓措施下，供水不足带来的潜在损失，包括破坏程度 D 和经济损失 E 两个指标，破坏程度的定义如下：

$$D = \frac{\sum_{i=1}^{m} N_i - \sum_{j=1}^{n} S_j}{\sum_{i=1}^{m} N_i} \tag{6.31}$$

式中：S_j 为第 j 类水源的可供水量；N_i 为第 i 用水部门的需水量；m 和 n 分别为总用水部门和供水水源。

经济损失的定义如下：

$$E = \left(\sum_{i=1}^{m} N_i - \sum_{j=1}^{n} S_j \right) \times 水资源价格 \tag{6.32}$$

则固有脆弱性为

$$V_i = w_V D + w_E E \tag{6.33}$$

式中：w_V 和 w_E 分别为 D 和 E 的权重。

安全补偿因子表示风险减缓措施对固有脆弱性的补偿，包括利用外调水和再生水两种措施。则现实脆弱性为

$$V_r = w_V D' + w_E E' \tag{6.34}$$

式中：D' 和 E' 分别为采取风险减缓措施后的破坏程度和经济损失。

6.1.3.2　基于 NFCA 的非线性供需风险评价模型

本书采用 Logistic 回归方法模拟缺水量系列的概率分布，Logistic 回归方法的算法原理详见 6.1.1.1 节。

1. NFCA 模型

常用的模糊综合评价模型是一种线性的加权评价方法，而评价的本质应是人的智能活动，而人脑的思维过程多是非线性的（侯定丕和王战军，2002），评价工作中某些指标具有的突出影响就是这种非线性特征的一种表现，所谓指标的突出影响即指指标对评价结果的影响仅靠增大权重无法完全体现，因此线性加权方法不能反映评价的实际及本质（张晓慧和冯英俊，2005）。模糊综合评价模型为

$$B = A \cdot R = (a_1, a_2, \cdots, a_n) \begin{bmatrix} r_{11} & \cdots & r_{1m} \\ \vdots & & \vdots \\ r_{n1} & \cdots & r_{nm} \end{bmatrix} = (b_1, b_2, \cdots, b_n) \tag{6.35}$$

在上述模型中定义模糊矩阵合成算子。首先定义指标突出影响程度向量 $\zeta = (\lambda_1, \lambda_2, \cdots,$ $\lambda_n)$，其中 $\lambda_i \geqslant 1$，指标 μ_i 对评价结果所具有的突出影响程度越大，则 λ_i 也就越大，当指标 μ_i 不具有突出影响时，则取 λ_i 为 1。令 $\lambda = \max\{\lambda_1, \lambda_2, \cdots, \lambda_n\}$，在模糊综合评价模型中定义非线性模糊矩阵合成算子形式为

$$f(a_1, a_2, \cdots, a_n; x_1, x_2, \cdots, x_n; \lambda) = (a_1 x_1^{\lambda_1} + a_2 x_2^{\lambda_2} + \cdots a_n x_n^{\lambda_n})^{\frac{1}{\lambda}}, \quad \lambda_i \geqslant 1, \ i = 1, 2, \cdots, n \tag{6.36}$$

记 $A = (a_1, a_2, \cdots, a_n)$，其中 $a_i \geqslant 0$ 且 $\sum\limits_{i=1}^{n} a_i = 1$，$X = (x_1, x_2, \cdots, x_n)$，这里 $x_i \geqslant 1 (\forall 0 < i < n)$。由于在模糊综合评价中，通常有隶属度 $r_{ij} \in [0, 1]$，故在应用此算子进行模糊矩阵合成时，必须先对评价对象的隶属度矩阵作变换，将隶属度的值变换为大于 1 的数，如进行指数变换。

采用非线性模糊合成算子评价与实际情景更贴切，在处理各指标突出影响程度不同时更具合理性，即指标的突出影响程度越大，该指标值对评价结果的影响就会越强烈（张晓慧和冯英俊，2005）。

2. 指标权重和影响程度的计算

目前大部分文献中普遍采用层次分析法确定指标的权重（阮本清等，2005），而层次分析法的比较、判断结果都是相对粗糙的，专家的先验知识和偏好占据太多的比重成分，使得评价指标选取专家的操纵痕迹过强。而特征向量法充分挖掘数据的信息，不仅考虑了各指标之间的相关关系，即指标间的内在联系，而且考虑了单个指标的变异程度。特征向量法的步骤如下：首先求出 m 个评价指标的相关系数矩阵 R，然后求出各指标标准差组成的对角矩阵 S，最后求出矩阵 RS 的最大特征值所对应的特征向量，进行归一化就得到各指标的权重。

指标的影响程度和权重是两个不同的概念，权重是从数据提供的信息量角度考虑的，没有考虑指标对风险的影响，而影响程度考虑的是指标对风险的影响大小。本书采用模糊层次分析法确定各指标的影响程度。由于判断的不确定性及模糊性，人们在构造比较判断矩阵时，所给出的判断值常常不是确定的数值点，而是以区间数或模糊数的形式给出，常见的不确定型判断矩阵有：区间数互补判断矩阵、三角模糊数互补判断矩阵及模糊互补判断矩阵等（李柏年，2007）。

6.1.3.3　模型构建与验证

1. Logistic 回归模型的建立

建立 Logistic 回归模型，将 1979—2008 年的缺水量系列代入模型，模拟缺水系列的概率分布。对构建的模型进行 Hosmer-Losmer 检验，检验结果表明显著性水平是 0.024 > 0.001，因此检验通过，即接受缺水序列服从 Logistic 分布。模型中各变量的相关统计量见表 6.11。

表 6.11　　　　　　　　　　　　　　　最 终 模 型 统 计 量

	数值	标准误差	Wald 统计量	自由度	显著性水平
缺水量 x	0.244	0.129	3.554	1	0.059
常数	0.731	0.673	1.181	1	0.277

根据表 6.11 中的系数，Logistic 回归模型如下：

$$f(x) = \frac{1}{1 + e^{-(0.731 + 0.244x)}} \tag{6.37}$$

式中：x 为缺水量。

2.NFCA 模型的建立

将 1956—2007 年（52 年）的来水条件（不包括外调水和再生水）作为未来的可能来水资料，假设需水量不变，得出在 52 种来水条件下的缺水量。

分别将不同来水条件下的缺水量、可供水量、需水量和水资源总量代入相关表达式计算缺水程度、缺水概率、水资源利用率、破坏程度及经济损失。

本书将水资源供需风险分成四个等级，分别是一级风险、二级风险、三级风险和四级风险，各类风险的特征见表 6.12。各评价指标的等级变化范围见表 6.13。

表 6.12　　　　　　　　　　　　水资源供需风险等级与特性

风险级别	风 险 特 性	风险级别	风 险 特 性
一级风险	供水量严重不足，风险大，损失非常严重	三级风险	供水量一般，风险较小，损失很小
二级风险	供水量不足，风险较大，损失严重	四级风险	供水量充足，风险小，基本上无损失

表 6.13　　　　　　　　　　　　水资源供需风险分级标准

风险等级	缺水概率	缺水程度	降水量	水资源利用率	破坏程度	经济损失/亿元
一级风险	0.5	0.5	350	0.8	0.3	20
二级风险	0.2	0.4	400	0.6	0.2	15
三级风险	0.1	0.2	500	0.4	0.05	10
四级风险	0	0.1	600	0.2	0	5

由于缺水概率、缺水程度、水资源利用率、破坏程度和经济损失是成本型指标，所以建立如下的隶属函数：

对于一级风险，建立 S 型函数，它是基于样条插值的函数，两个参数 a、b 分别定义了样条插值的区间。其函数表达式如下：

$$S(x;a,b) = \begin{cases} 0, & x \leqslant a \\ 2\left(\dfrac{x-a}{b-a}\right)^2, & a < x \leqslant \dfrac{a+b}{2} \\ 1 - 2\left(\dfrac{x-b}{b-a}\right)^2, & \dfrac{a+b}{2} < x \leqslant b \\ 1, & b < x \end{cases} \tag{6.38}$$

对于二级风险和三级风险，建立三角型函数，该函数有三个参数 a、b、c，其函数表达式如下：

$$f(x,a,b,c)=\begin{cases} \dfrac{x-a}{b-a}, & a\leqslant x<b \\[2mm] \dfrac{c-x}{c-b}, & b\leqslant x<c \\[2mm] 0, & 其他 \end{cases} \qquad (6.39)$$

对于四级风险，建立 Z 型函数，它也是基于样条插值的函数，两个参数 a、b 分别定义了样条插值的起点和终点。其函数表达式为 $Z(x;a,b)=1-S(x;a,b)$。

由于降水量为效益型指标，对于一级风险，建立 Z 型函数；对于二级风险和三级风险，建立三角型函数；对于四级风险，建立 S 型函数。

以降水量的隶属函数为例，由于降水量的高度随机性，假定未来不同降水量的发生是同频率的，以 1956—2007 年的降水量作为 52 种可能降水量，将数据代入所建立的隶属函数，则这 52 种降水量属于不同风险级别的隶属度如图 6.15 和图 6.16 所示，其中横坐标表示降水量，纵坐标 M_d 表示隶属度。

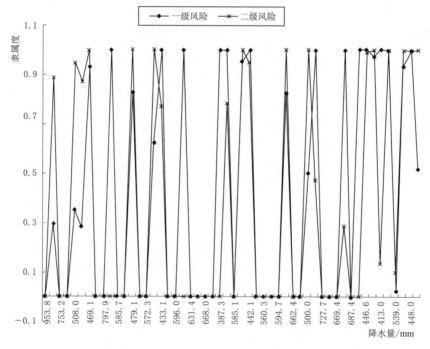

图 6.15　不同降水量属于一级风险和二级风险的隶属度

用特征向量法计算得到缺水概率、缺水程度、降水量、水资源利用率、破坏程度及经济损失的权重向量为（0.0597, 0.2752, 0.0623, 0.1747, 0.2456, 0.2519）。根据模糊层次分析法得到各指标影响程度向量为 $\zeta=(\lambda_1,\lambda_2,\lambda_3,\lambda_4,\lambda_5,\lambda_6)=(1.8,1,3.3,1.7,2.3,1.3)$，则 $\lambda=\max\{\lambda_1,\lambda_2,\lambda_3,\lambda_4,\lambda_5,\lambda_6\}=3.3$。

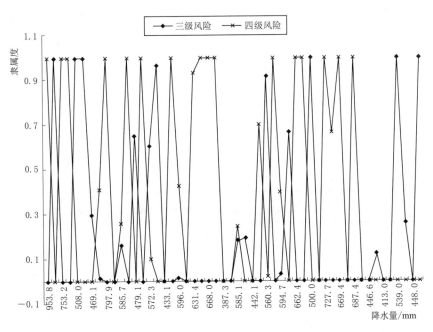

图 6.16 不同降水量属于三级风险和四级风险的隶属度

6.1.3.4 水资源供需风险评价

当不考虑利用外调水和再生水时，根据式（6.29）计算不同缺水量发生的危险性，计算结果如图 6.17 所示，其中横坐标表示缺水量，纵坐标表示危险性。

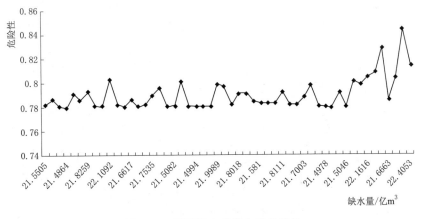

图 6.17 不同缺水量发生的危险性

由图 6.17 可知，不同缺水量发生的危险性均在 0.8 左右。根据所建立的 NFCA 模型对不同来水条件下的水资源供需风险进行评价，结果表明北京市的固有风险均为一级风险，由此可见，北京市水资源供需状况极度危险。

6.1.3.5 南水北调和污水处理回用对水资源供需风险的影响

为了体现本书模型的优越性，本书同时采用非线性模糊综合评价和模糊综合评价方法对北京市不同来水条件下利用外调水和再生水后的风险进行评价（假定外调水和再生水分别为 10.5 亿 m³ 和 10 亿 m³），结果见表 6.14、表 6.15 和图 6.18。图 6.18 中横坐标表示 1956—2007 年的降水量，纵坐标表示 2020 年在不同来水条件下的现实脆弱性，标记表示风险等级。

表 6.14　2020 年不同来水条件下的现实风险等级（非线性模糊综合评价）

风险等级	一级风险	二级风险	三级风险	四级风险
数目/个	12	1	29	10
比例/%	23.07	1.93	55.77	19.23

表 6.15　2020 年不同来水条件下的现实风险等级（模糊综合评价）

等级	一级风险	二级风险	三级风险	四级风险
数目/个	0	0	2	50
比例	0.00	0.00	3.85	96.15

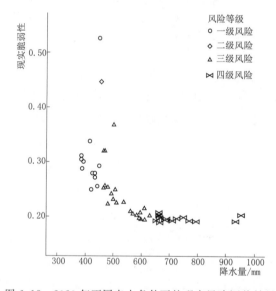

图 6.18　2020 年不同来水条件下的现实风险评价结果（非线性模糊综合评价）

由表 6.14 和表 6.15 可知，在 1956—2007 年的来水条件下，同利用外调水和再生水后，非线性模糊综合评价方法和模糊综合评价方法的结果有很大不同，线性模糊综合评价的结果为：现实风险均为三级风险和四级风险，其中四级风险占 96.15%。非线性模糊综合评价的结果为：现实风险中三级风险和四级风险占 75%，说明南水北调工程和再生水是解决北京市水资源供需风险的根本措施，但是一级风险和二级风险仍然占了 25%，由图 6.18 可知，一级风险和二级风险集中在降水量为 350~400mm 的降水年型，说明在降水量很小的情况下，即使同时利用外调水和再生水，北京市水资源供需风险等级仍然很高。通过两种方法的比较可以看出，本书建立的模型能够体现出不同来水对水资源供需风险的影响，这和实际情形比较吻合，说明本书建立的模型具有一定的优越性。

6.1.3.6　结论

（1）当前在水资源管理理念上，我国正处于从供水管理、以需定供向需水管理、以供定需加快转变时期。基于需水管理的理念，本书从危险性、暴露性、脆弱性的角度建立水资源供需风险评价指标体系，在此基础上建立了水资源供需风险的分级标准。

（2）利用 Logistic 回归模型模拟缺水量系列的概率分布，建立了基于非线性模糊综合评价的水资源供需风险分析模型。

（3）在 1956—2007 年的来水条件下，北京市的水资源供需固有风险均为一级风险；利用外调水和再生水后，三级风险和四级风险占 75%，但是一级风险和二级风险仍然占了 25%，说明在降水量很小的情况下，北京市水资源供需风险仍处于高风险水平。

6.1.4 水资源供需风险季节变化特征分析

6.1.4.1 水资源供需风险概念模型

关于风险评价指标，学术界还没有统一的定论，但大部分研究者普遍认为风险评价应包括以下三个方面：评价威胁发生的可能性或概率（危险性）、模拟承险体面对威胁时表现出的性质或状态（脆弱性）及评价后果或损失的严重程度（Haimes，2006；Tsakiris，2014；Dilley 等，2005）。本书认为风险是风险源的危险性和承险体的脆弱性共同作用的结果，损失是风险的表现方式。所谓危险性是指某种危险发生的可能性或概率，脆弱性表示某客体面对某种危险表现出的易于受到伤害和损失的性质，是风险发生的必要条件，风险一旦发生，势必会带来一定的影响或损失。因此，我们可以将风险的形成看成是一个"生产过程"，通过投入一定数量的生产要素（危险性和脆弱性），生产出一定数量的"产品"（损失），与生产过程追求经济效益的最大化不同，我们总是希望风险越小越好。本书的水资源供需风险指标为危险性、脆弱性和损失。

1. 危险性

对于一个供水系统来说，所谓失事主要是指供水量小于需水量，从而使供水系统处于失事状态，即水资源供需平衡状态遭到破坏。本书认为危险性表示水资源供需平衡遭到破坏发生的概率，是供水量 x 和需水量 y 的函数，用 $H(x, y)$ 表示。

2. 脆弱性

脆弱性表示水资源系统在面对潜在危险时所表现出的特殊性质或状态，主要包括降水量 P、人均可供水量 W_p、水资源满足程度 S_r 和水资源开发利用率 U_r。其中水资源开发利用率和水资源满足程度的计算公式分别为

$$U_r = \frac{（地表水可供水量＋地下水可供水量）}{水资源总量} \tag{6.40}$$

$$S_r = \frac{W_{as}}{W_{td}} \tag{6.41}$$

式中：W_{as} 为可供水量；W_{td} 为总需水量。

3. 损失

损失表示由于水资源供需平衡状态遭到破坏所带来的潜在经济损失，其定义为

$$\begin{cases} E_L = H(x,y) \cdot (y-x) \cdot E' \cdot \overline{P} \\ E' = \sum_{i=1}^{3} w_i e_i \end{cases} \tag{6.42}$$

式中：$\overline{P}$ 为每方水的平均价格；E' 为每供单方水所产生的综合用水效益系数；$e_i(i=1, 2, 3)$ 分别代表农业用水效益系数、工业用水效益系数和第三产业用水效益系数；$w_i(i=1, 2, 3)$ 分别代表它们的权重。

参考袁汝华等（2002）有关用水效益的研究，农业用水效益、工业用水效益和第三产业用水效益的定义分别为

$$e_1 = \frac{1}{m}\sum_{j=1}^{m}\frac{b_j}{M_j} \tag{6.43}$$

式中：b_j、M_j 分别为第 j 种作物单位面积灌溉净效益与耗水定额；m 为主要农作物的种类。

$$e_2 = \frac{10000}{D_2}g_2 f_2 \tag{6.44}$$

式中：D_2 为工业万元产值用水量；g_2 为工业用水净效益分摊给用水的比例系数，即分摊系数；f_2 为工业净效益与产值的综合比例系数。

$$e_3 = \frac{10000}{D_3}g_3 f_3 \tag{6.45}$$

式中：D_3 为第三产业万元产值用水量；g_2 为第三产业用水净效益分摊给用水的比例系数，即分摊系数；f_2 为第三产业净效益与产值的综合比例系数。

6.1.4.2　基于 DEA 的风险分析模型

1. 供水和需水的联合分布函数

本书采用 Logistic 回归方法模拟供水量和需水量系列的概率分布，Logistic 回归方法的算法原理详见 6.1.1.1 节。

2. 数据包络分析模型（DEA）的构建

（1）DEA 模型。

设有 n 个决策单元 $DMU_j(j=1,2,\cdots,n)$，每个决策单元有 m 项投入 $X_j=(x_{1j},x_{2j},\cdots,x_{mj})^T$ 和 s 项产出 $Y_j=(y_{1j},y_{2j},\cdots,y_{sj})^T$，可构建如下最优化模型：

$$\max \frac{\sum_{r=1}^{s}u_r y_{rj0}}{\sum_{i=1}^{m}v_i x_{ij0}}$$

$$\text{s. t. } \frac{\sum_{r=1}^{s}u_r y_{rj}}{\sum_{i=1}^{m}v_i x_{ij}} \leqslant 1, \quad j=1,2,\cdots,n$$

$$V=(v_1,v_2,\cdots,v_m)^T \geqslant 0$$

$$U=(u_1,u_2,\cdots,u_m)^T \geqslant 0 \tag{6.46}$$

式中：目标函数表示第 j_0 个决策单元 $DMU_{j0}(1\leqslant j_0 \leqslant n)$ 的风险系数，其值越大表明第 j_0 个决策单元能够用相对较少的输入（危险性和脆弱性）得到相对较多的输出（损失）；约束条件表示所有决策单元 $DMU_j(j=1,2,\cdots,n)$（含第 j_0 个决策单元）的风险系数均小于等于 1；$V=(v_1,v_2,\cdots,v_m)^T$ 为投入的权向量；$U=(u_1,u_2,\cdots,u_m)^T$ 为产出的权向量。由于式（6.46）为分式规划问题，在实际应用中根据对偶规划理论构建带有非阿基米德无穷小量 ε 的模型：

$$\min\{r - \varepsilon(\overline{r^T}s^- + r^Ts^+)\} = W(\varepsilon)$$

$$\text{s. t.} \sum_{j=1}^{n} X_j\lambda_j + s^- = \theta X_0, \ j = 1, 2, \cdots, n$$

$$\sum_{j=1}^{n} Y_j\lambda_j - s^+ = Y_0$$

$$\lambda_j \geqslant 0, \ j = 1, 2, \cdots, n$$

$$s^- \geqslant 0, \ s^+ \geqslant 0 \tag{6.47}$$

式中：X_j、Y_j、X_0、Y_0 为可获得的数据向量；$\lambda_j(j = 1, 2, \cdots, n)$、$s^-$、$s^+$、$e$ 均为模型的输出结果向量；r 为风险系数。

（2）规模收益指数。

规模收益可以用来分析风险系数的变化趋势，包括递增、不变、递减三种情况，分别指危险性和脆弱性（投入要素）按一定比例发生改变时，损失（产出要素）以较大、相同、较小的比例发生改变。当决策单元处于规模效益递增阶段，决策者应考虑增加投入要素，反之应考虑减少投入要素。定义规模收益指数（郑奕，2012）如下：

$$k = \sum \lambda_j \tag{6.48}$$

（1）当 $k = 1$ 时，表示规模收益不变，决策单元的产出已达到最大。

（2）当 $k < 1$ 时，表示规模收益递增，且 k 值越小规模递增趋势越明显，即适当增加决策单元的投入量，产出量的增加幅度将会更大。

（3）当 $k > 1$ 时，表示规模收益递减，且 k 值越大规模递减趋势越大，表明即使增加投入量，产出量的增加幅度也不会更大。

综上所述，水资源供需风险评价模型的算法流程与计算步骤如图 6.19 所示。

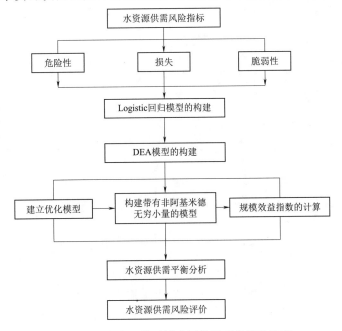

图 6.19 水资源供需风险评价模型的算法流程

6.1.4.3 风险季节分析模型构建

1. 情景假设

将 1956—2012 年 (57 年) 的来水条件 (不包括外调水和再生水) 作为未来的可能来水资料, 假设需水量不变, 采用长序列逐月调算法进行水资源供需平衡分析, 得出 1—12 月在 57 种来水条件下的月供水量和月需水量序列。

2. Logistic 回归模型的建立

建立 Logistic 回归模型, 将 1979—2012 年 1 月的供水量 (不包括再生水、雨水及跨流域调水等) 和需水量 (用水量) 系列代入模型, 模拟供水小于需水发生的概率。通过极大似然估计法, 得到 1 月的 Logistic 回归模型为

$$f(x,y)=\frac{1}{1+e^{-56.813-376.274x+391.006y}} \tag{6.49}$$

式中：x 为供水量；y 为需水量。

对构建的模型进行 Hosmer – Losmer 检验和预测效果检验, 检验的原假设为：Logistic 回归模型对数据的拟合良好, 检验结果见表 6.16。

表 6.16 检验和预测结果

项目	χ^2 统计量	自由度	显著性水平	检验概率 P	$\chi^2(0.01, 2)$	预测准确率
数值	0.000	2	0.01	1.000	9.210	100%

由表 6.16 可知, Hosmer – Losmer 检验结果为：检验概率 1.000>0.01, χ^2 统计量 0.000<9.210, 故在 0.01 显著性水平下接受原假设, 即建立的 Logistic 回归模型对数据拟合良好, 同时预测正确率达到 100%, 说明该方程可以付诸应用。由 Logistic 回归模型计算的 1979—2012 年 1 月的概率模拟值与实际概率值比较接近, 如图 6.20 所示。

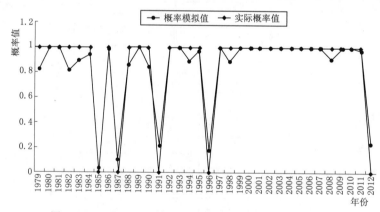

图 6.20 1979—2012 年 1 月的概率模拟值与实际概率值

由图 6.20 可知, 1985 年、1987 年、1991 年、1996 年及 2012 年 1 月均没有发生供水不足的局面, 由 Logistic 回归模型预测的供水小于需水的概率模拟值很小, 均小于 0.24；另一方面, 对于发生供需紧张的情况, 由 Logistic 回归模型预测的供水小于需水的概率模拟值均大于 0.8。因此, Logistic 回归模型预测的结果与实际情形是吻合的, 说明 Logistic

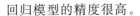

回归模型的精度很高。

同理可以构建 2—12 月的 Logistic 回归模型，通过计算发现各个模型的 Hosmer-Losmer 检验均通过，且模型的预测准确率均在 85% 以上。

6.1.4.4　风险季节变化特征

将 1—12 月在 57 种来水条件下的供水量和需水量序列代入 1—12 月的 Logistic 回归模型和式（6.42），即可得出 1—12 月在 57 种来水条件下的危险性和风险损失，最后求出脆弱性指标数据。脆弱性指标数据的计算过程如下：降水量由北京市水文总站提供，本书将 1959—2012 年 1—12 月的降水量作为 1—12 月 57 种可能的降水量；人均可供水量 W_p 为：1—12 月在 57 种来水条件下的供水量序列除以人口数；将 57 种来水条件下的月供水量和月需水量序列代入式（6.40）和式（6.41）即可得到水资源开发利用率和水资源满足程度。水资源总量由 AR（10）模型预测得到，为 28.77 亿 m³，在 95% 置信水平下的预测准确率为 97%。

DEA 模型中投入量为 1—12 月在 57 种来水条件下的危险性和脆弱性指标（降水量 P、人均可供水量 W_p、水资源满足程度 S_r 和水资源开发利用率 U_r）数据序列，产出量为 1—12 月在 57 种来水条件下的损失，分别将投入和产出数据序列代入式（6.57），即可得到北京市 1—12 月在 57 种来水条件下的风险系数，如图 6.21 所示。

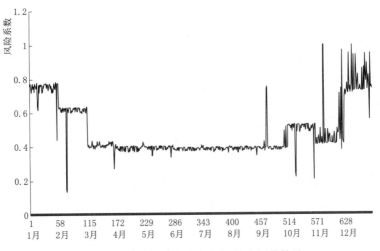

图 6.21　不同来水条件下的月风险评价结果

由图 6.21 可知，在 57 种来水条件下，春季（3 月、4 月和 5 月）和夏季（6 月、7 月和 8 月）的风险系数值比较小，在 0.4 左右波动；秋季（9 月、10 月和 11 月）的风险系数值较大，基本在 0.4～0.6 波动，在某些情景下能达到 0.8 和 1，如在 1971 年和 1972 年的来水条件下，11 月的风险系数值均达到 1；冬季（12 月、1 月和 2 月）的风险系数值最大，在 0.6～1 波动，其中 12 月的风险系数值基本在 0.8～1 波动。总的来说，北京市月风险具有明显的季节变化特征，即秋冬风险大，春夏风险小。进一步分析可以发现，北京市降水具有时空分布不均、丰枯交替发生等特点，3—9 月降水量集中了全年降水量的 90% 左右，因此，秋冬季的风险系数值较大。

假定外调水和再生水分别为 10.5 亿 m³ 和 10 亿 m³，将相应数据序列代入式（6.57），即可得到北京市利用再生水和南水北调水后 1—12 月在 57 种来水条件下的风险系数，如图 6.22 所示。

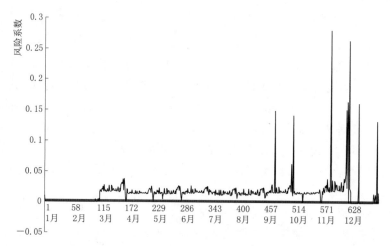

图 6.22　利用再生水和南水北调水后不同来水条件下的月风险评价结果

由图 6.22 可知，利用再生水和南水北调水后，在 57 种来水条件下，1—12 月的风险系数值均有了大幅度的降低，大部分在 0.05 左右波动，主要是因为利用南水北调水和再生水后，根据式（6.42）可知风险损失会有大幅度的降低，脆弱性指标中人均可供水量和水资源满足程度会增大，其他没有变化，即脆弱性会减小，危险性也会有所降低。通过对各指标进行计算发现，投入指标（危险性和脆弱性）减小的幅度远没有产出指标（风险损失）减小的幅度大，因此 1—12 月的风险均有了大幅度的降低。但 11 月和 12 月在某些情景下仍然达到了 0.25～0.3，如在 1975 年的来水条件下，11 月的风险系数值达到 0.28，说明在降水量很小的情况下，即使利用外调水和再生水，仍然存在一定的水资源供需风险。

再分别将模型输出值 $\lambda_j (j=1, 2, \cdots, n)$ 代入式（6.58）可得措施前（不利用再生水和南水北调水）和措施后（利用再生水和南水北调水）1—12 月的平均规模效益值 k，见表 6.17。

表 6.17　　　　　　　　　　　措施前和措施后的平均规模效益值

平均规模效益 k	1 月	2 月	3 月	4 月	5 月	6 月	7 月	8 月	9 月	10 月	11 月	12 月
措施前	2.0×10^{-9}	1.5×10^{-9}	9.8×10^{-10}	9.1×10^{-10}	8.6×10^{-10}	7.9×10^{-10}	8.2×10^{-10}	8.1×10^{-10}	8.4×10^{-10}	1.0×10^{-9}	1.98	13.11
措施后	1.3×10^{-6}	5.1×10^{-7}	5.6×10^{-9}	5.4×10^{-9}	4.8×10^{-9}	3.9×10^{-9}	4.9×10^{-9}	4.7×10^{-9}	3.2×10^{-9}	6.4×10^{-9}	6.02	7.8×10^{-7}

由表 6.17 可知，当不考虑利用再生水和南水北调水时，1—10 月的平均规模效益值 k 均小于 1，且趋向于 0，表示规模效益递增，由此说明如果投入量（危险性和脆弱性）有所增加，产出量（损失）会有更大比例的增加，因此风险仍有增大的趋势，即如果在 1—

10 月不采取一些措施进行风险调控，水资源供需风险会不断增大；11 月和 12 月平均规模效益值 k 均大于 1，表示规模效益递减，由此说明如果投入量（危险性和脆弱性）有所减少，产出量（损失）会有更大比例的减少，即如果采取一些风险减缓措施，11 月和 12 月的水资源供需风险将会有减小的趋势，同时由于 12 月比 11 月的平均规模效益值 k 大，所以 12 月的风险比 11 月的风险减小的趋势更明显。利用再生水和南水北调水后，由于 1—10 月和 12 月的平均规模效益值 k 均小于 1，所以 1—10 月和 12 月的风险仍然有增大的趋势，而 11 月的平均规模效益大于 1，说明 11 月的风险有减小的趋势，因此北京市仍然需要采取一些其他措施来缓解水资源供需紧张的局面。

6.1.4.5　结论

（1）本书从危险性、脆弱性、损失的角度建立水资源供需风险评价指标体系，建立了危险性和损失的函数表达式，并且考虑了随机性对损失的影响。

（2）在 1956—2012 年的来水条件下，北京市月风险具有明显的季节变化特征，其中春季和夏季的风险系数值比较小，在 0.4 左右波动；秋季的风险系数值较大，基本在 0.4~0.6 波动；冬季的风险系数值最大，在 0.6~1 波动。不仅如此，如果不采取一些措施进行风险调控，1—10 月的水资源供需风险会不断增大。

（3）在利用再生水和南水北调水后，1—12 月在 1956—2012 年的来水条件下的风险均有了大幅度降低，大部分在 0.05 左右波动，但是 1—10 月和 12 月的风险仍然有增大的趋势。

6.1.5　水资源供需风险损失预测与分析

6.1.5.1　水资源供需风险损失概念模型

1. 水资源供需风险损失函数

对于一个供水系统来说，所谓失事主要是指供水量小于需水量，从而使供水系统处于失事状态，即水资源供需平衡状态遭到破坏。因此，本书认为水资源供需风险损失表示供需平衡遭到破坏带来的潜在经济损失，即由于供水不足导致少产生的经济价值，其定义如式（6.50）：

$$L = q(y - x) \qquad (6.50)$$

水资源供需风险期望损失表示水资源供需平衡状态遭到破坏的期望严重程度，其定义如式（6.51）：

$$E_L = \int_a^b \int_c^d q h(x, y) \cdot (y - x) \mathrm{d}x \mathrm{d}y \qquad (6.51)$$

式中：x 为供水量；y 为需水量；$h(x，y)$ 为随机变量 x 和 y 的联合概率密度函数；q 为每方水的平均经济价值，其定义及计算方法参照文献（甘泓等，2008）；a 和 b 分别为供水量 x 的最小值和最大值；c 和 d 分别为需水量 y 的最小值和最大值。

2. 边缘概率分布模拟

模拟系列的概率分布一般可以采用 Logistic 回归模型、蒙特卡罗法及经验频率法等方法，但这些方法在使用时存在一些问题，如要求自变量数据服从正态分布，或计算结果取决于样本的大小且计算量大、预测能力低等问题（钱龙霞等，2011；郭生练等，2008）。因此，本书采用以下思路分别对供水量和需水量的概率分布进行模拟：首先对由供需平衡分析得到的供水量和需水量序列进行差分变换，目的是把数据修匀，使得数据更加平滑，使非平稳序列达到平稳序列。其次分别画出差分变换后的供水量和需水量序列的 $Q-Q$ 图（正态概率图和反趋势正态概率图），观察供水量和需水量是否服从某一种已知分布，再进行分布拟合检验。如果满足，再根据原函数存在定理获得供水量和需水量的边缘概率分布；如若均不满足，可采用最大熵方法对边缘概率分布进行模拟。

3. 基于 Copula 函数的联合概率分布模拟

（1）Copula 函数的种类。

Copula 函数是一种将联合分布与它们各自的边缘分布连接在一起的函数，可以捕捉到变量间非线性的相关关系。在水文及相关领域文献中有几类 Archimedean Copula 函数经常被应用（郭生练等，2008），分别为 Gumbel - Hougaard Copula 函数、Clayton Copula 函数、Ali - Mikhail - Haq Copula 函数及 Frank Copula 函数。

（2）基于非线性优化的参数估计。

Copula 函数的参数估计方法主要有相关性指标法和极大似然法，其中相关性指标法比较简单，只需要根据未知参数和 Kendall 秩相关系数之间的函数关系即可求出参数，但存在很多局限（郭生练等，2008），如对于三维及以上的 Copula 函数不再适用，理论概率值与经验频率值偏差较大等；极大似然法也存在一些问题，如计算比较复杂，难以进行推广等。基于以上考虑，本书提出一种基于非线性优化思想的参数估计方法。以 Frank Copula 函数为例介绍参数估计方法的数学原理，Frank Copula 函数表达式为

$$C(u,v) = -\frac{1}{p}\ln\left[1 + \frac{(e^{-pu}-1)(e^{-pv}-1)}{(e^{-p}-1)}\right], \quad p \in R \tag{6.52}$$

式中：p 为未知参数。

设 $(x_1, y_1), (x_2, y_2), \cdots, (x_n, y_n)$ 为联合观测值组合，将这些组合按照供水量 x 升序排列，则供水量 x 和需水量 y 的联合经验频率的计算公式为（方彬等，2008）

$$H_i = p(X \leqslant x_i, Y \leqslant y_i) = \frac{m_i - 0.44}{N + 0.12} \tag{6.53}$$

式中：m_i 为联合观测值样本中满足 $(X \leqslant x_i, Y \leqslant y_i)$ 的联合观测值的个数；N 为样本容量；H_i 为经验频率。

假设有 n 组样本数据 $(x_i, y_i)(i=1,2,\cdots,n)$ 用来进行参数估计，则 $u_i = \int_0^{x_i} f(x)\mathrm{d}x(i=1,2,\cdots,n)$，$v_i = \int_0^{y_i} g(y)\mathrm{d}y(i=1,2,\cdots,n)$，其中 $f(x)$ 和 $g(y)$ 分别为供水量 x 和需水量 y 的边缘概率密度函数。

构造函数

$$f(p) = \sum_{i=1}^{n}\left\{-\frac{1}{p}\ln\left[1 + \frac{(e^{-pu_i}-1)(e^{-pv_i}-1)}{e^{-p}-1}\right] - H_i\right\}^2 \tag{6.54}$$

于是参数 p 的估计问题变成一个求解函数 f 最小化问题，即

$$\min f(p) = \sum_{i=1}^{n}\left\{-\frac{1}{p}\ln\left[1 + \frac{(\mathrm{e}^{-pu_i}-1)(\mathrm{e}^{-pv_i}-1)}{\mathrm{e}^{-p}-1}\right] - H_i\right\}^2 \qquad (6.55)$$

　　显然这是一个非线性优化问题，首先画出函数 $f(p)$ 的图像，确定 $f(p)$ 取最小值点时 p 的大致取值范围；其次求出函数 $f(p)$ 式 [即式（6.54）] 的导函数，求出使得导函数为 0 的 p 值，即解式（6.56）；最后根据 p 的取值范围和导函数为 0 的 p 值，即可求出式（6.55）的解。

$$\frac{\partial f}{\partial p} = 2\sum_{i=1}^{n}\left\{-\frac{1}{p}\ln\left[1 + \frac{(\mathrm{e}^{-pu_i}-1)(\mathrm{e}^{-pv_i}-1)}{\mathrm{e}^{-p}-1}\right] - H_i\right\}\left\{\frac{1}{p^2}\ln\left[1 + \frac{(\mathrm{e}^{-pu_i}-1)(\mathrm{e}^{-pv_i}-1)}{\mathrm{e}^{-p}-1}\right]\right.$$

$$\left. - \frac{[u_i\mathrm{e}^{-pu_i} + v_i\mathrm{e}^{-pv_i}\,\mathrm{e}^{-p(u_i+v_i)}(u_i-v_i)](\mathrm{e}^{-p}-1) + \mathrm{e}^{-p}(\mathrm{e}^{-pu_i}-1)(\mathrm{e}^{-pv_i}-1)}{p(\mathrm{e}^{-p}-1)[\mathrm{e}^{-p}-1 + (\mathrm{e}^{-pu_i}-1)(\mathrm{e}^{-pv_i}-1)]}\right\}$$

$$= 0 \qquad (6.56)$$

　　（3）Copula 函数的检验。

　　1）Copula 函数的拟合优度评价。

　　采用离差平方和最小准则（OLS）（郭生练等，2008）来评价 Copula 方法的有效性，选择离差平方和最小的 Copula 函数。OLS 的计算公式为

$$OLS = \sqrt{\frac{1}{n}\sum_{i=1}^{n}(F_i - P_i)^2} \qquad (6.57)$$

式中：F_i、P_i 分别为经验频率和理论频率。

　　2）Copula 函数的拟合检验。

　　根据 Copula 理论，若 $C(u,v)$ 是一个描述随机变量 X 和 Y 的相依关系的 Copula 函数，则 $Y|X=x$ 的条件分布为（0，1）上的均匀分布。有以下关系：

$$H(Y|X=x) = C_1(F(x), G(y)) \qquad (6.58)$$

其中 $C_1(u,v) = \dfrac{\partial C(u,v)}{\partial u}$ 是独立的且服从（0，1）上的均匀分布（Nelsen，2006）。根据 Copula 理论的这个性质，可以通过判断 Copula 函数的一阶偏导数 $C(v|u)$ 和 $C(u|v)$ 是否服从（0，1）上的均匀分布来检验模型对样本分布拟合是否充分。因此，拟合优度检验问题实际上是一个一元分布检验问题，可以采用很多种检验方法，如非参数 χ^2 检验、Kolmogorov-Smirnov 检验、Q-Q 图检验等。

　　综上所述，水资源供需风险损失评价模型的建模与计算步骤如图 6.23 所示。

6.1.5.2　模型建立与验证

1. 情景假定

　　将 1956—2012 年（57 年）的来水条件（不包括外调水和再生水）作为未来的可能来水资料，假设需水量不变，采用长序列逐月调算法进行水资源供需平衡分析，分别得出 57 种来水条件下的年供水量和年需水量以及 1—12 月的月供水量和月需水量序列，分别如图 6.24 和图 6.25 所示。

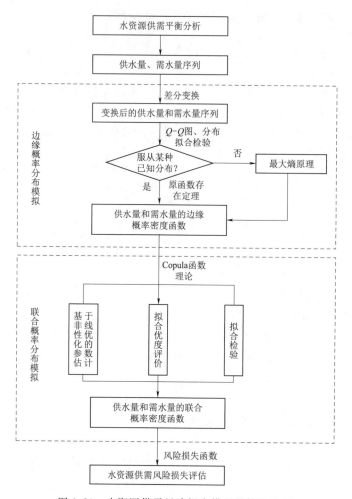

图 6.23 水资源供需风险损失模型的算法流程

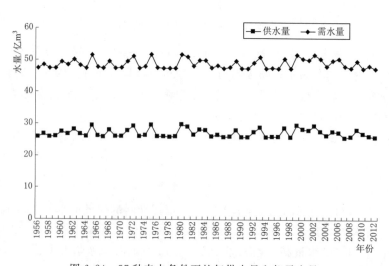

图 6.24 57 种来水条件下的年供水量和年需水量

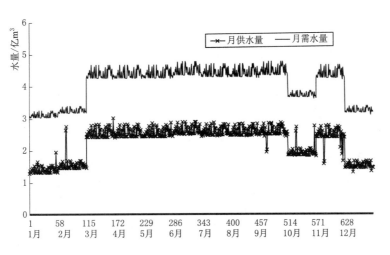

图 6.25 1—12 月在 57 种来水条件下的供水量和年需水量

2. 边缘分布函数的模拟

分别对供水序列和需水序列作差分变换，并对差分后的序列分别画正态概率图和反趋势正态概率图（图 6.26～图 6.29）。由图 6.26～图 6.29 可知，差分后的供水序列和需水序列均基本服从正态分布。为了进一步确定差分后的供水序列和需水序列是否服从正态分布，需要进行正态性检验。本书采用柯尔莫哥罗夫-斯米诺夫（Kolmogorov - Smirnov）检验，原假设为差分后的供水序列和需水序列服从正态分布，显著性水平为 0.05，检验结果见表 6.18。

由表 6.18 可知，最小显著性水平值均大于预先设定的显著性水平（0.05），因此接受原假设，即差分后的供水序列和需水序列均服从正态分布。根据极大似然估计法的原理，可以估计两组序列的 μ 和 σ 分别为 -0.00216、1.819918、0.000639 和 2.102。

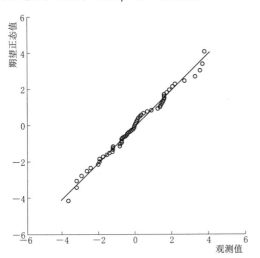

图 6.26 变换后的供水序列的正态概率图

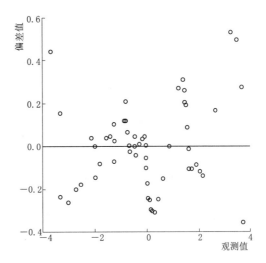

图 6.27 变换后的供水序列的反趋势正态概率图

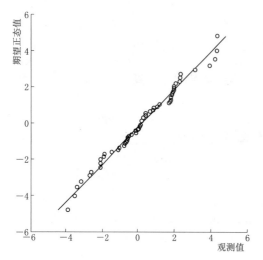

图 6.28　变换后的需水序列的正态概率图　　图 6.29　变换后的需水序列的反趋势正态概率图

表 6.18　　　　　　　　　　　　正 态 性 检 验 结 果

变　　量	柯尔莫哥罗夫-斯米诺夫检验		
	统计量	自由度	最小显著性水平
差分后的供水量	0.074	56	0.200
差分后的需水量	0.071	56	0.200

由此可知，供水量 x 的概率密度函数应为正态分布密度函数的原函数，又由于 x 被限制在某一有限范围内，因此，x 应服从截尾分布，其概率密度函数表达式为

$$f(x)=\dfrac{\displaystyle\int\dfrac{1}{\sqrt{2\pi}\times1.82}\mathrm{e}^{\frac{(x+0.0216)^2}{-2\times1.82^2}}\mathrm{d}x}{\displaystyle\int_a^b\left[\int\dfrac{1}{\sqrt{2\pi}\times1.82}\mathrm{e}^{\frac{(x+0.0216)^2}{-2\times1.82^2}}\mathrm{d}x\right]\mathrm{d}x}=0.035\mathrm{erf}[0.3885(x+0.0216)] \quad (6.59)$$

同理可以求出 y 的概率密度函数表达式为

$$g(y)=0.017\mathrm{erf}[0.3364(y-0.0006)] \quad (6.60)$$

其中

$$\mathrm{erf}(x)=\frac{2}{\sqrt{\pi}}\int_0^x\mathrm{e}^{-t^2}\mathrm{d}t$$

3. Copula 函数的选取

本书拟从 Gumbel - Hougaard Copula 函数、Clayton Copula 函数、Ali - Mikhail - Haq Copula 函数及 Frank Copula 函数中选取一个最佳的 Copula 函数。

（1）参数估计。

依据 6.1.5.1 节中介绍的方法分别对以上四种 Copula 函数进行参数估计，以 Clayton Copula 函数为例介绍参数估计的过程。首先构造优化函数 $f(p)=\displaystyle\sum_{i=1}^{n}\left[(u_i^{-p}+v_i^{-p}-1)^{-1/p}-H_i\right]^2$，由于 Clayton Copula 参数 $p\in(0,+\infty)$，但是画出函数 $f(p)$ 在 $p\in(0,+\infty)$

的图像不太可能，还要缩小 p 的取值范围，由于 p 与 Kendall 秩相关系数 τ 存在如下
关系：

$$\tau = \frac{p}{p+2} \tag{6.61}$$

根据供水量和需水量序列（图 6.24）可求出 Kendall 秩相关系数 τ 为 0.797，代入
式（6.71）可得 p 为 7.85，因此画出函数 $f(p)$ 在 $p \in (0, 100)$ 的图像基本可以反映函
数 $f(p)$（图 6.30）的变化情况。由图 6.30 可知，函数 $f(p)$ 在 $p \in (0, 10)$ 时有一个
最小值，当 $p \in (10, +\infty)$ 时，函数值先增长后基本不变，由此可以判断函数 $f(p)$ 取
最小值的点 p 在（0，10）中取。

为了更加清楚地看出函数 $f(p)$ 取最小值的点 p 的位置，画出 $f(p)$ 在 $p \in (0, 10)$
中的图像（图 6.31），由图 6.31 可知，当 $p \in (0, 1)$ 时，函数取得最小值。

$$\frac{\partial f}{\partial p} = \sum_{i=1}^{n} \left[(u_i^{-p} + v_i^{-p} - 1)^{-1/p} - H_i \right] \cdot (u_i^{-p} + v_i^{-p} - 1)^{-1/p}$$
$$\cdot \ln(u_i^{-p} + v_i^{-p} - 1) \cdot \frac{1}{p^2} \cdot \left[-u_i^{-p} \ln(u_i) - v_i^{-p} \ln(v_i) \right] = 0 \tag{6.62}$$

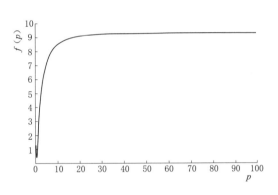

图 6.30　函数 $f(p)$ 的图像

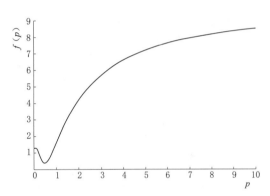

图 6.31　函数 $f(p)$ 在 $p \in (0, 10)$ 的图像

由于 $p \in (0, 1)$，求解方程（6.62）可知 p 为 0.4723，且 $f_{\min}(p) = 0.3931$。同理可
以求出其他三种 Copula 函数的参数 p 和 $f_{\min}(p)$，计算结果见表 6.19。

表 6.19　　　　　　　　　四类 Copula 函数的参数 p 和 $f_{\min}(p)$ 的计算结果

函数	Gumbel – Hougaard Copula 函数	Clayton Copula 函数	Ali – Mikhail – Haq Copula 函数	Frank Copula 函数
参数 p	1	0.4723	−1	$(-\infty, -50]$
$f_{\min}(p)$	6.2924	0.3931	5.8196	5.5781

由表 6.19 可知，Clayton Copula 函数的 $f_{\min}(p)$ 最小，只有 0.3931，即理论频率与
经验频率的离差平方和最小；其他三种 Copula 函数的 $f_{\min}(p)$ 太大，与经验频率的离差
平方和偏大。因此 Clayton Copula 函数的参数估计效果最好。

（2）Copula 函数检验。

采用 32 组数据对 Copula 函数进行拟合优度评价。利用式（6.57）分别对四种

Copula 函数进行拟合优度评价，评价结果见表 6.20。

表 6.20   四类 Copula 函数的拟合优度评价结果

种类	Gumbel – Hougaard Copula 函数	Clayton Copula 函数	Ali – Mikhail – Haq Copula 函数	Frank Copula 函数
OLS 值	0.3191	0.1835	0.1694	0.1656

由表 6.20 可知，Gumbel – Hougaard Copula 函数的 OLS 值最大，拟合效果较差；其他三种 Copula 函数的 OLS 值较小，拟合效果良好。

由于 Gumbel – Hougaard Copula 函数的拟合效果较差，因此只对其他三种 Copula 函数进行拟合检验。由 6.1.5.1 节可知，可以采用非参数 χ^2 检验 $C(v \mid u)$ 和 $C(u \mid v)$ 是否服从（0，1）上的均匀分布。则原假设 H_0：$C(v \mid u)$ 和 $C(u \mid v)$ 服从（0，1）上的均匀分布；备择假设 H_1：$C(v \mid u)$ 和 $C(u \mid v)$ 不服从（0，1）上的均匀分布，χ^2 统计量为

$$\chi^2 = \sum_{i=1}^{k} \frac{f_i^2}{n p_i} - n \tag{6.63}$$

式中：f_i 为样本观察值落入第 i 子集的个数；p_i 为用 H_0 假设的分布函数计算出的概率；n 为样本观测值的个数。

表 6.21   非 参 数 χ^2 检 验 结 果

检验结果	Clayton Copula 函数		Ali – Mikhail – Haq Copula 函数		Frank Copula 函数	
	$v \mid u$	$u \mid v$	$v \mid u$	$u \mid v$	$v \mid u$	$u \mid v$
χ^2 统计量	1.716	7.077	22.426	1.007	15.611	9.449
自由度	3		3		3	
$\chi^2(0.05, 3)$	7.815					

由表 6.21 可知，对于 Clayton Copula 函数，由于 7.815＞1.716，7.815＞7.007，故在 0.05 水平下接受 H_0，即 $C(v \mid u)$ 和 $C(u \mid v)$ 均服从（0，1）上的均匀分布，其他函数的 $C(v \mid u)$ 和 $C(u \mid v)$ 均不服从（0，1）上的均匀分布。

6.1.5.3 风险损失评价

根据 Copula 函数参数估计和检验的结果可知 Clayton Copula 函数是最优的，可以用它来描述供水量 x 和需水量 y 的联合分布。则供水量 x 和需水量 y 的联合分布函数 $H(x, y)$ 和联合概率密度函数 $h(x, y)$ 分别为

$$H(x,y)=(u^{-p}+v^{-p}-1)^{\frac{-1}{p}} \tag{6.64}$$

$$h(x,y)=(1+p)(uv)^{-p-1}(u^{-p}+v^{-p}-1)^{-2-\frac{1}{p}} \tag{6.65}$$

其中

$$u = \int_0^x f(t)\mathrm{d}t = \int_0^x 0.035 erf(0.3885 \cdot (t+0.0216))\mathrm{d}t$$

$$v = \int_0^y 0.017 erf(0.3364 \cdot (t-0.0006))\mathrm{d}t$$

$$p = 0.4723$$

表 6.22 　　　　　　　　　　　　北京市各产业部门水资源价值（甘泓，2008）

产　　业	第一产业	第二产业	第三产业
经济价值/(元/m³)	4.7	34.0	33.4

当不考虑利用外调水和再生水时，将供水量和需水量的最小值和最大值，北京市水资源的平均经济价值（表 6.22）代入式（6.51）可得 2020 年北京水资源供需风险期望损失为

$$E_L = q \int_{25.7}^{29.7} \int_{47.4}^{51.7} \left((1+p) \left[\left(\int_0^x 0.035\mathrm{erf}(0.3885 \cdot (t+0.0216))\mathrm{d}t \right) \right. \right.$$

$$\left. \cdot \left(\int_0^y 0.017\mathrm{erf}(0.3364 \cdot (t-0.0006))\mathrm{d}t \right) \right]^{-p-1}$$

$$\cdot \left[\left(\int_0^x 0.035\mathrm{erf}(0.3885 \cdot (t+0.0216))\mathrm{d}t \right)^{-p} \right.$$

$$\left. \left. + \left(\int_0^y 0.017\mathrm{erf}(0.3364 \cdot (t-0.0006))\mathrm{d}t \right)^{-p} - 1 \right]^{-2-\frac{1}{p}} (y-x) \right) \mathrm{d}x\mathrm{d}y$$

$$\approx 1159.7 \tag{6.66}$$

将 1—12 月在 57 种来水条件下的月供水量和月需水量及北京市水资源的平均经济价值代入式（6.50），得到 1—12 月在 57 种来水条件下的水资源供需风险损失值，如图 6.32 所示。

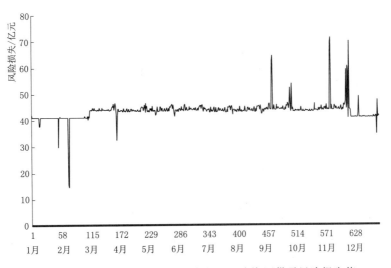

图 6.32　1—12 月在 57 种来水条件下的水资源供需风险损失值
注：不考虑南水北调水和再生水。

由图 6.32 可知，除个别情景外，冬季（12 月、1 月和 2 月）的风险损失最小，其次是春季（3 月、4 月和 5 月）和夏季（6 月、7 月和 8 月），而秋季（9 月、10 月和 11 月）的风险损失相对较大，其中 11 月的风险损失最大，在 1972 年的来水条件下，11 月的风险损失达到 71 亿。总的来说，北京市月风险经济损失具有明显的季节变化特征，即秋季风险损失大，春夏冬风险损失小。进一步分析可以发现，冬季需水量相对较小，所以冬季

风险损失小；北京市 3—8 月降水量集中了全年降水量的 86% 左右，因此春夏风险损失较小；秋季需水量大，降水又少，因此秋季风险损失最大。

考虑利用外调水和再生水（用水量参照 6.1.4 节），将相应的月供水量、月需水量系列数据及北京市水资源的平均经济价值代入式（6.50），得到 1—12 月在不同来水条件下水资源短缺风险损失值，如图 6.33 所示。

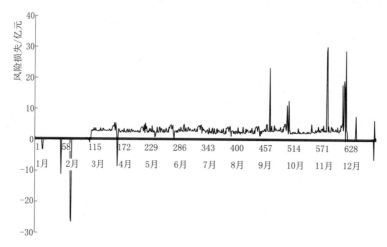

图 6.33　利用再生水和南水北调水后不同来水条件下的月风险损失评价结果

由图 6.33 可知，利用再生水和南水北调水后，在 57 种来水条件下，1—12 月的风险损失值均有了大幅度的降低，尤其是春夏冬季的风险损失较小，大部分在 2 亿～3 亿元波动；但 11 月在某些情景下，水资源供需风险损失值仍然较高，尤其在 1972 年的来水条件下，风险损失达到了 30 亿元。某些情景下的风险损失为负数，表示供大于需，绝对值越大表示供需之间的差距越大。

将相应数据代入式（6.51），得到北京市利用外调水和再生水后水资源供需风险期望损失为

$$
\begin{aligned}
E'_L = q\int_{46.2}^{50.2}\int_{47.4}^{51.7} & \Bigg(\left(1+p\right)\left[\left(\int_0^x 0.035 erf(0.3885 \cdot (t+0.0216))\mathrm{d}t\right)\right. \\
& \left. \cdot \left(\int_0^y 0.017 erf(0.3364 \cdot (t-0.0006))\mathrm{d}t\right)\right]^{-p-1} \\
& \cdot \left[\left(\int_0^x 0.035 erf(0.3885 \cdot (t+0.0216))\mathrm{d}t\right)^{-p}\right. \\
& \left. + \left(\int_0^y 0.017 erf(0.3364 \cdot (t-0.0006))\mathrm{d}t\right)^{-p} -1\right]^{-2-\frac{1}{p}} (y-x)\Bigg)\mathrm{d}x\,\mathrm{d}y \\
\approx\ & 37.7
\end{aligned}
$$

$$(6.67)$$

由此可知，利用南水北调水和再生水后，北京市水资源供需风险期望损失由 1159.7 亿元降低到 37.7 亿元，下降幅度达 96.7%，进一步可以说明再生水回用和南水北调工程是缓解北京市水资源供需矛盾的根本措施。

6.1.5.4　结论

（1）本书首次建立了基于 Copula 函数的水资源供需风险损失模型，该模型可以定量

模拟供水量和需水量之间复杂的非线性相关关系，即供水量和需水量的联合概率分布函数。首先基于差分法和原函数存在定理模拟了供水量和需水量的边缘概率分布函数；其次提出了一种基于非线性优化思想的 Copula 函数参数估计方法；再次分别对各种 Copula 函数进行拟合优度检验和非参数 χ^2 检验，选择最优的 Clayton Copula 函数模拟供水量和需水量的联合概率分布函数；最后建立水资源供需风险损失的二重积分表达式。

（2）当不考虑利用外调水和再生水时，北京市水资源供需风险期望损失约为 1159.7 亿元。冬季（12 月、1 月和 2 月）的风险损失最小，其次是春季（3 月、4 月和 5 月）和夏季（6 月、7 月和 8 月），而秋季（9 月、10 月和 11 月）的风险损失相对较大。

（3）利用南水北调水和再生水后，北京市水资源供需风险期望损失约为 37.7 亿元，下降幅度达 96.7%。1—12 月的风险损失值均有了大幅度的降低，但在某些情景下，水资源供需风险损失值仍然较高。

6.2　天津水资源短缺风险损失评价与区划

天津地处海河流域的下游，历史素有"九河下梢"之称，河流、湖泊众多，水域辽阔。天津气候属暖温带半湿润大陆季风型气候，多年平均降水量（1956—2000 年）为574.9mm，50%、75%、95% 频率的降水量分别为 701.3mm、563.4mm、459.9mm、344.9mm。全市多年平均地表水资源量（1956—2000 年）为 10.65 亿 m^3，多年平均地下水资源量（1980—2000 年）为 5.90 亿 m^3（矿化度小于 2g/L 的浅层淡水），其中可开采资源量为 4.50 亿 m^3。天津市多年平均水资源总量为 15.69 亿 m^3（1980—2000 年），多年平均净入境水量 24.38 亿 m^3（1981—2000 年），主要出境水量为入海水量，多年平均入海水量（1980—2000 年）为 14.98 亿 m^3。天津人均水资源量仅为 160m^3，为全国人均水资源占有量的 1/14，是全国人均水资源占有量最少的省份。

6.2.1　风险损失概念模型

本书将用水量与供水量的差额定义为缺水量，在此基础上将水资源短缺风险经济损失定义为"水资源系统发生供水短缺带来的潜在经济损失"，数学表达式为

$$E_L = q \cdot \int_a^b \int_c^d f(x, y) \cdot (y - x) \, \mathrm{d}x \, \mathrm{d}y \tag{6.68}$$

式中：x 为供水量；y 为用水量；$f(x, y)$ 为随机变量 x 和 y 的联合概率密度函数；q 为每方水的平均经济价值（钱龙霞等，2016）；a、b 分别为供水量 x 可能的取值范围；c、d 分别为用水量 y 可能的取值范围。

由式（6.78）可知，联合分布函数的模拟是评价水资源短缺风险经济损失的关键，Copula 函数常用于多变量联合分布的模拟。根据引言部分的讨论可知：Gumbel Copula、Clayton Copula 和 Frank Copula 无法全面描述水文变量之间的尾部相关模式和结构。本书用 Gumbel Copula、Clayton Copula 和 Frank Copula 的线性加权函数（M – Copula）来研究供水量和用水量之间的相关模式和结构。

6. 2. 1. 1 联合分布模拟

M - Copula 的分布函数和概率密度函数分别为

$$F(x,y) = \alpha_1 C_G(F(x),G(y)) + \alpha_2 C_C(F(x),G(y)) + \alpha_3 C_F(F(x),G(y)) \quad (6.69)$$

$$f(x,y) = [\alpha_1 c_G(F(x),G(y)) + \alpha_2 c_C(F(x),G(y)) + \alpha_3 c_F(F(x),G(y))] \cdot f(x) \cdot g(y)$$
$$(6.70)$$

式中：C_G 和 c_G 分别为 Gumbel Copula 的分布函数和概率密度函数；C_C 和 c_c 分别为 Clayton Copula 的分布函数和概率密度函数；C_F 和 c_F 分别为 Frank Copula 的分布函数和概率密度函数，它们的表达参见韦艳华（2004）。设 p、q、r 为 Gumbel Copula、Clayton Copula 和 Frank Copula 的未知参数，且 $p \in (0, 1]$，$q \in (0, +\infty)$，$r \neq 0$，$\alpha_j \in [0, 1](j = 1,2,3)$，且满足 $\sum_{j=1}^{3} \alpha_i = 1$，$u = F(x)$ 和 $v = G(y)$ 分别为随机变量 x 和 y 的边缘分布函数，$f(x)$ 和 $g(y)$ 分别为随机变量 x 和 y 的概率密度函数。

边缘分布模拟方法如下：选取 Matlab Distribution Fitting Tool 里常用的分布如伽马分布、指数分布、对数逻辑斯谛分布、逆高斯分布等进行拟合，这些分布是常用的偏态分布函数。根据 K - S 拟合检验的结果选择随机变量 x 和 y 的最优边缘分布函数。

1. 参数估计

边缘分布函数和联合分布函数的参数均采用极大似然法进行估计，边缘分布参数估计原理如下：

假定有 n 组样本 $(x_i)(i = 1,2,\cdots,n)$，随机变量 X 的边缘密度函数为 $f(x; \alpha, \beta)$，则 α 和 β 的极大似然估计值为

$$(\hat{\alpha},\hat{\beta}) = \arg\max \sum_{i=1}^{n} \ln f_i(x_i; \alpha, \beta) \quad (6.71)$$

联合分布函数参数估计原理如下：

假定有 n 组样本 $(x_i, y_i)(i = 1,2,\cdots,n)$，随机变量 X 和 Y 的边缘分布函数分别 $F(x)$ 和 $G(y)$，联合密度函数如式（6.80）所示，则 $p,q,r,\alpha_j(j = 1,2,3)$ 的极大似然估计值为

$$\hat{p} = \arg\max \sum_{i=1}^{n} \ln c_i(u_i,v_i; p,q,r,\alpha_j) = \arg\max \sum_{i=1}^{n} \ln c_i(F(x_i),G(y_i); p,q,r,\alpha_j)$$
$$(6.72)$$

2. 拟合检验

离差平方和最小准则（OLS）（郭生练等，2008）常被用于评价 Copula 函数的拟合效果，OLS 以联合经验频率和联合理论频率之间的均方误差最小为准则选取最优 Copula 函数，均方误差计算表达式如下：

$$RMSE = \sqrt{\frac{1}{n} \sum_{i=1}^{n} (H_i - P_i)^2} \quad (6.73)$$

其中 F_i、P_i 分别为联合经验频率和联合理论频率，联合经验频率计算公式见式（6.74），公式详细解释见文献（方彬等，2014）。

$$H_i = p(X \leqslant x_i, Y \leqslant y_i) = \frac{m_i - 0.44}{n + 0.12} \tag{6.74}$$

关于 Copula 函数的拟合检验，目前还没有达成共识（Ma 等，2012）。Ma 等（2012）采用一种拟合检验方法，该方法属于一元分布检验。以二元 Copula 函数为例，检验原理如下：

如果 $C(u, v)$ 是一个二元 Copula 函数，则 Copula 函数的条件分布函数 $C_1(u, v)$ 和 $C_2(u, v)$ 均服从（0，1）均匀分布。$C_1(u, v)$ 和 $C_2(u, v)$ 的表达式如下：

$$C_1(u,v) = \frac{\partial C(u,v)}{\partial u}, \ C_2(u,v) = \frac{\partial C(u,v)}{\partial v} \tag{6.75}$$

因此，可以通过检验 $C_1(u, v)$ 和 $C_2(u, v)$ 是否服从（0，1）均匀分布来检验指定的 Copula 函数对样本分布的拟合是否良好，χ^2 拟合检验和 K-S 检验均可用于一元分布拟合检验。

3. 尾部相关系数

仅通过拟合检验还不足以证明 M-Copula 函数优于常用的 Gumbel Copula 函数、Clayton Copula 函数和 Frank Copula 函数。M-Copula 可以同时刻画变量间的上尾相关、下尾相关和对称相关，而 Gumbel Copula 函数、Clayton Copula 函数和 Frank Copula 函数只能刻画某一种特定的尾部相关性，因此需要比较由各种 Copula 函数得到的理论尾部相关系数和经验尾部相关系数。

Gumbel Copula 函数参数 p 和理论上尾相关系数 λ_U 之间的关系如下（Serinaldi 等，2013）：

$$\lambda_U = 2 - 2^p \tag{6.76}$$

Clayton Copula 函数参数 q 和理论下尾相关系数 λ_D 之间的关系如下（Serinaldi 等，2013）：

$$\lambda_D = 2^{\frac{-1}{q}} \tag{6.77}$$

Frank Copula 的理论上尾相关系数和理论下尾相关系数均为 0，经验上尾相关系数的定义有很多种，本书参照 Frahm 等（2005）提出的计算方法，计算表达式如下：

$$\hat{\lambda}_U^{CFG} = 2 - 2\exp\left\{ \frac{1}{N} \sum_{i=1}^{N} \log \left[\frac{\sqrt{\log \frac{1}{u_i} \log \frac{1}{v_i}}}{\log \frac{1}{\max(u_i, v_i)^2}} \right] \right\} \tag{6.78}$$

6.2.1.2　经济损失模型建立

1. 边缘分布优选

建模数据为 1999—2016 年天津市供水量（不考虑外调水和非传统水资源）和用水量数据序列，初步判断可知供水量和用水量均服从偏态分布，因此可以选取 Matlab Distribution Fitting Tool 里常用的偏态分布如伽马分布、指数分布、对数逻辑斯谛分布、逆高斯分布等进行拟合，通过概率分布拟合图对分布进行初步筛选，发现指数分布偏离太大，对数逻辑斯谛分布和逆高斯分布与供水量和用水量数据拟合较好，供水量和用水量概率分布拟合如图 6.34 和图 6.35 所示。

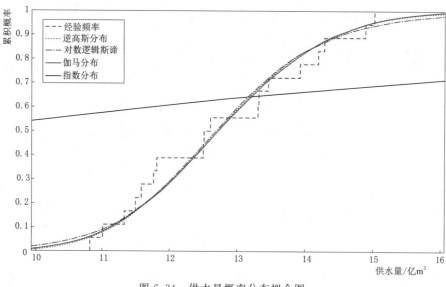

图 6.34　供水量概率分布拟合图

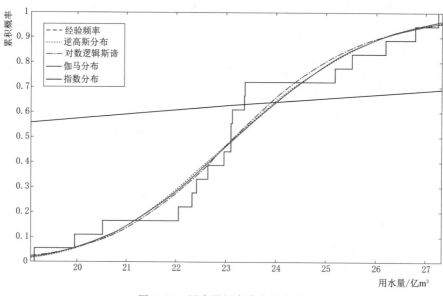

图 6.35　用水量概率分布拟合图

由图 6.34 可知，逆高斯分布和对数逻辑斯谛分布拟合效果均十分理想，进一步通过 K-S 拟合检验选择供水量的最优分布。将 1999—2016 年供水量系列分别代入逆高斯分布和对数逻辑斯谛分布函数得到两种分布的理论概率值，分别对两种分布的理论概率值进行 K-S 检验，显著性水平为 0.01。逆高斯分布和对数逻辑斯谛分布的 K-S 检验概率值分别为 0.953 和 0.978，由此可知供水量服从对数逻辑斯谛分布。对数逻辑斯谛分布概率密度函数为

$$f(x) = \frac{1}{\sigma} \frac{1}{x} \frac{e^z}{(1+e^z)^2} \quad (x > 0) \tag{6.79}$$

其中

$$z = \frac{\log x - \mu}{\sigma}$$

式中，μ 和 σ 通过极大似然法计算得到，分别为 2.54 和 0.06。

由图 6.35 可知，逆高斯分布优于对数逻辑斯谛分布，进一步通过 K-S 拟合检验证明用水量的最优分布。将 1999—2016 年用水量系列分别代入逆高斯分布和对数逻辑斯谛分布函数得到两种分布的理论概率值，分别对两种分布的理论概率值进行 K-S 检验，显著性水平为 0.01。逆高逆分布和对数逻辑斯谛分布的 K-S 检验概率值分别为 0.272 和 0.122，由此可知逆高斯分布为用水量的最优分布。逆高斯分布的概率密度函数为

$$g(y) = \sqrt{\frac{\lambda}{2\pi y^3}} \exp\left[-\frac{\lambda}{2\mu_1^2 y}(y - \mu_1)^2\right] \tag{6.80}$$

式中，μ_1 和 λ 通过极大似然法计算得到，分别为 13.417 和 53.786。

2. 最优 M-Copula 联合分布函数

理论上 M-Copula 函数优于 Gumbel Copula 函数、Clayton Copula 函数和 Frank Copula 函数，下面将从实践上证明 M-Copula 函数为供水量和用水量的最优联合分布函数。为了进一步证明 M-Copula 函数的优越性，本书构造了 Gumbel Copula、Clayton Copula 和 Frank Copula 的两两组合函数，分别称为 GC-Copula、CF-Copula 和 GF-Copula。

将 1999—2016 年供水量和用水量代入式（6.72），即可求出各类 Copula 函数的参数，见表 6.23。

表 6.23　　　　　　　　　　　　各类 Copula 函数的参数比较

参数值	p	q	r	a_1	a_2	a_3
M-Copula	0.38	3.55	3.59	0.51	0.11	0.39
GC-Copula	0.851	0.1		0.95	0.05	
CF-Copula		0.19	4.94		0.11	0.89
GF-Copula	0.3		5	0.3		0.7
Gumbel Copula	0.38					
Clayton Copula		2.4				
Frank Copula			6.84			

将各类 Copula 函数的参数代入式（6.73）和式（6.74），可以求出各类 Copula 函数的尾部相关系数，见表 6.24。

表 6.24　　　　　　　　各类 Copula 函数得到的尾部相关系数比较

尾部相关系数	上尾相关系数	下尾相关系数	尾部相关系数	上尾相关系数	下尾相关系数
M-Copula	0.35	0.09	Gumbel Copula	0.70	0
GC-Copula	0.19	0	Clayton Copula	0	0.75
CF-Copula	0	0	Frank Copula	0	0
GF-Copula	0.23	0			

根据式（6.78）可以求出供水量和用水量之间的经验上尾相关系数，约为 0.33，与表 6.24 进行比对，可以看出 M-Copula 函数计算的理论上尾相关系数和经验上尾相关系

数非常接近,而其他六种 Copula 函数得到的理论上尾相关系数和经验上尾相关系数值相差甚远,由此可以说明 M-Copula 函数可以准确刻画供水量和用水量之间的相关模式和结构。各类 Copula 函数计算的联合理论频率与联合经验频率之间的均方误差见表 6.25,K-S 拟合检验结果见表 6.26。

表 6.25 各类 Copula 函数的 *RMSE* 值比较

拟合检验值	*RMSE*	拟合检验值	*RMSE*
M-Copula	0.245	Clayton Copula	0.246
GumbelCopula	0.248	Frank Copula	0.246

表 6.26 各类 Copula 函数 K-S 检验结果

检验结果	M-Copula		Gumbel Copula		Clayton Copula		Frank Copula	
	$C_1(u, v)$	$C_2(u, v)$	$C_1(u, v)$	$C_2(u, v)$	$C_1(u, v)$	$C_2(u, v)$	$C_1(u, v)$	$C_2(u, v)$
K-S检验概率	0.24	0.31	0.23	0.29	0.19	0.30	0.21	0.23

由表 6.25 可知,各类 Copula 函数的 *RMSE* 值较接近,但 M-Copula 函数的 *RMSE* 值最小。由表 6.26 可知,四类 Copula 函数的 K-S 检验概率值均大于预先设定的显著性水平值(0.01),但 M-Copula 的 $C_1(u, v)$ 和 $C_2(u, v)$ 的 K-S 检验概率值最大,说明只有 M-Copula 函数能准确模拟供水量和用水量的联合分布。综上所述,M-Copula 为供水量和用水量的最优联合分布函数。

6.2.1.3 不同情景下的风险损失评价

将边缘分布参数估计结果代入式(6.79)和式(6.80)得到供水量和用水量的边缘分布函数,然后将边缘分布函数和 M-Copula 的参数估计结果分别代入式(6.69)和式(6.70),可得供水量 x 和用水量 y 的联合分布函数 $F(x, y)$(图 6.36)和联合概率密度函数 $f(x, y)$,$f(x, y)$ 的表达式见式(6.70)。

表 6.27 海河流域各产业平均水资源经济价值(甘泓等,2008)

产业	第一产业	第二产业	第三产业
经济价值/(元/m³)	4.2	19.0	33.7

天津市各产业水资源经济价值采用文献(甘泓等,2008)中海河流域各产业平均水资源经济价值(表 6.27),首先对供水量进行排频分析,得到丰水年(20%)、平水年(50%)、偏枯年(75%)和枯水年(95%)供水量的大致范围,假设用水量保持近 5 年的水平,将水资源经济价值、不同水平年下供水量和用水量的范围、M-Copula 联合分布函数代入式(6.68),可得不同情景下天津市水资源短缺风险经济损失值,见表 6.28。

表 6.28 不同情景下水资源短缺风险经济损失值 单位:亿元

频率/%	20	50	75	95
经济损失	4.55	62.28	107.99	142.33

由表 6.28 可知,丰水年天津市水资源短缺风险经济损失值最小,仅有 4.55 亿元,平水年水资源短缺风险经济损失约为 62.28 亿元,在偏枯年份和枯水年份水资源短缺风险经

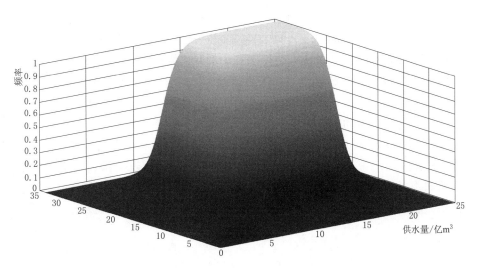

图 6.36　供水量和用水量的联合分布函数图

济损失值分别约为 108 亿元和 142 亿元。

由于天津市各产业水资源经济价值采用文献（甘泓等，2008）中 2004 年海河流域各产业平均水资源经济价值，现状各产业水资源经济价值肯定要大于 2004 年的数值，因此水资源短缺风险损失值将会更大。考虑外调水和非常规水资源后，将增加后的供水量代入模型，得到水资源短缺风险平均损失约为 0.04 亿元，但是在偏枯年份和枯水年份，水资源紧缺形式依然非常严峻。因此，为缓解天津市水资源短缺与城市发展建设带来的用水需求高速增长之间的矛盾，必须进一步加强非常规水源（再生水和海水淡化）的利用率，2017 年非常规水源的供水量达 3.8894 亿 m^3，占总供水量的 13.5%，未来天津非常规水资源利用比例会进一步增加。

6.2.1.4　结论

本书比较 M-Copula 函数和仅使用某一种 Copula 函数（Gumbel Copula、Clayton Copula 和 Frank Copula）模拟供水量和用水量联合分布的差异，发现 M-Copula 函数得到的理论尾部相关系数和经验尾部相关系数较接近，并对 M-Copula 模型进行 K-S 拟合检验，由此证明 M-Copula 函数可以全面刻画供水量和用水量之间的相关模式和结构。利用 M-Copula 函数对天津市在丰水年（20%）、平水年（50%）、偏枯年（75%）和枯水年（95%）情景下的水资源短缺风险经济损失进行预估，结果表明：在偏枯年份和枯水年份，水资源短缺风险经济损失值分别高达 387.9 亿元和 809.6 亿元。

水资源经济价值的估算对于正确预估水资源短缺风险经济损失也非常重要，本书引用了现有有关文献中海河流域水资源经济价值的结论，下一步将继续研究水资源经济价值的计算方法和模型。

6.2.2　风险区划模型

6.2.2.1　基于 RLCA 算法的风险分类

水资源短缺风险评价指标主要包括缺水率、人均缺水量、地下水资源开发利用率和万元 GDP 用水量。因此，水资源短缺风险分类属于高维聚类，针对传统聚类算法的缺点，Rodriguez 和 Lai（2014）提出了一种新型聚类算法（RLCA），该算法不仅具有层次聚类法、基于中心的聚类算法、基于格点的聚类算法和基于密度的聚类算法的优点，而且能够克服以上四类传统聚类方法的缺点。RLCA 算法定义了新的聚类指标：局地密度和最小密度，对参数不敏感，适用于任意分布类型的数据，能够在众多数据中快速有效识别聚类中心，并根据数据特点自动确定聚类数目。

RLCA 算法建模步骤如下：第一步，定义两个聚类指标——局地密度［式（6.81）］和最小密度距离［式（6.82）］；第二步，根据这两个指标构建二维聚类决策图谱；第三步，选择两聚类指标值均高的数据点作为聚类中心；第四步，根据与聚类中心距离最近且密度聚类中心最大原则对其他点所属类别进行划分。

$$\rho_i = \sum_i \chi(d_{ij} - d_c) \tag{6.81}$$

其中

$$\chi(x) = \begin{cases} 1, & x < 0 \\ 0, & x \geqslant 0 \end{cases}$$

式中：d_c 为截断距离；d_{ij} 为点 i 与点 j 之间的距离；ρ_i 本质上是指与点 i 的距离小于 d_c 的数据点的数目。

$$\delta_i = d_m = \begin{cases} \min d_{ij}, & \rho_j > \rho_i \\ \max d_{ij}, & \text{其他} \end{cases} \tag{6.82}$$

式中：δ_i 和 d_m 分别为每个数据点同其邻近具有高密度点之间的距离；ρ_i 和 δ_i 值均特别大的点视作聚类中心。

1. 基于标准化信息流算法的风险因子筛选

相关分析是风险因子筛选的常用方法，Granger（1969）认为要素之间的相关关系和要素之间的因果关系没有必然联系。因此，风险与因子之间的因果关系检测才是风险评价建模中因子筛选的重要依据。因果关系指标主要有转移熵、直接因果熵、转移零熵和因果熵等（Schreiber，2000；Duan 等，2013，2015；Sun 和 Bollt，2014）。在此基础上，Liang（2014）提出了信息流的概念，用信息流定量刻画要素之间因果关系的强度。所谓信息流，是指信息从一个序列（如 X_2）到另一个序列（如 X_1）的时间率，其计算公式如下：

$$T_{2 \to 1} = \frac{C_{11} C_{12} C_{2,d1} - C_{12}^2 C_{1,d1}}{C_{11}^2 C_{22} - C_{11} C_{12}^2} \tag{6.83}$$

式中：C_{ij} 是 X_i 和 X_j 之间的样本协方差；C_{1d1} 是 X_1 和 $\dot{X}_1$ 之间的样本协方差；$C_{2,d1}$ 是 X_2 和 $\dot{X}_1$ 之间的样本协方差；$\dot{X}_1$ 为 $\dfrac{dX_1}{dt}$ 的近似差分，采用欧拉前向差分公式计算。

$\dot{X}_1$ 序列中第 n 项的计算公式为

$$\dot{X}_{1,n} = \frac{X_{1,n+k} - X_{1,n}}{k \Delta t} \tag{6.84}$$

式中，$k \geqslant 1$，为整数，通常情况下 k 取 1 或 2，对于一般序列，k 取 1；对于高度混沌序列，k 取 2，本书 k 取 1；$\dot{X}_{1,n}$ 为序列 $\dot{X}_1$ 的第 n 项，X_{1n+k}、X_{1n} 分别表示序列 X_1 的第

$n+k$ 项和第 n 项。理论上，如果 $T_{2\to1}\neq0$，X_2 是 X_1 的影响因子；如果 $T_{2\to1}=0$，则认为 X_2 不是 X_1 的影响因子；如果 $T_{2\to1}>0$，则表示 X_2 使得 X_1 更加不确定；如果 $T_{2\to1}<0$，则表示 X_2 使 X_1 趋向于稳定。

由于无法知道信息流的上限，信息流方法最大的问题是无法判断要素之间因果关系的强弱，于是需要对信息流结果进行标准化处理。Liang（2015）提出了一种标准化信息流算法（LNIF），该算法将信息流值界定在 0 和 1 之间，但该方法在部分情形下得到的信息流值非常小（0.001 量级），无法直观判断要素之间因果关系的强弱。Bai 等（2018）提出一种新的标准化信息流算法（BNIF），得到的标准化信息流值可以很容易判断要素之间的因果关系强弱。标准化信息流公式如下：

$$\tau_{2\to1}^{B}=\frac{\text{abs}(T_{2\to1})}{\text{abs}(T_{2\to1})+\text{abs}\left(\dfrac{\text{d}H_1^{noise}}{\text{d}t}\right)} \tag{6.85}$$

式中：H_1^{noise} 为从 X_2 向 X_1 传输的随机噪声；$\tau_{2\to1}^{B}$ 的取值范围为 $[0，1]$，表征的是从 X_2 相对于其他随机过程对 X_1 的重要性，其值越大表明 X_2 与 X_1 之间的因果关系越强，越小则说明 X_2 与 X_1 之间的因果关系越弱，太小即说明 X_2 不是 X_1 的影响因子。

2. Fisher 判别分析模型

Fisher 判别的本质是投影降维，将多维问题转化为一维问题，寻找最优投影方向，使得样本投影后组内离差尽可能小，组间离差尽可能大。线性判别函数为

$$y=\sum_{i=1}^{p}c_ix_i \tag{6.86}$$

式中，$c_i(i=1,2,\cdots,p)$ 为待估计的系数，假设水资源短缺风险包括 q 个等级，建模样本数目为 m，每种风险等级的样本数为 $n_k(k=1,2,\cdots,q)$，且 $\sum_{k=1}^{q}n_k=m$，对应的样本记为 $\{x_{ij}^{(k)}\mid i=1,2,\cdots,n_k;j=1,2,\cdots,p\}$。将来自不同风险等级的风险指标数据代入式（6.86），可得

$$y^{(k)}=\sum_{j=1}^{p}c_jx_{ij}^{(k)},\ i=1,2,\cdots,n_k \tag{6.87}$$

各等级样本点的质心为

$$\overline{y^{(k)}}=\frac{\sum_{i=1}^{m}y_i^{(k)}}{m}=\sum_{i=1}^{p}c_i\ \overline{x}_i^{(k)} \tag{6.88}$$

根据投影降维原则可知，组内离差平方和（记为 S_1）应尽可能小，组间离差平方和（记为 S_2）应尽可能大，即 $\dfrac{S_2}{S_1}$ 达到极大值，S_1 和 S_2 表达式分别为

$$S_1=\sum_{i=1}^{k}\sum_{j=1}^{ni}(y_j^{(i)}-\overline{y^{(i)}})^2 \tag{6.89}$$

$$S_1=\sum_{i=1}^{k}n_i(\overline{y^{(i)}}-\overline{y})^2 \tag{6.90}$$

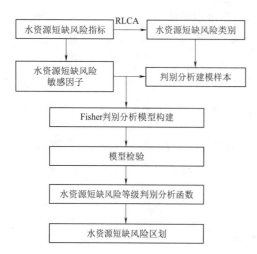

图 6.37 水资源短缺风险区划模型的算法流程

其中 $\overline{y} = \dfrac{\sum\limits_{i=1}^{k} n_i \overline{y}^{(i)}}{m}$, $m = \sum\limits_{i=1}^{q} n_i$

当 $\dfrac{S_2}{S_1}$ 达到极大值时，可求出 Fisher 判别函数系数向量，计算方法和原理可参考王海洋（2018）。水资源风险区划模型建模流程如图 6.37 所示。

6.2.2.2 模型构建

建模数据来源于郑景云等（2011）中表 7-5，为京津唐地区 2008 年县级行政单元的水资源短缺风险指标数据，包括北京市城八区、天津市六区与滨海新区以及河北省主要市区，合并后研究区共 70 个研究单元，聚类结果如图 2 所示。

由图 6.38 可知，京津唐地区 70 个评价单元的水资源短缺风险可分为四类，分别是高风险、中风险、较低风险和低风险，京津唐地区水资源短缺风险空间分布结果如下：低风险和较低风险主要分布在京津唐地区西北部山区，高风险区主要分布在东南平原区，大部分情形与郑景云等（2011）的聚类结果一致。为进一步证明 RLCA 算法的优点，利用层次聚类法对上述 70 个单元的水资源短缺风险进行聚类。由于层次聚类法需要人为给定聚类数目，将聚类数目设为 4，聚类结果表明：层次聚类法与 RLCA 算法聚类结果相同率仅

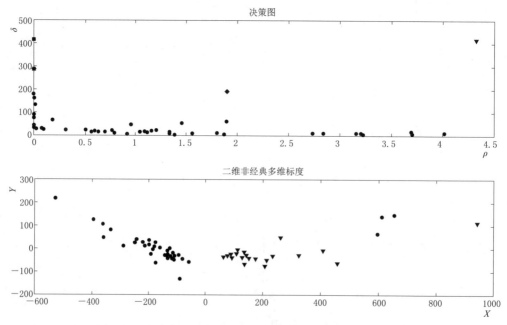

图 6.38 京津唐地区水资源短缺风险聚类结果及聚类决策图谱

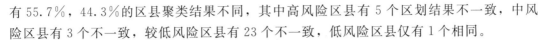

有 55.7%，44.3% 的区县聚类结果不同，其中高风险区县有 5 个区划结果不一致，中风险区县有 3 个不一致，较低风险区县有 23 个不一致，低风险区县仅有 1 个相同。

分别用两种标准化信息流算法（BNIF 和 LNIF）检测水资源短缺风险因子（缺水量、人均缺水量、地下水开发利用率和万元 GDP 用水量）与风险聚类结果之间的因果关系，见表 6.29。

表 6.29 水资源短缺风险影响因子的信息流值

风险影响因子	BNIF	LNIF	风险影响因子	BNIF	LNIF
缺水率	0.2012	−0.1019	地下水开发利用率	0.3332	−0.1955
人均缺水量	0.5042	−0.4064	万元 GDP 用水量	0.1176	−0.0538

由表 6.29 可知，BNIF 和 LNIF 得到的标准化信息流值有很大不同，除了人均缺水量外，LNIF 得到的信息流值均偏小，不利于识别风险敏感因子，因此本书参考 BNIF 的结果。由 BNIF 的结果可知，缺水率、人均缺水量和地下水开发利用率的标准化信息流值较大，说明这些因子对风险的作用较显著；万元 GDP 用水量的标准化信息流值较小，说明其对风险的作用较弱，可以去掉。根据文献（Liang，2014）可知，如果标准化信息流值不小于 0.01，则所得标准化信息流值通过了置信度为 95% 的信度检验，由此可知所选的缺水率、人均缺水量和地下水开发利用率均通过了置信度 95% 的信度检验，更进一步说明它们对水资源短缺风险的作用非常显著。总的来说，水资源短缺风险敏感因子由强到弱依次为人均缺水量、地下水开发利用率和缺水率。人均缺水量反映了人均缺水的程度，缺水率反映区域水资源供需矛盾的尖锐程度，这两个指标综合体现了区域水资源短缺事件发生的概率及其严重程度；地下水开发利用率反映区域地下水超采问题的严重程度。京津唐地区人均水资源量仅 320m³，为重度资源型缺水地区，地下水超采非常严重。由此说明标准化信息流算法选出的 3 个敏感因子符合京津唐地区的实际情况。

将京津唐地区 2008 年县级行政单元的缺水率、人均缺水量和地下水开发利用率和相应的风险分类结果作为训练样本［选取与郑景云等（2011）的聚类结果一致的样本，删除了一些不一致的样本，共 59 组样本］代入 SPSS 软件，运行判别分析模块，得到如下结果，见表 6.30～表 6.33。

表 6.30 单变量方差分析结果

变 量	Wilks' Lambda	F	自由度 1	自由度 2	显著性水平
缺水率	0.245	57.506	3	55	0.000
人均缺水量	0.267	50.305	3	55	0.000
地下水开发利用率	0.730	6.765	3	55	0.001

由表 6.30 可知，方差分析结果显示三个变量的 Sig. 值均小于 0.01，说明三个变量都能很好地体现分类特征。典则判别函数的输出结果见表 6.31。

由表 6.31 可知，三个典则判别函数的特征值依次减小，第一个函数占了总方差的91.2%，说明仅用第一个函数就可以完成绝大多数样本的分类，但仍然需要第二个函数和第三个函数的辅助。水资源短缺风险的 Fisher 判别函数系数见表 6.32，Fisher 判别函的预测结果见表 6.33。

表 6.31 典则判别函数的特征值表

函数	特征值	方差比例/%	累计方差比例/%	典则相关系数
1	3.995	91.2	91.2	0.894
2	0.380	8.7	99.8	0.525
3	0.008	0.2	100.0	0.087

表 6.32 水资源短缺风险的 Fisher 判别函数系数

变量	低风险函数	较低风险函数	中风险函数	高风险函数
缺水率	−0.057	−0.019	−0.095	−0.008
人均缺水量	0.004	0.001	0.016	0.016
地下水开发利用率	−0.009	0.009	−0.009	0.021
常数	−10.359	−2.956	−21.729	−4.793

由表 6.32 可知，低风险、较低风险、中风险和高风险的 Fisher 判别函数分别如下：

$$y_1 = -10.359 - 0.057x_1 + 0.004x_2 - 0.009x_3 \tag{6.91}$$

$$y_2 = -2.956 - 0.019x_1 + 0.001x_2 + 0.009x_3 \tag{6.92}$$

$$y_3 = -21.729 - 0.095x_1 + 0.016x_2 - 0.009x_3 \tag{6.93}$$

$$y_4 = -4.793 - 0.008x_1 + 0.016x_2 + 0.021x_3 \tag{6.94}$$

表 6.33 Fisher 判别函数的风险等级评价结果

风险等级	原始数目	评价数目	风险等级	原始数目	评价数目
低风险	2	0	中风险	3	4
较低风险	21	21	高风险	33	33

由表 6.33 可知，59 个样本中共有两个评价错误，两个低风险分别被评价为较低风险和中风险，低风险样本太少可能是评价错误的重要原因。总的来说，Fisher 判别函数的评价准确率达到了 96.6%，可以付诸实践。

6.2.2.3　天津市水资源短缺风险区划

2025 年天津市各区缺水率、人均缺水量和地下水开发利用率的计算方法参照郑景云等（2011），其中缺水率和人均缺水量的计算需要 2025 年天津市各区县的需水量、供水量和人口等数据，这些数据来源于天津市供水规划说明书（2020—2035），外调水和非传统水资源供水量亦来自天津市供水规划说明书，各区县的地下水开发利用率参照现状条件下的结果。当不考虑利用外调水和非传统水资源（包括再生水和淡化水）时，将各区县的缺水率、人均缺水量和地下水开发利用率指标分别代入式（6.91）～式（6.94），得到 2025 年各区的水资源短缺风险等级划分结果，见表 6.34。同理可以得出当考虑外调水和非传统水资源时，2025 年各区县的水资源短缺风险等级划分结果，见表 6.35。

表 6.34　2025 年天津市各区县水资源短缺风险等级（未考虑外调水和非传统水资源）

区　县	各风险等级判别函数值				风险等级
	低风险	较低风险	中风险	高风险	
天津市内六区	−17.00	−3.12	−30.78	−0.251	高风险
天津滨海新区	−16.67	−3.00	−29.40	1.22	高风险
东丽区	−16.51	−4.02	−31.26	−3.43	高风险
西青区	−16.35	−3.79	−30.18	−1.86	高风险
津南区	−17.55	−2.84	−31.97	−0.30	高风险
北辰区	−16.47	−4.01	−31.08	−3.26	高风险
武清区	−13.67	−1.92	−23.92	2.53	高风险
宝坻区	−12.54	−2.13	−22.96	0.54	高风险
宁河县	−14.16	−2.62	−24.97	1.52	高风险
静海县	−15.40	−3.52	−27.31	0.38	高风险
蓟州区	−16.37	−2.34	−27.87	3.55	高风险

由表 6.34 可知，对于天津市各区来说，高风险的判别函数值最大，说明 2025 年天津市各区县的水资源短缺风险等级均为高风险。

表 6.35　2025 年天津市各区水资源短缺风险等级（考虑外调水和非传统水资源）

区　县	各风险等级判别函数值				风险等级
	低风险	较低风险	中风险	高风险	
天津市内六区	−11.89	−1.43	−23.26	−1.22	高风险
天津滨海新区	−11.93	−1.38	−23.30	−1.12	高风险
东丽区	−11.08	−2.24	−22.45	−3.11	较低风险
西青区	−11.21	−2.10	−22.58	−2.80	较低风险
津南区	−12.20	−1.11	−23.57	−0.49	高风险
北辰区	−11.08	−2.24	−22.45	−3.11	较低风险
武清区	−11.80	−1.32	−23.37	−0.97	高风险
宝坻区	−11.55	−1.77	−22.92	−2.02	较低风险
宁河县	−11.60	−1.71	−22.97	−1.90	较低风险
静海县	−11.21	−2.10	−22.58	−2.80	较低风险
蓟州区	−12.34	−0.98	−23.71	−0.17	高风险

由表 6.35 可知，考虑外调水和非传统水资源后，大部分区水资源短缺风险等级由高风险降至较低风险，但天津市内六区、滨海新区、津南区、武清区和蓟州区仍然处于高风险状态。进一步由表 6.29 可知，水资源短缺风险敏感因子中，人均缺水量的标准化信息流值最大，地下水开发利用率次之，缺水率最小。由此可知：如果想降低 2025 年的水资源短缺风险值，必须降低人均缺水量和地下水开发利用率，而考虑外调水和非传统水资源后，人均缺水量肯定会大幅下降，但是地下水开发利用率仍然很高，所以这五个区县的水

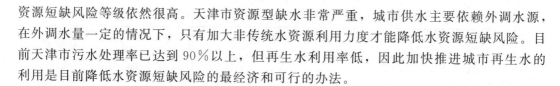

资源短缺风险等级依然很高。天津市资源型缺水非常严重，城市供水主要依赖外调水源，在外调水量一定的情况下，只有加大非传统水资源利用力度才能降低水资源短缺风险。目前天津市污水处理率已达到 90％以上，但再生水利用率低，因此加快推进城市再生水的利用是目前降低水资源短缺风险的最经济和可行的办法。

6.2.2.4　结论

本书引入新型聚类算法（RLCA）和标准化信息流算法分别判断水资源短缺风险等级和筛选风险敏感因子，采用 Fisher 判别分析法构建水资源短缺风险等级评价模型。利用 2008 年京津唐地区各区县水资源短缺风险案例作为建模样本，研究结果表明：人均缺水量、地下水开发利用率和缺水率是影响天津市水资源短缺风险的主要因子，水资源短缺风险等级评价模型准确率达到 96.6％。利用建立模型对 2025 年天津市各区县的水资源短缺风险等级进行评价，主要结果如下：如果不利用外调水和非传统水资源，天津市各区县的水资源短缺风险均为高风险；加入外调水和非传统水资源后，大部分区县由高风险降至较低风险，但市内六区、滨海新区、津南区、武清区和蓟州区仍然处于高风险状态。目前天津市污水处理率已达到 90％以上，但再生水利用率低，因此加快推进城市再生水的利用是目前降低水资源短缺风险的最经济和可行的办法。

传统判别分析模型对建模样本数据量要求较高，大部分情况下水资源风险与因子之间的关联样本非常稀少，不满足判别分析模型所需要的样本量，小样本条件下如何改进判别分析模型需要进一步研究。

参 考 文 献

Alexander D, 2000. Confronting Catastrophe [M]. Terra, Hertfordshire.

Atanu S, Tapan K P, Debjani C, 2001. Interpretation of inequality constraints involving interval coefficients and a solution to interval linear programming [J]. Fuzzy Sets and Systems, 119: 129 - 138.

Aven T, Renn O, 2009. On risk defined as an event where the outcome is uncertain [J]. Journal of Risk Research, 12: 1 - 11.

Aven T, 2007. A unified framework for risk and vulnerability analysis and management covering both safety and security [J]. Reliability Engineering and System Safety, 92: 745 - 754.

Aven T, 2010. On how to define, understand and describe risk [J]. Reliability Engineering and System Safety, 95: 623 - 631.

Aven T, 2011. On some recent definitions and analysis frameworks for risk, vulnerability and resilience [J]. Risk Analysis, 31 (4): 515 - 522.

Bai C Z, Zhang R, Bao S, et al., 2018. Forecasting the tropical cyclone genesis over the northwest pacific through identifying the causal factors in cyclone - climate interactions [J]. Journal of Atmospheric and Oceanic Technology, 35 (2): 247 - 259.

Chapman R J, 2012. Appendix 4: Risk: Improving Government's Capability to Handle Risk and Uncertainty [M]. John Wiley & Sons, Ltd. .

Chambers R, 2010. Editorial Introduction: Vulnerability, Coping and Policy [J]. //IDS Bulletin, 20 (2): 1 - 7.

Cline D B H, Pu H M H, 1998. Verifying irreducibility and continuity of a nonlinear time series [J]. Statistics & Probability Letters, 40 (2): 139 - 148.

Davidson V J, Ryks J, Fazil A, 2006. Fuzzy risk assessment tool for microbial hazards in food systems [J]. Fuzzy Sets and Systems, 157: 1201 - 1210.

Deyle RE, French S P, Olshansky R B, et al., 1998. Hazard assessment: the factual basis for planning and mitigation [A] //R. J. Bushy (ed.), Cooperating wish Nature: Con - fronting Natural Hazards wish Land - Use Planning for Sustainable Communities [C]. Washington, D. C. : Joseph Henry Press: 119 - 166.

Dilley M, Chen R S, Deichmann U, et al., 2005. Natural disaster hotspots: A global risk analysis [M]. Washington D. C. : World Bank.

Duan P, Yang F, Chen T, et al., 2013. Direct causality detection via the transfer entropy approach [J]. IEEE transactions on control systems technology, 21 (6): 2052 - 2066.

Duan P, Yang F, Shah S L, et al., 2015. Transfer zero - entropy and its application for capturing cause and effect relationship between variables [J]. IEEE Transactions on Control Systems Technology, 23 (3): 855 - 867.

Frahm G, Junker M, Schmidt R, 2005. Estimating the Tail Dependence Coefficient: Properties and Pitfalls [J]. Insurance Mathematics & Economics, 37 (1): 80 - 100.

Friedman J H, Turkey J W, 1974. A projection pursuit algorithm for exploratory data analysis [J]. IEEE Trans. On Computer, 23 (9): 881 - 890.

Granger C W J, 1969. Investigating causal relations by econometric models and cross - spectral methods

[J]. Econometrica: Journal of the Econometric Society, 5 (1): 424 – 438.

Gustavson K R, Lonergan S C, Ruitebeek H L, 1999. Selection and modeling of sustainable development indicators: a case study of the Fraser River Basin, British Columbia [J]. Eco logical Economics, 28 (1): 117 – 132.

Hahn H, Hidajat R, 2003. Comprehensive Risk Management by Communities and Local Governments: Component III: Indicators and Other Disaster Risk Management Instruments for Communities and Local Governments Title: Manejo integral de riesgos por comunidades y gobiernos locales: Compon [C]. Inter – American Development Bank. Inter – American Development Bank.

Haimes Y Y, 2009. On the complex definition of risk: a systems – based approach [J]. Risk Analysis, 29 (12): 1647 – 1654.

Haimes Y Y, 2006. On the definition of vulnerability in measuring risks to infrastructures [J]. Risk analysis, 26 (2): 293 – 296.

Hashimoto T, Stedinger J R, Loucks D P, 1982. Reliability, resiliency and vulnerability criteria for water resources system performance evaluation [J]. Water Resources Research, 18 (1): 14 – 20.

Hiroaki K, 1996. On the fuzzy multi – objective linear programming problem: Goal programming approach [J]. Fuzzy sets and system, 82: 57 – 64.

Huang G H, Baetz B W, Patry G G, 1992. A grey linear programming approach for waste management and planning under uncertainty [J]. Civil Engineering Systems, 9 (4): 319 – 335.

Hurst N W, 1998. Risk Assessment: the Human Dimension [M]. Cambridge: The Royal Society of Chemistry: 1 – 101.

IPCC, 2012. Managing the risks of extreme events and disasters to advance climate change adaptation: a special report of working groups I and II of the Intergovernmental Panel on Climate Change [M]. Cambridge: Cambridge University Press: 42 – 43.

ISDR, 2004. Living with Risk: A Global Review of Disaster Reduction Initiatives [DB/OL] [2014 – 11 – 23]. www. unisdr. org.

Jaynes E T, 1957. Information theory and statistical mechanics [J]. Physical Review, 106 (4): 620 – 630.

Jon C H, 1994. Treatment of uncertainty in performance assessment for complex system [J]. Risk Analysis, 14 (4): 483 – 511.

Jones G A, Jones J M, 2000. Information and Coding theory [M]. London: Springer – Verlag London Ltd: 10 – 100.

Kaplan S, Garrick B J, 2007. On the quantitative definition of risk [J]. Risk Analysis, 1 (1): 11 – 27.

Karimi I, Hullermeier E. Riskassessment system of natural hazards: A new approach based on fuzzy probability [J]. Fuzzy Sets and Systems, 158: 987 – 989.

Leontie W, 1977. The Future of the World Economy [M]. New York: Oxford University press.

Liang X S, 2014. Unraveling the cause – effect relation between time series [J]. Physical Review E, 90: 052150 – 1 – 052150 – 11.

Liang X S, 2015. Normalizing the causality between time series [J]. Physical Review E, 92. 022126.

Lirer L, Petrosino P, Alberico I, 2001. Hazard assessment at volcanic fields: the Campi Flegrei case history [J]. Journal of Volcanology and Geothermal Research, 112: 53 – 73.

Liu J, Liu M, Zhuang D, et al., 2003. Study on spatial pattern of land – use change in China during 1995—2000 [J]. Science in China, (4): 86 – 89.

Lowrance W W, Klerer J, 1976. Of acceptable risk – science and the determination of safety [J]. Journal of the Electrochemical Society, 123 (11): 373C.

Ma M W, Song S B, Ren L L, et al., 2012. Multivariate Drought Characteristics Using Trivariate Gaussian and Student Copulas [J]. Hydrological Processes, 27 (8): 1175 – 1190.

Maskrey A, 1989. Disaster Mitigation: A Community Based Approach [M]. Oxford: Oxfam, 1 – 100.

Mesarovic M D, Pestel E, 1974. Mankind at the Turning Point [M]. New York: Agon Elsevier.

Mileti D S, 1999. Disasters by design: A reassessment of natural hazards in the United States [M]. Washington D. C. : Joseph Henry Press.

Nath B, Hens L, Compton P, et al. , 1996. Environmental Management [M]. Beijing: Chinese Environmental Science Publishing House.

Nelsen R B, 2006. An introduction to Copulas [M]. New York: Springer.

Nevo D, 2001. School evaluation: internal or external? [J]. Studies in Educational Evaluation (2): 95 – 106.

Qian L, Wang H, Zhang Keni, 2014. Evaluation Criteria and Model for Risk between Water Supply and Water Demand and its Application in Beijing [J]. Water Resources Management, 28 (13): 4433 – 4447.

Rani P, Mishra A R, Pardasani K R, et al., 2019. A novel VIKOR approach based on entropy and divergence measures of Pythagorean fuzzy sets to evaluate renewable energy technologies in India [J]. Journal of Cleaner Production, 238: 117936. 1 – 117936. 17.

Renfore N A, Smith J L, 2002. Threat/vulnerability assessments and risk analysis [R]. Albuquerque: Applied Research Associates, Inc.

Rodriguez A, Laio A, 2014. Clustering by fast search and find of density peaks [J]. Science, 344 (6191): 1492.

Rosa E A, 1998. Metatheoretical foundations for post – normal risk [J]. Journal of Risk Research, 1: 15 – 44.

Schreiber T, 2000. Measuring information transfer [J]. Physical review letters, 85 (2): 461 – 466.

Serinaldi F, 2013. An uncertain journey around the tails of multivariate hydrological distributions [J]. Water Resources Research, 49 (10): 6527 – 6547.

Smith K, 1996. Environmental Hazards: Assessing Risk and Reducing Disaster [M]. London: Routledge: 1 – 389.

Stefan C, Dorota K, 1996. Multi – objective programming in optimization of interval objective functions – A generalized approach [J]. European Journal of Operational Research, 94: 594 – 598.

Sun J, Bollt E M, 2014. Causation entropy identifies indirect influences, dominance of neighbors and anticipatory couplings [J]. Physica D: Nonlinear Phenomena, 267: 49 – 57.

Suresh K R, Mujumdar P P, 2004. A fuzzy risk approach for performance evaluation of an irrigation reservoir system [J]. Agriculture Water Management, 69: 159 – 177.

Tobin C, Montz B E, 1997. Natural Hazards: Explanation and Integration [M]. New York: The Guilford Press: 1 – 388.

Tsakiris G, 2014. Flood riskassessment: concepts, modeling, applications [J]. Natural Hazards Earth System Sciences Discussions, 14: 1361 – 1369.

Tsakiris G, 2014. Flood riskassessment: concepts, modeling, applications [J]. Natural Hazards Earth System Sciences Discussions, 2: 261 – 286.

Fukuda – Parr SEA, 2004. Human Development Report 2004 \ Cultural Liberty in Today's Diverse World [R]. New York: United Nations: 1 – 285.

United Nations, 1991. Department of Humanitarian Affairs. Mitigating Natural Disasters: Phenomena Effects and options—A Manual for Policy Makers and Planners [M]. New York: United Nations: 1 – 164.

Wang H F, Wang M L. 1997. A fuzzy multiobjective linear programming [J]. Fuzzy Sets and Systems, 6: 61 – 72.

White P, Pelling M, Sen K, et al., 2004. Disaster Risk Reduction: A Development Concern [M]. London：DFID.

Yager R R，2013. Pythagorean Fuzzy Subsets ［M］//Pedrycz W，Reformat M Z. New York：IEEE：57 - 61.

Zhang X，Xu Z，2014. Extension of TOPSIS to multiple criteria decision making with pythagorean fuzzy sets ［J］. International Journal of Intelligent Systems，29 (12)：1061 - 1078.

边豪，朱满林，2013. 基于价值-价格模糊模型的东雷二期抽黄水资源定价研究 ［J］. 水资源与水土工程学报，24 (1)：164 - 167.

卞戈亚，董增川，蔡继，2008. 河北省水资源优化配置及效果评价研究 ［J］. 水电能源科学，26 (6)：25 - 28，198.

蔡文，1994. 物元模型及其应用 ［M］. 北京：科学技术文献出版社.

常大勇，张丽丽，1995. 经济管理中的模糊数学方法 ［M］. 北京：北京经济学院出版社.

陈攀，李兰，周文财，2011. 水资源脆弱性及评价方法国内外研究进展 ［J］. 水资源保护，27 (5)：32 - 38.

陈世联，2001. 具区间数的多目标线性规划 ［J］. 农业系统科学与综合研究，7 (1)：94 - 95，98.

陈守煜，刘金禄，伏广涛，2002. 模糊优选逆命题的解法及在防洪调度决策中的应用 ［J］. 水利学报，33 (3)：59 - 63.

陈守煜，2002. 复杂水资源系统优化模糊识别理论与应用 ［M］. 长春：吉林大学出版社.

陈伟，夏建华，2007. 综合主、客观权重信息的最优组合赋权方法 ［J］. 数学的实践与认识，37 (1)：17 - 22.

迟国泰，杨中原，2009. 基于循环修正思路的科学发展评价模型 ［J］. 系统过程理论与实践，29 (11)：31 - 45.

达庆利，刘新旺，1999. 区间数线性规划及其满意解 ［J］. 系统工程理论与实践，19 (4)：3 - 7.

杜栋，庞庆华，吴炎，2008. 现代综合评价方法与案例精选 ［M］. 北京：清华大学出版社.

樊红艳，刘学录，2010. 基于综合评价法的各种无量纲化方法的比较和优选——以兰州市永登县的土地开发为例 ［J］. 湖南农业科学 (17)：163 - 166.

范道津，陈伟珂，2010. 风险管理理论与工具 ［M］. 天津：天津大学出版社.

方彬，郭生练，肖义，等，2008. 年最大洪水两变量联合分布研究 ［J］. 水科学进展，19 (4)：505 - 511.

甘泓，汪林，倪红珍，等，2008. 水资源价值计算方法研究 ［J］. 水利学报，39 (11)：1160 - 1166.

甘应爱，田丰，等，2005. 运筹学（第三版）［M］. 北京：清华大学出版社.

高媛媛，王红瑞，韩鲁杰，等，2010. 北京市水危机意识与水资源管理机制创新 ［J］. 资源科学，32 (2)：274 - 281.

葛全胜，邹铭，郑景云，等，2008. 中国自然灾害风险综合评价初步研究 ［M］. 北京：科学出版社：132 - 248.

耿红，王泽民，2000. 基于灰色线性规划的土地利用结构优化研究 ［J］. 武汉测绘科技大学学报，25 (2)：167 - 170.

郭安军，屠梅曾，2002. 水资源安全预警机制探讨 ［J］. 生产力研究 (1)：37 - 38.

郭怀成，Huang G H，邹锐，等，1999. 流域环境系统不确定性多目标规划方法及应用研究—洱海流域环境系统规划 ［J］. 中国环境科学，19 (1)：33 - 37.

郭均鹏，吴育华，2003. 区间线性规划的标准型及其求解 ［J］. 系统工程，21 (3)：79 - 82.

郭鹏，王敏，王莉芳，2012. 基于 DHGF 算法的水资源定价模型研究 ［J］. 环境保护科学，38 (1)：45 - 49.

郭生练，闫宝伟，肖义，等，2008. Copula 函数在多变量水文分析计算中的应用及研究进展 ［J］. 水文，28 (3)：1 - 7.

郭显光，1995. 一种新的综合评价方法：组合评价法 ［J］. 统计研究 (5)：56 - 59.

郭亚军. 综合评价理论、方法及应用 ［M］. 北京：科学出版社，2002.

韩宇平，阮本清. 水资源短缺风险经济损失评价研究 ［J］. 水利学报，2007，38 (10)：1253 - 1257.

郝泽嘉，王莹，陈远生，等，2010. 节水知识、意识和行为的现状评估及系统分析——以北京市中学生

为例 [J]. 自然资源学报，25（9）：1618－1628.

何春雄，2008. 应用随机过程 [M]. 广州：华南理工大学出版社.

何逢标，2010. 综合评价方法 Matlab 实现 [M]. 中国社会科学出版社.

侯定丕，王战军，2001. 非线性评估的理论探索与应用 [M]. 合肥：中国科学技术大学出版社.

胡宝清，2004. 区间目标规划与模糊目标规划 [J]. 模糊系统与数学，18（9）：219－223.

胡国华，夏军，2001. 风险分析的灰色-随机风险率方法研究 [J]. 水利学报，32（4）：1－6.

胡海朋，2007. 一种新的伪随机数产生方法及其统计性能分析 [D]. 长沙：国防科学技术大学.

黄崇福，王家鼎，1995. 模糊信息优化处理技术及其应用 [M]. 北京：航空航天大学出版社.

黄崇福，2011. 风险分析基本方法探讨 [J]. 自然灾害学报，20（5）：1－10.

黄崇福，2001. 自然灾害风险分析 [M]. 北京：北京师范大学出版社.

黄崇福，2008. 综合风险评价的一个基本模式 [J]. 应用基础与工程科学学报，16（3）：371－381.

黄崇福，2005. 自然灾害风险评价：理论与实践 [M]. 北京：科学出版社.

贾绍凤，康德勇，2000. 提高水价对水资源需求的影响分析——以华北地区为例 [J]. 水科学进展，
    11（1）：49－53.

蒋建勇，余建斌，2003. 提高水价对水资源的需求量的影响分析 [J]. 生态经济（10）：51－52.

蒋金才，季新菊，1996. 河南省 1950—1990 年水旱灾害分析 [J]. 灾害学，11（4）：69－73.

焦立新，1999. 评价指标标准化处理方法的探讨 [J]. 安徽农业技术师范学院学报，13（3）：7－10.

金菊良，张欣莉，丁晶，2002. 评估洪水灾情等级的投影寻踪模型 [J]. 系统工程理论与实践，22（2）：
    140－144.

雷静，张琳，2010. 长江流域水资源开发利用率初步研究 [J]. 水利规划与设计（1）：32－34.

黎鑫，2010. 南海—印度洋海域海洋环境风险分析体系与评估技术研究 [D]. 南京：解放军理工大学.

李柏年，2007. 模糊数学及其应用 [M]. 合肥：合肥工业大学出版社.

李炳军，朱春阳，周杰，2002. 原始数据无量纲化处理对灰色关联排序的影响 [J]. 河南农业大学学
    报（32）：199－202.

李超，张凤荣，宋乃平，等，2003. 土地利用结构优化的若干问题研究 [J]. 地理与地理信息科学（3）：
    52－59.

李兰海，章熙谷，1992. 资源配置的灰色控制模型设计及应用 [J]. 自然资源学报，7（4）：372－378.

刘恒，耿雷华，陈晓燕，2003. 区域水资源可持续利用评价指标体系的建立 [J]. 水科学进展，14（3）：
    265－270.

刘静楠，顾颖，2007. 判别分析在农业旱情识别中的应用 [J]. 水文，27（2）：60－67.

刘绿柳，2002. 水资源脆弱性及其定量评价 [J]. 水土保持通报，22（2）：41－44.

刘胜，张玉廷，于大泳，2002. 动态三角模糊数互反判断矩阵的一致性及修正 [J]. 兵工学报，33（2）：
    237－243.

刘思峰，党耀国，方志耕，2004. 灰色系统理论及其应用（第 3 版）[M]. 北京：科学出版社.

刘涛，邵东国，2005. 水资源系统风险评估方法研究 [J]. 武汉大学学报（工学版），38（6）：66－71.

刘新立，2006. 风险管理 [M]. 北京：北京大学出版社.

刘新旺，达庆利，1999. 一种区间数线性规划的满意解 [J]. 系统工程学报，14（2）：123－128.

刘彦随，1999. 区域土地利用系统优化调控的机理与模式 [J]. 资源科学，21（4）：60－65.

刘艳春，2007. 一种循环修正的组合评价方法 [J]. 数学的实践与认识，37（4）：88－94.

卢纹岱，2006. SPSS For Windows 统计分析（第 3 版）[M]. 北京：电子工业出版社：315－476.

路正南，彭沙沙，王健，2013. 基于 IPCC 清单编制法的碳排放灰色预测——以江苏省为例 [J]. 经济技
    术与管理研究（9）：87－91.

骆正清，杨善林，2009. 层次分析法中几种标度的比较 [J]. 系统工程理论与实践，29（9）：51－60.

吕彩霞，仇亚琴，贾仰文，等，2012. 海河流域水资源脆弱性及其评价 [J]. 南水北调与水利科技，

10 (1)：55 - 59.

吕永霞，2006. 土地利用结构优化灰色多目标规划建模与实证研究 [D]. 南宁：广西大学.

庞云峰，张韧，徐志升，等，2009. 基于多级层次结构的潜艇作战效能水下环境影响评估 [J]. 解放军理工大学学报（自然科学版），10（增刊）：33 - 37.

千晓青，2001. 中国水资源短缺地域差异研究 [J]. 自然资源学报，16（6）：516 - 520.

钱龙霞，王红瑞，蒋国荣，等，2011. 基于 Logistic 回归和 FNCA 的水资源供需风险分析模型 [J]. 自然资源学报，26（12）：2039 - 2049.

钱龙霞，张韧，王红瑞，等，2016. 基于 Copula 函数的水资源供需风险损失模型及其应用 [J]. 系统工程理论与实践，36（2）：517 - 527.

阮本清，韩宇平，王浩，等，2005. 水资源短缺风险的模糊综合评价 [J]. 水利学报，36（8）：906 - 912.

沈大军，王浩，杨小柳，等，2000. 工业用水的数量经济分析 [J]. 水利学报，31（8）：27 - 31.

苏桂武，高庆华，2003. 自然灾害风险的行为主体特性与时间尺度问题 [J]. 自然灾害学报，12（1）：9 - 16.

苏为华，陈骥，2007. 模糊 Borda 法的缺陷分析及其改进思路 [J]. 统计研究（7）：58 - 64.

孙才志，迟克续，2008. 大连市水资源安全评价模型的构建及其应用 [J]. 安全与环境学报，8（1）：115 - 118.

王栋，朱元甡，2001. 最大熵原理在水文水资源科学中的应用 [J]. 水科学进展，12（3）：424：430.

王峰，李树荣，杨亭亭. 区域水资源区间多目标规划模型及求解 [J]. 水电能源科学，2011，29（4）：36 - 37.

王红瑞，董艳艳，王军红，等，2007. 北京市农作物虚拟水含量分布 [J]. 环境科学，28（11）：2432 - 2437.

王红瑞，刘昌明，毛广全，等，2004. 水资源短缺对北京农业的不利影响分析与对策 [J]. 自然资源学报，19（2）：160 - 169.

王红瑞，刘晓燕，2001. 水资源紧缺对北京市 GDP 造成的不利影响分析 [J]. 北京师范大学学报（自然科学版），37（4）：559 - 562.

王红瑞，王岩，王军红，等，2007. 北京农业虚拟水结构变化及贸易研究 [J]. 环境科学，28（12）：2877 - 2884.

王红瑞，王岩，吴崤山，等，2006. 北京市用水结构现状分析与对策研究 [J]. 环境科学，12‘（2）：31 - 34.

王红瑞，张文新，胡秀丽，等，2009. 北京市丰台区土地利用结构多目标优化 [J]. 系统工程理论与实践，29（2）：186 - 192.

王红瑞，钱龙霞，许新宜，等，2009. 基于模糊概率的水资源短缺风险评价模型及其应用 [J]. 水利学报，40（7）：813 - 820.

王清印，崔援民，赵秀恒，等，2001. 预测与决策的不确定性数学模型 [M]. 北京：冶金工业出版社.

王万茂，但承龙，2003. 海门市土地利用结构优化研究 [J]. 国土与自然资源研究（1）：44 - 46.

王学萌，张继忠，王荣，2001. 灰色系统分析与实用计算程序 [M]. 武汉：华中科技大学出版社.

魏权龄，应玫茜，1980. 单变量多目标数学规划解的性质及解法 [J]. 应用数学学报，3（4）：382 - 388.

魏权龄，2004. 数据包络分析 [M]. 北京：科学出版社.

翁建武，夏军，陈俊旭，2013. 黄河上游水资源脆弱性评价研究 [J]. 人民黄河，35（9）：15 - 20.

吴乃龙，袁素云，1991. 最大熵方法 [M]. 长沙：湖南科学技术出版社：1 - 286.

吴文江，2002. 数据包络分析及其应用 [M]. 北京：中国统计出版社.

吴玉成，1999. 缓解和解决京津唐地区水资源供需矛盾探讨 [J]. 高原气象，18（4）：625 - 631.

徐国祥，2005. 统计预测与决策 [M]. 上海：上海财经大学出版社.

徐泽水，2002. 三角模糊数互补判断矩阵的一种排序方法 [J]. 模糊系统与数学，16（1）：47 - 50.

许健，陈锡康，杨翠红，2002. 直接用水系数和完全用水系数的计算方法 [J]. 水利规划设计（4）：28 - 31.

许茂祖，张桂花，1997. 高等教育评估理论与方法 [M]. 北京：中国铁道出版社.

许全喜，石国钰，陈泽力，2004. 长江上游近期水沙变化特点及其趋势分析 [J]. 水科学进展，15（4）：

420 - 426.

许新宜，刘海军，王红瑞，等，2010. 去区域气候变异的农业水资源利用效率研究 [J]. 中国水利 (21)：12 - 15.

许新宜，王红瑞，刘海军，2010. 中国水资源利用效率评估报告 [M]. 北京：北京师范大学出版社.

严金明，2002. 简论土地利用结构优化与模型设计 [J]. 中国土地科学，16 (4)：20 - 25.

叶慧，李海鹏，王雅鹏，2004. 区域水资源禀赋差异与农村产业结构调整 [J]. 中国农村经济 (6)：33 - 39.

袁汝华，朱九龙，陶晓燕，等，2002. 影子价格法在水资源价值理论测算中的应用. 自然资源学报，11 (6)：757 - 161.

张斌，雍歧东，肖芳淳，1997. 模糊物元分析 [M]. 北京：石油工业出版社.

张继权，冈田宪夫，多多纳裕一. 综合自然灾害风险管理—全面整合的模式与中国的战略选择 [J]. 自然灾害学报，15 (10)：29 - 37.

张继权，李宁，2007. 主要气象灾害风险评价与管理的数量化方法及其应用 [M]. 北京：北京师范大学出版社，1 - 537.

张韧，等，2012. 海洋环境特征诊断与海上军事活动风险评估 [M]. 北京：北京师范大学出版社.

张晓慧，冯英俊，白莽，2003. 一种反映突出影响因素的评价模型 [J]. 哈尔滨工业大学学报，35 (10)：1168 - 1170.

张晓慧，冯英俊，2005. 一种非线性模糊综合评价模型 [J]. 系统工程理论与实践，25 (10)：54 - 59.

章国材，2009. 气象灾害风险评估与区划方法 [M]. 北京：气象出版社：12 - 13.

郑景云，吴文祥，胡秀莲，等，2011. 综合风险防范中国综合能源与水资源保障风险 [M]. 北京：科学出版社.

郑奕，2012. 基于数据包络分析的上海开发区资源配置效率的研究 [J]. 中国管理科学，11 (20)：198 - 203.

邹志红，孙靖南，任广平，2005. 模糊评价因子的熵权法赋权及其在水质评价中的应用 [J]. 环境科学学报，25 (4)：552 - 556.

左其亭，吴泽宁，赵伟，2003. 水资源系统中的不确定性及风险分析方法 [J]. 干旱区地理，26 (2)：116 - 121.